Toralf Trautmann

Grundlagen der Fahrzeugmechatronik

Aus dem Programm **Elektrotechnik**

Elemente der angewandten Elektronik
von E. Böhmer, D. Ehrhardt und W. Oberschelp

Elektronik in der Fahrzeugtechnik
von K. Borgeest

Autoelektrik/-elektronik
von der Robert Bosch GmbH

Kraftfahrtechnisches Taschenbuch
von der Robert Bosch GmbH

Sicherheits- und Komfortsysteme
von der Robert Bosch GmbH

Sensoren für die Prozess- und Fabrikautomation
von S. Hesse und G. Schnell

Fahrdynamik-Regelung
von R. Isermann

Automobilelektronik
von K. Reif

Regelungstechnik für Ingenieure
von M. Reuter und S. Zacher

Handbuch Kraftfahrzeugelektronik
von H. Wallentowitz und K. Reif

Elektronik
von D. Zastrow

www.viewegteubner.de

Toralf Trautmann

Grundlagen der Fahrzeugmechatronik

Eine praxisorientierte Einführung für Ingenieure, Physiker und Informatiker

Mit 242 Abbildungen und 24 Tabellen

STUDIUM

VIEWEG+
TEUBNER

Bibliografische Information der Deutschen Nationalbibliothek
Die Deutsche Nationalbibliothek verzeichnet diese Publikation in der
Deutschen Nationalbibliografie; detaillierte bibliografische Daten sind im Internet über
<http://dnb.d-nb.de> abrufbar.

Das in diesem Werk enthaltene Programm-Material ist mit keiner Verpflichtung oder Garantie irgend-
einer Art verbunden. Der Autor übernimmt infolgedessen keine Verantwortung und wird keine daraus
folgende oder sonstige Haftung übernehmen, die auf irgendeine Art aus der Benutzung dieses
Programm-Materials oder Teilen davon entsteht.

Höchste inhaltliche und technische Qualität unserer Produkte ist unser Ziel. Bei der Produktion und
Auslieferung unserer Bücher wollen wir die Umwelt schonen: Dieses Buch ist auf säurefreiem und
chlorfrei gebleichtem Papier gedruckt. Die Einschweißfolie besteht aus Polyäthylen und damit aus
organischen Grundstoffen, die weder bei der Herstellung noch bei der Verbrennung Schadstoffe
freisetzen.

1. Auflage 2009

Alle Rechte vorbehalten
© Vieweg+Teubner | GWV Fachverlage GmbH, Wiesbaden 2009

Lektorat: Reinhard Dapper | Walburga Himmel

Vieweg+Teubner ist Teil der Fachverlagsgruppe Springer Science+Business Media.
www.viewegteubner.de

Umschlaggestaltung: KünkelLopka Medienentwicklung, Heidelberg
Technische Redaktion: FROMM MediaDesign, Selters/Ts.
Druck und buchbinderische Verarbeitung: Krips b.v., Meppel
Gedruckt auf säurefreiem und chlorfrei gebleichtem Papier.
Printed in the Netherlands

ISBN 978-3-8348-0387-0

Vorwort

Moderne Kraftfahrzeuge sind fahrende Netzwerke. Diese Entwicklung der letzten Jahrzehnte wird sich fortsetzen, der Anteil an Elektronik im Fahrzeug nimmt weiterhin zu. Daher muss sich auch ein Maschinenbauer oder Fahrzeugtechniker mit den grundlegenden Konzepten elektronisch geregelter und vernetzter Systeme in Kraftfahrzeugen befassen. An der HTW Dresden (FH) wurden deshalb 4 Lehrveranstaltungen zu diesen Themen in die Ausbildung des Studiengangs Fahrzeugtechnik mit aufgenommen. Obwohl bereits einige Bücher hierzu verfügbar sind, bildete bisher keines komplett den vermittelten Lehrstoff ab. Diese Lücke soll mit dem vorliegenden Buch nun geschlossen werden. Für andere Studiengänge wie Elektrotechnik, Informatik oder Physik erscheint es mir ebenfalls geeignet, um einen Einblick in die speziellen Anforderungen an elektronische Systeme im Fahrzeug zu erhalten.

Der Buchinhalt gibt dem Leser einen allgemeinen Überblick über das Thema. Er sollte nach der Lektüre in der Lage sein, zielgerichtet die weiterführende Literatur für sein spezielles Interessensgebiet auszuwählen. Darüber hinaus wird mit der Diskussion zahlreicher Patentbeispiele eine für den Entwicklungsingenieur besonders wichtige Informationsquelle vorgestellt.

In den Kapiteln 2 bis 4 werden die grundlegenden theoretischen Konzepte für gesteuerte und geregelte Systeme vermittelt. Diese abstrakte Beschreibung ist notwendig, um die Funktionsweise der später vorgestellten Beispiele zu verstehen. Allerdings sind die Kapitel nur ein Einstieg, sie ersetzen keinesfalls die Lehrbücher der behandelten Themen.

Die Kapitel 5 und 6 stellen die wichtigsten Komponenten mechatronischer Systeme in Kraftfahrzeugen vor. Da es bereits sehr gute Werke mit ausführlicher Darstellung dieser Komponenten gibt, wurde anhand ausgewählter Beispiele lediglich die prinzipielle Funktionsweise erläutert. Wichtige Aspekte aus Sicht des Anwenders wurden dabei ergänzt.

Abschließend sind in den Kapiteln 7 und 8 zahlreiche Beispiele für mechatronische Systeme ausführlich diskutiert. Den Schwerpunkt bilden die unterschiedlichen Ausführungen von Fahrdynamikregelungen, deren Weiterentwicklung zu den Bremssystemen der Zukunft führen wird (brake-by-wire). Weiterhin zeigen verschiedene Funktionen wie die elektronische Parkbremse oder eine Start/Stopp-Automatik die Notwendigkeit einer umfangreichen Steuergerätevernetzung auf. Es wurde dabei bei den geregelten Systemen versucht, eine einheitliche Beschreibung in Form der in Kapitel 2 behandelten Wirkschaltpläne aufzustellen. Dies soll dem Leser den Vergleich der verschiedenen Systeme erleichtern.

Ergänzungen zum Buch sind über den Onlineservice bei www.viewegteubner.de abrufbar. Das sind zum einen die Simulationsmodelle aus dem Kapitel Regelungstechnik. Weiterhin stehen Übungsaufgaben mit Lösungen bereit, ebenso Messdaten aus Fahrdynamikversuchen zur individuellen Auswertung.

Für die Initiierung des Buchprojektes und die Unterstützung bei der Erstellung bedanke ich mich bei Herrn Reinhard Dapper vom Vieweg+Teubner Verlag. Für die wertvollen Hinweise zur Verbesserung des Manuskriptes bedanke ich mich ganz herzlich bei meinen beiden Mitarbeitern Dipl.-Ing. (FH) Sven Eckelmann und Dipl.-Ing. (FH) Dirk Engert sowie bei Frau Angela Fromm von der Fa. FROMM MediaDesign.

Dresden, im April 2009   *Toralf Trautmann*

Inhaltsverzeichnis

1 Einführung

Das Kapitel führt in das Gebiet der Mechatronik als Verbindung verschiedener Ingenieurwissenschaften ein. Anhand von Beispielen aus dem Fahrzeugbereich wird der Vorteil eines mechatronischen Entwurfs demonstriert. Ein dritter Abschnitt stellt Patente als wichtiges Informationsmedium des Ingenieurs vor und gibt Hilfestellung für die eigene Recherche in Patentdatenbanken.

1.1 Notwendigkeit mechatronischer Systeme

Ein mechatronisches System zeichnet sich durch eine enge Verknüpfung der Teilbereiche Mechanik, Elektrotechnik und Informationsverarbeitung aus. Ziel ist dabei nicht der Ersatz eines Anteils, sondern die Nutzung der Synergie bei einem ganzheitlichen Systementwurf. Für einzelne Beispiele ist das in Bild 1-1 schematisiert.

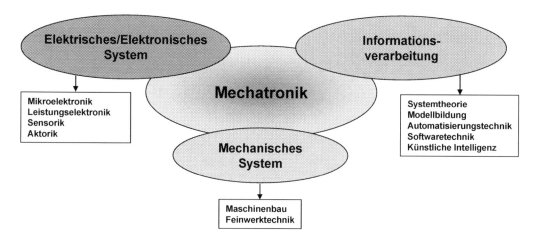

Bild 1-1   Mechatronik als Verknüpfung verschiedener Teilbereiche der Ingenieurwissenschaften (nach [Ise01])

Die enge Verknüpfung der Bereiche soll dabei nicht nur auf logischer (funktionaler) Ebene erfolgen, sondern auch baulich einen Unterschied zu einem konventionell entwickelten mechanischen System mit elektronischer Ansteuerung aufweisen. Erst durch die Integration in einem kompakten Modul können die Vorteile der mechatronischen Herangehensweise in vollem Umfang genutzt werden.

Aus dieser allgemeinen Betrachtung kann eine Definition für mechatronische Systeme abgeleitet werden:

„Mechatronische Systeme entstehen durch simultanes Entwerfen und die Integration von folgenden Komponenten oder Prozessen:

– Mechanische und mit ihr gekoppelte Komponenten/Prozesse

– Elektronische Komponenten/Prozesse

– Informationstechnik (einschließlich Automatisierungstechnik)

Die Integration erfolgt durch die Komponenten (Hardware) und durch die informationsverarbeitenden Funktionen (Software). Ziel ist dabei, eine optimale Lösung zu finden zwischen der mechanischen Struktur, Sensor- und Aktor-Implementierung, automatischer digitaler Informationsverarbeitung und Regelung. Zusätzlich werden synergetische Effekte geschaffen, die erweiterte Funktionen und innovative Lösungen ergeben.“ [Ise01]

Die Vorteile zeigen sich deutlich, wenn verschiedene Aspekte einer Entwicklung für einen konventionellen und einen mechatronischen Entwurf gegenübergestellt werden. Dies ist in Tabelle 1.1 erfolgt. Dabei wird davon ausgegangen, dass die Funktion prinzipiell nach diesen beiden Entwürfen realisierbar ist.

Tabelle 1.1   Gegenüberstellung der Entwicklungsmethodik [Heim07]

Konventioneller Entwurf	Mechatronischer Entwurf
Zusammengesetzte Komponenten und damit häufig komplexe Mechanik	Autarke Einheiten, Verlagerung mechanischer Funktionalität in die Software
Präzision durch enge Toleranzen	Präzision durch Messung und Berechnung relevanter Prozessgrößen und **Rückführung** von Informationen zur Regelung
Steifer Aufbau	Elastischer Aufbau, Leichtbau
Kabelprobleme durch eine Vielzahl paralleler Strukturen	Ersatz des komplexen Kabelbaums durch Bussysteme
Gesteuerte Bewegungen	Programmierbare, geregelte Bewegungen
Nicht messbare Größen bleiben unberücksichtigt	Berechnung und Regelung nicht messbarer Größen
Einfache Grenzwertüberwachung	Überwachung mit Fehlerdiagnose und eingeschränktem Fehlerbetrieb

Besonders der Punkt Präzision kennzeichnet ein hervorstechendes Merkmal der mechatronischen Systeme. Es wird eine Beobachtung des Prozesses zur Einhaltung der Anforderungen bevorzugt gegenüber einer aufwändigen Herstellung mit engen Vorgaben. Auch die erweiterten Möglichkeiten der Fehleranalyse gewährleisten einen, wenn auch eingeschränkten, Betrieb bei einem Komponentenausfall. Erst hierdurch wird es künftig möglich sein, für die Bedienung von Lenkung und Bremse auf eine direkte mechanische Verbindung zu verzichten (x-by-wire).

Der grundlegende Aufbau eines mechatronischen Systems ist in Bild 1-2 zu sehen. Zur Steuerung oder Regelung des Systems werden Führungsgrößen vom Bediener vorgegeben. Weichen die über Sensoren ermittelten Istwerte der Prozessgrößen von diesen ab, erfolgt durch die Informationsverarbeitungseinheit (z. B. PC) eine Ansteuerung von Aktoren. Diese wirken auf den Prozess ein und ermöglichen dadurch die Angleichung der Prozess- an die Führungsgrößen.

Es werden in einem solchen System zwei Teilkreise unterschieden. Der Informationsstrom ist die eben beschriebene Wechselwirkung der Komponenten. Diese erfolgt üblicherweise auf einem angepassten Signalniveau (analog oder digital). Um auf einen technischen Prozess einwirken zu können, ist aber meist eine sehr hohe Leistung notwendig, die über eine Energieversorgung bereitgestellt wird. Der Aktor steuert den Energiewandler, so dass der Endwandler in den Prozess eingreifen kann. In diesem Teilkreis findet ein Energiestrom statt.

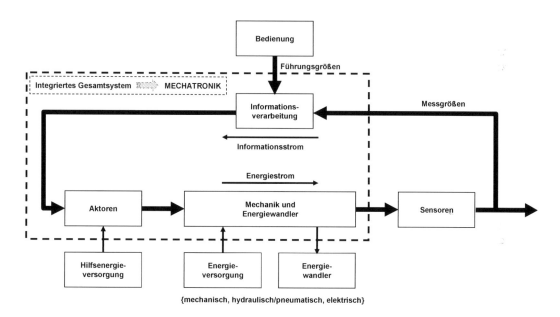

Bild 1-2 Ableitung eines mechatronischen Systems aus der Grundstruktur eines Mechanisch-Elektronischen Systems (nach [Ise01])

Ein mechatronisches System ist charakterisiert durch die enge Verbindung der Einzelkomponenten zu einem Modul. In Bild 1-2 sind Aktor, Informationsverarbeitung und Wandler in einem System integriert, damit wäre der Anspruch der Definition erfüllt. Diese Kombination ist sehr häufig anzutreffen, da der Aktor meist räumlich ausgedehnt ist und daher eine Integration einfach zu realisieren ist. Über verschiedene mechanische Kopplungsmechanismen kann auch eine räumliche Trennung zum Prozess erfolgen (z. B. Verwendung von Hydraulik zur Weiterleitung der mechanischen Energie). Für den Sensor hingegen bestehen meist mehr Einschränkungen, da er zur Umformung des Messsignals in eine elektrische Größe meist direkt am Prozess angeordnet werden muss.

1.2 Mechatronische Systeme in Kraftfahrzeugen

Die Automobilindustrie hat schon sehr früh den Nutzen eines mechatronischen Systement-wurfs erkannt und in verschiedenen Komponenten umgesetzt. Neben dem Verbrennungsmotor zeichnen sich insbesondere die Fahrdynamikregelungssysteme wie Antiblockiersystem (ABS) und Elektronisches Stabilitätsprogramm (ESP) durch einen hohen Integrationsgrad aus. Im Bild 1-3 ist beispielhaft der Aufbau eines Hydraulikaggregates einer Fahrdynamikregelung dargestellt.

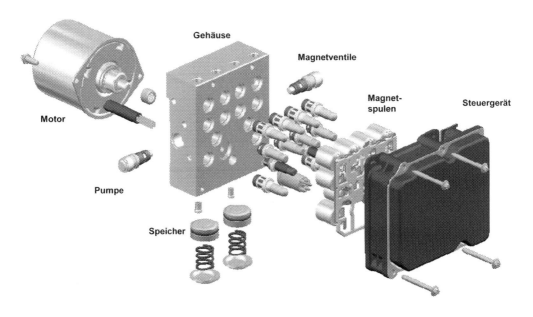

Bild 1-3   Elemente des Hydraulikaggregates eines Elektronischen Stabilitätsprogramms ESP
(Mercedes-Benz A-Klasse, [ATZ03])

Alle der besprochenen Grundelemente (elektrisch, mechanisch, informationstechnisch) sind hier auf engstem Raum integriert. Das erhöht zwar die Anforderungen an die elektronischen Komponenten deutlich, führt aber zu einem kompakten Modul, das vom Fahrzeugproduzenten (OEM) optimal an die modelltypischen Randbedingungen (Bauraum, Leistung) angepasst werden kann. An diesem Beispiel sollen auch die allgemeinen Zusammenhänge aus Bild 1-2 im Detail erläutert werden. Die entsprechenden Ausprägungsformen der einzelnen Komponen-ten sind im Bild 1-4 dargestellt.

Die Bedienung des Systems wird durch den Fahrer vorgenommen. In erster Linie ist für die Fahrdynamikregelung der Lenkradwinkel entscheidend, hieraus wird die Führungsgröße der Regelung abgeleitet. Für Adaptionen an spezielle Situationen ist auch die Kenntnis des Beschleunigungs- und Verzögerungswunsches notwendig.

Die Informationsverarbeitung erfolgt im Steuergerät, hier werden auch die Daten weiterer Sensoren ausgewertet. Die Aktoren sind die Magnetspulen der Ventile, die über das Bordnetz mit der notwendigen Hilfsenergie versorgt werden. Der Energiestrom zur Beeinflussung der

Fahrdynamik wird hydraulisch in Form einer elektrisch betriebenen Pumpe bereitgestellt. Über die Magnetventile wird diese Energie dem jeweils angesteuerten Radbremszylinder zur Verfügung gestellt.

Ein Großteil der Elemente kann in einer kompakten Baueinheit, dem ESP-Hydroaggregat (Bild 1-3), integriert werden. Mittlerweile sind auch Systeme in der Entwicklung, die zusätzlich auch den Gierraten/Querbeschleunigungssensor beinhalten. Prinzipbedingt können aber nicht alle Komponenten zusammengefasst werden, beispielsweise sind die Radbremszylinder bei hydraulischen Bremsanlagen weiterhin am Rad erforderlich. Erst durch die Einführung von elektromechanischen Bremsen könnte eine weitere Integration von Komponenten, dann aber platziert am Rad, erfolgen.

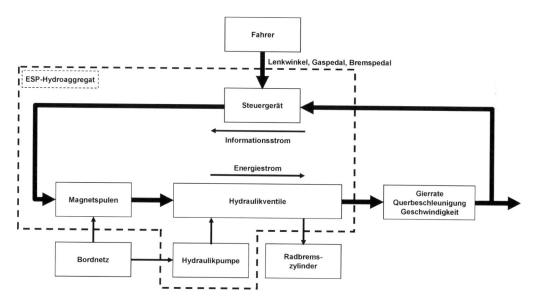

Bild 1-4   Elemente eines Elektronischen Stabilitätsprogramms in der Grundstruktur nach Bild 1-2
(nach [Ise01])

Dem mechatronischen Entwurfskonzept folgen aber nicht nur einzelne Komponenten, sondern das Fahrzeug in seiner Gesamtheit stellt sich als ein solches System dar. Dabei steht besonders der Aspekt der Steuergerätevernetzung im Vordergrund. In Oberklassefahrzeugen finden sich inzwischen über 60 Steuergeräte, die über mehrere Bussysteme miteinander kommunizieren. Ein Beispiel hierfür ist in Bild 1-5 dargestellt. Über die eigentliche Definition mechatronischer Systeme hinaus werden im Rahmen dieser Einführung daher auch stark vernetzte Systeme in Kraftfahrzeugen betrachtet.

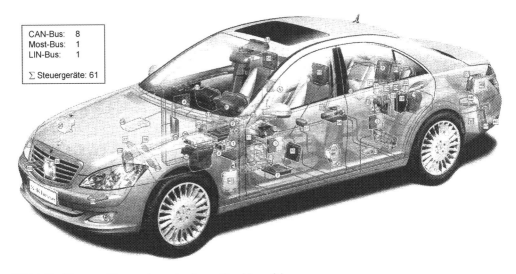

Bild 1-5   Steuergerätevernetzung in einem Oberklassefahrzeug
              (Mercedes-Benz S-Klasse W221, Baujahr 2005, [ATZ01])

1.3 Patente als Informationsquelle

Patente stellen den Stand der Technik dar. Daher ist es für Ingenieure im Vorfeld einer Neuentwicklung essentiell, relevante Patentinformationen zu kennen. Sollte das konzipierte Produkt bereits patentrechtlich geschützt sein, kann entweder mit dem Halter des Patentes über
Lizenzen verhandelt werden oder die Konzeption muss so geändert werden, dass keine Schutz-
rechtsverletzung auftritt. Nur so sind spätere Klagen wegen solcher Verletzungen schon zu
Beginn einer Entwicklung auszuschließen.

Über diesen Aspekt hinaus bieten Patente häufig sehr detaillierte Informationen zu dem jeweiligen Produkt oder Algorithmus. Besonders für den Fahrzeugbereich existieren wegen des
großen Marktes und der Vielzahl an Herstellern und Zulieferern viele Patentanmeldungen in
deutscher Sprache. Damit sind Missverständnisse durch Übersetzungsfehler besonders in den
eher juristisch formulierten Patentansprüchen größtenteils auszuschließen. Für das Verständnis
der Funktionsweise des angemeldeten Produktes sind die Ansprüche weniger relevant, hier
liefern die im Vorfeld angegebenen Ausführungsbeispiele bessere Informationen. Diese dienen
dazu, die Ansprüche dem Sachbearbeiter des Patentamtes verständlich zu machen.

Das richtige Patent zu finden setzt voraus, dass in den vorhandenen Datenbanken gezielt nach
den für das eigene Gebiet wichtigen Informationen gesucht wird. Zwar kann eine entsprechende Recherche auch von einem professionellen Anbieter durchgeführt werden, das Ergebnis
hängt aber auch dann sehr stark von den eigenen Vorgaben ab. Eine gezielte Vorauswahl ist
damit die beste Gewähr für eine erfolgreiche Suche.

Durch das Internet ist die eigene Suche stark vereinfacht worden. Auf den Rechercheseiten des
Deutschen Patent- und Markenamtes (DPMA, [Link04]) ist der Zugang zu vielen Patentdoku-
menten im Volltext möglich. Über die Auswahl "/Recherche/Einsteiger/" öffnet sich eine
Suchmaske, die in Bild 1-6 dargestellt ist.

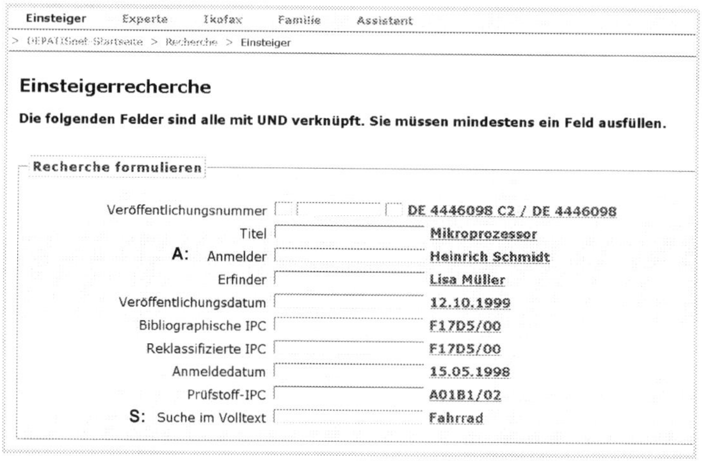

Recherchebeispiele:

S: Parkbremse Elektromechanisch
→ 55 Treffer

S: Elektromechanische Parkbremse
→ 140 Treffer

S: Elektromechanische Parkbremse
A: Volkswagen
→ 8 Treffer

S: Elektromechanische Parkbremse
A: Bayerische Motoren Werke
→ 10 Treffer

Bild 1-6 Eingabemaske für eine Patentrecherche (links) und Ergebnisse von Abfragen (rechts). Die beiden verwendeten Felder sind zusätzlich mit den Buchstaben S (Volltextsuche) und A (Anmelder) gekennzeichnet. Die verwendeten Suchbegriffe sind im Beispiel aufgeführt.

Die verschiedenen Eingaben eröffnen die Möglichkeit einer gezielten Suche in allen Veröffentlichungen. Patente werden dabei über Nummern verwaltet, ein Präfix gibt die Art des Patentes an. Hierzu einige Beispiele:

DE – Deutsche Patentanmeldung (nur für Deutschland gültig)

FR – Französische Patentanmeldung (nur für Frankreich gültig)

EP – Europäische Patentanmeldung (europaweit gültig)

US – Amerikanische Patentanmeldung (nur für die USA gültig)

WO – weltweite Patentanmeldung (weltweit gültig)

Ist die Nummer des relevanten Patentes bekannt, dann kann diese direkt eingegeben werden. Es erscheinen je nach Bearbeitungsstand mehrere Ergebnisse, die sich im Postfix unterscheiden. Dieser bedeutet (Auszug der Benennung ab dem Jahr 2004, Details z. B. in [Link05]):

A1 – Offenlegungsschrift als 1. Publikation

B4 – Patentschrift als 2. Publikation nach der Offenlegungsschrift (vor dem Jahr 2004 C2)

T2 – Übersetzung einer englisch- oder französischsprachigen europäischen Patentschrift

U1 – Gebrauchsmusterschrift

Bei einer Themenrecherche sind diese Informationen noch nicht bekannt, hier spielen die weiteren Eingabefelder die entscheidende Rolle. Im Feld „Suche im Volltext“ sind charakteristische Begriffe einzugeben, nach denen die Dokumente durchsucht werden. Mehrerer Begriffe werden automatisch mit einem UND-Operator verknüpft. Die Eingabe von „Parkbremse Elektromechanisch“ liefert alle Anmeldungen, bei denen diese beiden Begriffe auftauchen.

Diese erste Abfrage liefert 55 Treffer (siehe Bild 1-6). Das dies wahrscheinlich nicht alle relevanten Patente sind zeigt der zweite Versuch mit dem leicht geänderten Suchtext „Elektromechanische Parkbremse". Hier sind 140 Treffer zu verzeichnen, das Recherchesystem liefert also in beiden Fällen unterschiedliche Ergebnisse. Daher ist sehr große Sorgfalt auf die Auswahl der Suchbegriffe zu legen, da ansonsten die Vollständigkeit der Recherche nicht sichergestellt ist. Das Problem tritt allerdings nicht nur bei dieser Recherche auf sondern ist allgemein ein Problem der Stichwortsuche.

Eine weitere Reduzierung der Trefferanzahl ist durch die Einbeziehung zusätzlicher Eingabefelder möglich. Im Beispiel sind von den 140 Treffern der zweiten Suche 8 Anmeldungen von der Firma Volkswagen AG und 10 Anmeldungen der Firma Bayerische Motoren Werke. Auch hier führt die Suche nur bei identischer Eingabe des hinterlegten Namens zum Ziel, für Bayerische Motorenwerke oder gar BMW werden gar keine Treffer erzielt. Ein Beispiel für eine Recherche ist in Bild 1-7 zu sehen.

Mit dem Titel der Anmeldung sind meist weitere nicht relevante Patente auszuschließen. Über den Link zum Dokument wird die erste Seite des ausgewählten Patentes im pdf-Format angezeigt. Hier sind neben den technischen Angaben zur Anmeldung meist eine Grafik sowie eine Kurzfassung des Inhaltes angegeben. Mit diesen Informationen sind wieder relevante von nicht relevanten Dokumenten abzugrenzen. Der komplette Text und alle Abbildungen können seitenweise abgerufen werden. Es ist auch die Anzeige in einem einzigen Dokument möglich, hierzu ist allerdings nach Aufforderung eine als Grafik dargestellte Buchstabenfolge einzugeben. Mit dieser Maßnahme wird das automatische Laden der kompletten Patentdatenbank verhindert.

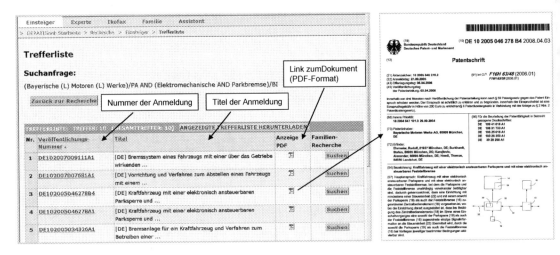

Bild 1-7   Ergebnisliste für die 4. Suche des Recherchebeispiels. Die erste Seite des Treffers 3 ist als Beispiel dargestellt.

Der Aufbau der Patentschrift folgt einem festgelegten Muster, allerdings gibt es länderspezifische Unterschiede. Im Folgenden wird nur auf deutsche Anmeldungen eingegangen.

Auf der Seite 1 befinden sich die oben dargestellten Informationen wie Anmelder, Erfinder, Anmeldungsdatum, Kurzfassung. Danach folgt die Beschreibung der Erfindung. Häufig wird dieser Abschnitt noch unterteilt in die Punkte:

Stand der Technik: Unter Bezugnahme auf Veröffentlichungen und andere Patente wird der gegenwärtige Stand erläutert.

Aufgabenstellung: Es wird angegeben, durch welche Neuerung die Erfindung sich gegenüber dem Stand der Technik auszeichnet und welche Vorteile hieraus resultieren.

Ausführungsbeispiel: An einem oder mehreren konkreten Beispielen wird die Erfindung im Detail erläutert. Dabei erfolgt eine Bezugnahme auf die in der Anmeldung vorhandenen Grafiken. Häufig finden sich hier auch die Erklärungen für Bezeichner in den Bildern.

An die Beschreibung schließen sich die Patentansprüche an. Der Hauptanspruch steht an erster Stelle. Hier wird zunächst die Aufgabe der Erfindung genannt, nach den fettgedruckten Worten „**dadurch gekennzeichnet**" oder „**gekennzeichnet durch**" folgt die spezielle Ausprägung der Erfindung. Im angegebenen Beispiel lautet der erste Anspruch [Pat10]:

„1. Kraftfahrzeug mit einer elektronisch ansteuerbaren Parksperre und mit einer elektronisch ansteuerbaren Feststellbremse, bei dem die Parksperre und die Feststellbremse unabhängig voneinander betätigbar sind, **dadurch gekennzeichnet**, dass eine Einrichtung mit mindestens einer Steuereinheit (22) und mit einem sowohl der Parksperre (19) als auch der Feststellbremse (16) zugeordneten Zentralbedienelement (18) vorgesehen ist, wobei die Einrichtung derart ausgestaltet ist, dass bei Betätigung des Zentralbedienelements (18) im Sinne eines Einschaltvorganges eine sowohl der Parksperre (19) als auch der Feststellbremse (16) zugeordnete einzige Signalinformation an die Steuereinheit (22) übermittelt wird, durch die sowohl die Parksperre (19) als auch die Feststellbremse (16) bei Vorliegen jeweiliger bestimmter Bedingungen aktivierbar sind."

Damit ist eine Erfindung gemeint, die sich gegenüber anderen durch die Nutzung eines zentralen Bedienelementes und der Auswertung weiterer Kriterien auszeichnet. Die weiteren Ansprüche konkretisieren die Erfindung. Im Beispiel [Pat10] heißt es weiter:

„2. Kraftfahrzeug nach Anspruch 1, dadurch gekennzeichnet, dass nach Betätigung des Zentralbedienelementes (18) im Sinne eines Einschaltvorganges bei Vorliegen erster definierter Bedingungen sowohl die Parksperre als auch die Feststellbremse aktiviert werden."

Damit wird die Funktionalität weiter eingeschränkt, im Beispiel folgen dann noch zusätzliche Ansprüche. Für deren Anzahl gibt es keine Vorschrift, allerdings führt eine zu starke Einschränkung zu einfacher Umgehung des Schutzrechtes.

Nach den Ansprüchen folgen, sofern vorhanden, die für die Beschreibung eingesetzten Grafiken. Hier sind deutliche Unterschiede sowohl in Umfang als auch Qualität möglich. Vielfach finden sich lediglich Blockschaltbilder mit Nummerierung. Diese Nummern charakterisieren die einzelnen Elemente und sind in der Beschreibung oder den Ansprüchen erläutert. Die Abbildung ist daher meist ohne den Text nicht verständlich. Aus dem Beispiel ist die Abbildung 1 von [Pat10] in Bild 1-8 dargestellt. Zur besseren Verständlichkeit wurden die Blockbezeichnungen bereits ergänzt.

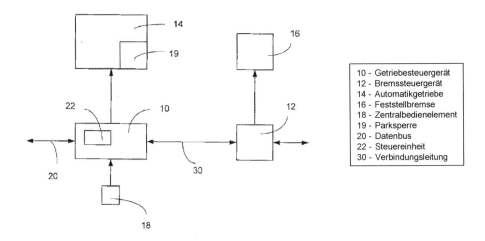

Bild 1-8   Abbildung der Patentanmeldung mit zusätzlicher Beschriftung der einzelnen Elemente
(nach [Pat10])

Die Arbeit des Entwicklungsingenieurs besteht daher häufig in der Aufbereitung der Patentinformationen zur sicheren Abgrenzung eigener Entwicklungen. Für eine endgültige Expertise
sollte im Zweifelsfalle aber immer ein mit der Materie vertrauter Patentanwalt hinzugezogen
werden.

2 Beschreibung von Systemen

Mit diesem Kapitel sollen die Grundlagen für eine mathematische Beschreibung technischer Systeme gelegt werden. Besondere Bedeutung kommt dabei der Äquivalenz von Systemen zu. Folgt die mathematische Beschreibung denselben Gesetzmäßigkeiten, ausgedrückt durch die Differentialgleichung, dann ist das dynamische Verhalten der Systeme identisch, unabhängig von der technischen Ausprägung (elektrisch, mechanisch, thermisch). Eine Vereinfachung der Systemberechnung ist mit der Laplace-Transformation möglich. Durch die Analyse der dabei abgeleiteten Übertragungsfunktion sind bereits grundlegende Aussagen zur Systemdynamik ohne Lösung der Differentialgleichung möglich. Weiterhin kann durch die Kombination der Übertragungsfunktionen elementarer Glieder eine einfache Systematik zur Aufstellung des Wirkschaltplans abgeleitet werden.

2.1 Einführung

Um ein technisches Gerät entwickeln, produzieren und analysieren zu können, müssen Aufbau und Wirkungsweise bekannt sein. Hierzu haben sich verschiedene Methoden etabliert, die im Folgenden kurz zusammengefasst werden. Als Einführungsbeispiel wird die Ansteuerung einer Drosselklappe für einen Verbrennungsmotor genutzt. Hieran erfolgt gleichfalls eine Gegenüberstellung von Steuerung und Regelung.

Eine übersichtliche Darstellungsform ist das Technologieschema. Hier werden die grundlegenden Bauteile und ihre gegenseitige Kopplung veranschaulicht. Aus einer entsprechenden Abbildung soll der Fachmann das Funktionsprinzip ableiten können. Für eine Drosselklappenansteuerung sind die mechanische und die elektronische Variante in Bild 2-1 gegenübergestellt.

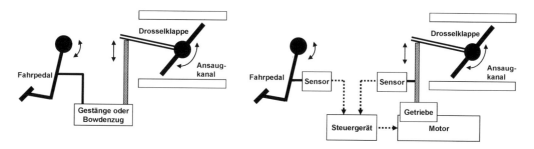

Bild 2-1 Technologieschema eines mechanischen (links) und eines elektronischen Gaspedals (rechts)

Im Falle einer mechanischen Verbindung erfolgt die Übertragung des Fahrpedalwinkels über ein Gestänge oder einen Bowdenzug. Da die Betätigungsbereiche nicht übereinstimmen (Fahrpedalwinkel ≠ Drosselklappenwinkel), muss eine Anpassung durch eine Übersetzung erfolgen.

Bei einem elektronischen Gaspedal werden der Fahrpedalwinkel und der Drosselklappenwinkel jeweils durch einen Sensor aufgenommen und in ein elektrisches Signal umgewandelt.

Diese Signale werden zum Steuergerät weitergeleitet und dort verarbeitet. Im Ergebnis gibt das Steuergerät ein Spannungs- oder Stromsignal an den Motor aus, der über eine mechanische Kopplung die Drosselklappe bewegt.

Für eine weiterführende Analyse und die regelungstechnische Beschreibung muss aus dem Technologieschema eine abstraktere Blockbeschreibung erfolgen. Dies geschieht durch Verwendung der laut [DIN01] vorgegebenen Elemente. Die wichtigsten dieser Elemente sind in Bild 2-2 aufgeführt. Die Funktion zur Berechnung der Ausgangsgröße x_a kann dabei direkt durch Angabe der Gleichung erfolgen oder als Funktionsgraf in das Blocksymbol geschrieben werden. Der Pfeil gibt die Wirkungsrichtung der physikalischen Größe an, diese ist immer von der Ursache zur Auswirkung gerichtet. Durch eine Additionsstelle sind mehrere physikalische Größen derselben Dimension miteinander kombinierbar, das Vorzeichen der Größe ist dabei explizit anzugeben. Mittels einer Verzweigungsstelle ist die Größe in identische Teilgrößen aufteilbar.

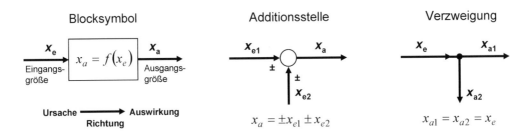

Bild 2-2   Elemente eines Wirkungsplanes nach [DIN01]. Für allgemeine Darstellungen werden die Eingangsgröße mit x_e und die Ausgangsgröße mit x_a bezeichnet.

Für die beiden betrachteten Systeme zur Drosselklappenansteuerung sind in Bild 2-3 die Wirkungspläne aufgeführt. Die Gegenüberstellung zeigt dabei deutlich den charakteristischen Unterschied der beiden Varianten.

Für die mechanische Ausführung ist nur eine Wirkungsrichtung eingezeichnet, beginnend beim Pedal bis hin zur Drosselklappe. Es erfolgt keine Rückwirkung, damit handelt es sich um einen Steuerung. Die Definition laut [DIN01] lautet:

„Steuerung ist ein Vorgang in einem System, bei dem ein oder mehrere Größen als Eingangsgrößen, andere Größen als Ausgangsgrößen aufgrund der dem System eigentümlichen Gesetzmäßigkeiten beeinflussen."

Für die elektronische Variante hingegen wird der aktuelle Drosselklappenwinkel entgegen der Wirkungsrichtung des Gesamtsystems der Vergleichsstelle zugeführt und dort mit einem Vorgabewert verglichen. Diese Rückkopplung ist das typische Merkmal einer Regelung, deren Definition laut [DIN01] ist:

„Der Vorgang, bei dem eine Größe, die zu regelnde Größe, fortlaufend erfasst, mit einer anderen Größe, der Führungsgröße, verglichen, und abhängig vom Ergebnis dieses Vergleichs im Sinne einer Angleichung an die Führungsgröße beeinflusst wird. Der sich dabei ergebende Wirkungsablauf findet in einem geschlossenen Kreis, dem Regelkreis statt."

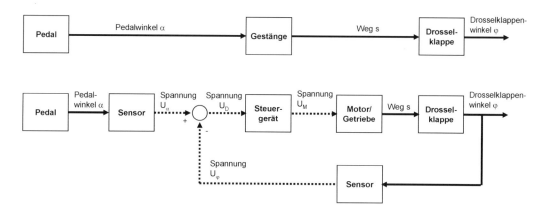

Bild 2-3 Blockschaltbilder eines mechanischen (oben) und eines elektronischen Gaspedals (unten)

Beim elektronischen Gaspedal wird die Führungsgröße, repräsentiert durch den Spannungswert U_α (α – Fahrpedalwinkel), mit dem Spannungswert der Regelgröße U_φ (φ – Drosselklappen-winkel) durch Subtraktion verglichen. Die Regeldifferenz U_D ist die Eingangsgröße des Reglers, in diesem Falle ein digitaler Regler in Form eines Steuergerätes. Stimmen beide Werte überein, ist also die Regeldifferenz $U_D = 0$, sollte keine Reaktion stattfinden. Bei einer Abweichung muss eine angepasste Motorspannung ausgegeben werden damit der ausgeglichene Zustand erreicht wird. Die Anpassung der unterschiedlichen Winkel an den Vergleichsspannungswert erfolgt über die Kennlinien der beiden Sensoren.

Zur Auswahl eines geeigneten Reglers und der Bestimmung der notwendigen Parameter muss für alle Regelkreiselemente eine mathematische Beschreibung vorliegen. Die verschiedenen Methoden werden im nachfolgenden Abschnitt erläutert. Auf eine detaillierte Darstellung muss dabei verzichtet werden, hierzu sind Literaturverweise auf weiterführende Publikationen zusammengestellt.

2.2 Beschreibung dynamischer Systeme

2.2.1 Aufstellung und Lösung der Differentialgleichung

Das Verhalten dynamischer Systeme ist durch Differentialgleichungen beschreibbar. Je detaillierter die Gleichungsaufstellung erfolgt, umso genauer entspricht die Lösung dem tatsächlichen Systemverhalten. Allerdings sind die Gleichungssysteme oftmals nur für einfache Fälle analytisch lösbar, für komplexere Zusammenhänge sind Vereinfachungen und Linearisierungen notwendig. Daher ist es oftmals einfacher und für die spätere Regelung völlig ausreichend, wenn mittels experimenteller Methoden die Parameter der vorliegenden Systeme ermittelt werden. Aus dem bekannten Verhalten bei typischen Anregungsbedingungen wird dann auf die zu Grunde liegende Dynamik geschlossen. An einem einfachen Beispiel eines Masse-Dämpfer-Feder-Systems (Bild 2-4), wie es an verschiedenen Stellen in Fahrzeugen vorkommt, soll die grundlegende Vorgehensweise erläutert werden. Eine ausführlichere Darstellung ist in

[Reu08] zu finden. Um den Einstieg dort zu erleichtern, wurden in diesem und dem nachfolgendem Kapitel identische Bezeichnungen für die physikalischen Größen und Parameter verwendet.

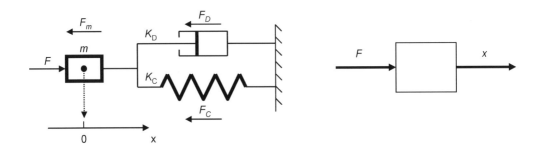

Bild 2-4   Beispiel eines Feder-Masse-Dämpfer-Systems

Aufstellen der Differentialgleichung:

Für dieses einfache System ist die Differentialgleichung direkt aufstellbar. Gesucht wird das zeitliche Verhalten für die Position der Masse, gekennzeichnet durch die Ausgangsgröße $x(t)$. Es ergibt sich eine Differentialgleichung 2. Ordnung (höchste Ableitung ist 2):

$$F_m(t) + F_D(t) + F_C(t) = F(t)$$

$$m \cdot \ddot{x}(t) + K_D \cdot \dot{x}(t) + K_C x(t) = F(t) \tag{2.1}$$

$$\underbrace{\frac{m}{K_C}}_{T_2^2} \cdot \ddot{x}(t) + \underbrace{\frac{K_D}{K_C}}_{T_1} \cdot \dot{x}(t) + x(t) = \underbrace{\frac{1}{K_C}}_{K} F(t)$$

Wird die Gleichung durch die Konstante der nicht abgeleiteten Ausgangsgröße geteilt (im Beispiel durch K_C), dann ergeben sich für die anderen Glieder Zeitkonstanten, potenziert mit dem Grad der Ableitung. Diese Zeitkonstanten sind später in der Antwortfunktion des Systems zu erkennen. Diese Eigenschaft ist allgemeingültig für die Differentialgleichungen technischer Systeme und **nicht** auf das vorgestellte Beispiel beschränkt.

An der Summationsstelle werden die einzelnen Kräfte entsprechend des Vorzeichens eingetragen. Die Gleichung ist dazu so umzustellen, dass die Kraft der Anregung als Eingangsgröße auftritt. Mit Hilfe von Simulationsprogrammen wie MatLab/Simulink kann mit dieser Blockdarstellung das System bereits numerisch gelöst werden. Aus der Differentialgleichung kann jetzt auch ein Blockschaltbild abgeleitet werden (Bild 2-5).

Durch die später behandelte Laplace-Transformation der einzelnen Blöcke ist die Übertragungsfunktion $G(s)$ des Systems auch aus diesem Blockschaltbild nach Umformung und Zusammenfassung der Blöcke berechenbar. Dies ist im Anhang für das beschriebene System dargestellt.

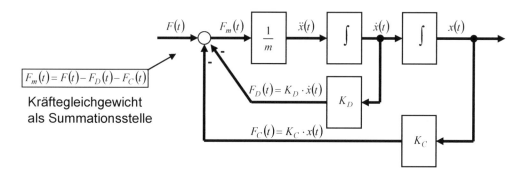

Bild 2-5 Blockschaltbild des Systems aus Bild 2-4

Auswahl einer Anregungsfunktion:

Zur Ermittlung der Lösung muss eine Funktion für die Anregung des Systems ausgewählt werden, im Beispiel entspricht dies der Kraft, mit der die Masse initial bewegt wird. Ohne eine Anregung verbliebe das System in Ruhe und es wäre keine Aussage über die Dynamik möglich.

Es haben sich verschiedene Funktionen für die Charakterisierung bewährt, deren Verläufe sind in Bild 2-6 gegenübergestellt.

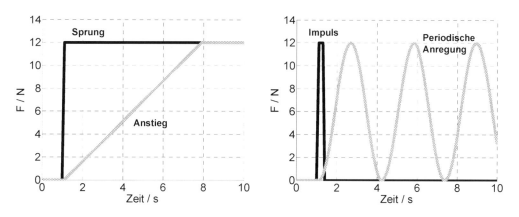

Bild 2-6 Gegenüberstellung verschiedener Anregungsfunktionen am Beispiel einer Kraft als Anregungsquelle

Dabei wird von technisch realisierbaren Signalen ausgegangen. Dies zeigt sich beispielsweise in einer endlichen Impulsbreite und -höhe für die Impulsanregung. Im idealisierten Fall geht erstere gegen Null während die Amplitude gegen ∞ strebt. Weiterhin ist eine Anstiegsfunktion durch die maximal erreichbare Amplitude beschränkt, die Auswertung der Systemantwort ist auch nur für den Bereich vor Erreichen dieses Wertes sinnvoll.

Analytische Lösung der Differentialgleichung:

Die analytische Lösung ist für die beschriebene Differentialgleichung möglich, die Vorgehensweise wird in [Reu08] ausführlich erläutert. Vereinfachend wird dabei zunächst eine sehr geringe Masse angenommen ($m/K_C \approx 0$), damit kann die 2. Ableitung wegfallen. Die Lösung ergibt sich dann durch Trennung der Veränderlichen oder einen Lösungsansatz für eine **sprungförmige** Anregung zu:

$$x(t) = K \cdot F_0 \cdot \left(1 - e^{-\frac{t}{T_1}} \right) \tag{2.2}$$

Das System strebt, wie zu erwarten war, einen festen Endwert an, der von der Amplitude der Anregung F_0 und der charakteristischen Konstante K abhängt. Die Zeitkonstante T_1 ist unabhängig von der Anregungsamplitude und grafisch oder rechnerisch ermittelbar. Für ein System erster Ordnung ist es die Zeit, bei der $x(t) = 0.63 \cdot K \cdot F_0$ erreicht wird.

Im Falle einer Impulsanregung lautet die Lösung:

$$x(t) = K \cdot F_0 \cdot \frac{1}{T_1} \cdot e^{-\frac{t}{T_1}} \tag{2.3}$$

Das System kehrt nach der Auslenkung wieder in den Ausgangszustand zurück, es folgt dabei einer einfach exponentiellen Funktion mit der Zeitkonstante T_1. Die Verläufe für beide Anregungsarten und zwei unterschiedliche Anregungsamplituden sind in Bild 2-7 dargestellt.

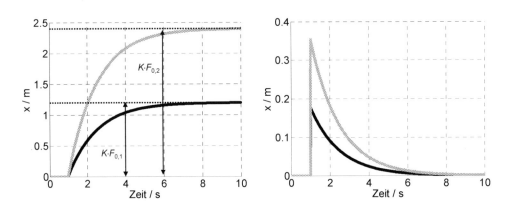

Bild 2-7   Simulation der Ausgangsgröße für ein System 1. Ordnung bei sprungförmiger Anregung (links) und impulsförmiger Anregung (rechts). Es wurden zwei unterschiedliche Amplituden für F_0 verwendet ($F_{0,2} = 2 \cdot F_{0,1}$), entsprechend verhalten sich auch die End- bzw. Maximalwerte. Bei der Impulsfunktion werden die theoretischen Maximalwerte wegen der endlichen Impulsbreite (auch bei der numerischen Simulation) nicht erreicht.

Schon das Auftreten einer 2. Ableitung führt zu einer Unterscheidung in mehrere Fälle mit unterschiedlichen Lösungen. Diese Vorgehensweise ist daher für die Charakterisierung und den späteren Reglerentwurf meist unpraktisch. Es hat sich deshalb die nachfolgend beschriebene Lösung durch Laplace-Transformation bewährt.

2.2.2 Laplace-Transformation zur Lösung der Differentialgleichung

Durch die Transformation der Differentialgleichung in den Bildbereich wird aus der zeitabhängigen Differentialgleichung eine von der Bildvariablen s abhängige algebraische Gleichung. Eine im Zeitbereich vorhandene Ableitung wird zu einer Multiplikation von s mit der der Ableitung entsprechenden Potenz. Die grundsätzliche Vorgehensweise und ein Beispiel für die Transformation sind in Bild 2-8 dargestellt.

Die algebraische Gleichung im Bildbereich kann nun so umgestellt werden, das sich der Quotient aus Ausgangsgröße (allgemein $x_a(s)$) und Eingangsgröße (allgemein $x_e(s)$) ergibt. Der dabei entstehende Bruch ist die Übertragungsfunktion $G(s)$:

$$G(s) = \frac{x_a}{x_e} \qquad \mapsto \qquad x_a = G(s) \cdot x_e \qquad\qquad (2.4)$$

Die interessierende Lösung des Systems $x_a(s)$ im Bildbereich ergibt sich durch Multiplikation der Eingangsgröße $x_e(s)$ mit der Übertragungsfunktion $G(s)$. Für die Eingangsgröße sind wieder die Anregungsfunktionen zu verwenden, die auch für die Lösung der Differentialgleichung notwendig waren. Zu beachten ist dabei die notwendige Laplace-Transformation auch dieser Funktion.

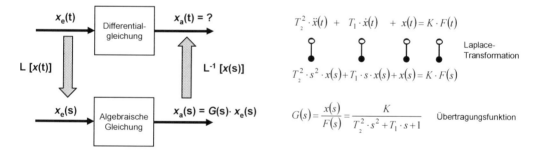

Bild 2-8 Prinzip der Laplace-Transformation (links) und Beispiel für eine Differentialgleichung 2. Ordnung des Systems aus Bild 2-4

Nach erfolgter Vereinfachung des Systems kann die Rücktransformation in den Zeitbereich stattfinden. Hierzu sind Tabellen für die wichtigsten Systeme im Anhang zusammengestellt. In der Tabelle 2.1 befindet sich eine Gegenüberstellung der Lösung für zwei unterschiedliche Systeme.

In beiden Fällen erfolgt eine Sprunganregung mit der Amplitude F_0. Die entsprechende Laplace-Transformierte für die Anregungsfunktion lautet damit $F(s) = F_0 / s$. Die vollständige Berechnung befindet sich im Anhang.

Wie zu erwarten war, stimmt für das System 1. Ordnung die ermittelte Lösung mit dem Ergebnis der direkten Lösung der Differentialgleichung in Gleichung (2-2) überein. Für das System 2. Ordnung konnte mit dieser Methode sehr einfach die zeitliche Abhängigkeit ermittelt werden. Da es sich hierbei um ein schwingungsfähiges System handelt, müssen verschiedene Fälle unterschieden werden. Für einen anderen Wertebereich des Dämpfungsmaßes D ergibt sich auch eine andere Lösung. Die verschiedenen Fälle werden im nächsten Abschnitt ausführlicher diskutiert.

Tabelle 2.1 Zusammenstellung der elementaren Kopplungsmöglichkeiten für Regelkreisglieder

System 1. Ordnung	System 2. Ordnung
Übertragungsfunktion (aus Differentialgleichung ermittelt)	
$G(s) = \dfrac{x(s)}{F(s)} = \dfrac{K}{T_1 \cdot s + 1}$	$G(s) = \dfrac{x(s)}{F(s)} = \dfrac{K}{T_2^2 \cdot s^2 + T_1 \cdot s + 1}$
Ergebnis	
$x(t) = K \cdot F_0 \cdot \left(1 - e^{-\frac{1}{T_1} \cdot t}\right)$	$x(t) = F_0 \cdot K \cdot \left[1 - \left(\cos(\omega \cdot t) + \dfrac{\alpha}{\omega} \cdot \sin(\omega \cdot t) \cdot e^{-\alpha \cdot t}\right)\right]$ *gültig für*: $\quad \dfrac{\alpha}{\beta} = D < 1 \qquad (D - Dämpfung),$ *mit*: $\quad \omega = \sqrt{\alpha^2 - \beta^2}$

Ein weiterer Vorteil der Nutzung von Übertragungsfunktionen besteht in der sehr einfachen Kopplung mehrerer Einzelsysteme. Durch die in der Tabelle 2.2 angegebenen Umformungen sind auch umfangreiche Blockschaltbilder zu einem einzelnen Block und damit einer Übertragungsfunktion $G(s)$ zusammenfassbar. Diese Funktion enthält die gesamte Information über die Dynamik des Systems.

An einem einfachen Beispiel soll die Zusammenfassung demonstriert werden. Das System besteht aus vier Elementen, die eine typische Struktur eines Regelkreises darstellen (Bild 2-9). Der Aufbau wird daher in den folgenden Abschnitten in dieser oder ähnlicher Form häufiger auftreten. Ziel der Umformung ist es, die Gesamtübertragungsfunktion zu bestimmen.

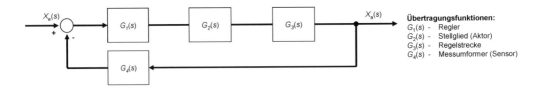

Bild 2-9 Beispiel zur Zusammenfassung von Systemen

Bei der Zusammenfassung werden zunächst die drei Glieder der Reihenschaltung ($G_1(s)$, $G_2(s)$, $G_3(s)$) durch Multiplikation in eine Übertragungsfunktion geschrieben.

Danach erfolgt die Auflösung der Rückführung mit $G_4(s)$ zu:

$$G(s) = \frac{x_a}{x_e} = \frac{G_1(s) \cdot G_2(s) \cdot G_3(s)}{1 + G_1(s) \cdot G_2(s) \cdot G_3(s) \cdot G_4(s)} \qquad (2.5)$$

In diese allgemeine Lösung müssen für jedes $G_x(s)$ die tatsächlich für das Element charakteristische Übertragungsfunktion geschrieben werden. Für Glieder 1. und 2. Ordnung sind dies die in Tabelle 2.1 aufgeführten Funktionen mit den Parametern K, T_1 und T_2. Durch die hierbei auftretenden Brüche kann die Übertragungsfunktion sehr umfangreich werden. Eine weitere Zusammenfassung durch geschickte Umformung ist dabei meist notwendig. Weitere Grundelemente für Regelkreise werden im nächsten Kapitel besprochen und sind auch im Anhang zusammengestellt.

Tabelle 2.2 Zusammenstellung der Elementaren Kopplungsmöglichkeiten für Regelkreisglieder

Schaltung	Symbol	Übertragungsfunktion
Block	$X_e(s)$ → $G(s)$ → $X_a(s)$, Eingangsgröße, Ausgangsgröße	$G(s) = \dfrac{x_a(s)}{x_e(s)}$
Reihe	$X_{e1}(s)$ → $G_1(s)$ → $X_{a1}(s) = X_{e2}(s)$ → $G_2(s)$ → $X_{a2}(s)$	$G(s) = G_1(s) \cdot G_2(s) = \dfrac{x_{a2}(s)}{x_{e1}(s)}$
Parallel	$X_e(s)$, $X_{e1}(s)$ → $G_1(s)$ → $X_{a1}(s)$ +, $X_{e2}(s)$ → $G_2(s)$ → $X_{a2}(s)$ + → $X_a(s)$	$G(s) = G_1(s) + G_2(s) = \dfrac{x_a(s)}{x_e(s)}$
Rückführung	$X_e(s)$ +, ± $X_{e1}(s)$ → $G_1(s)$ → $X_{a1}(s)$ → $X_a(s)$; $X_{a2}(s)$ ← $G_2(s)$ ← $X_{e2}(s)$	$G(s) = \dfrac{G_1(s)}{1 \mp G_1(s) \cdot G_2(s)} = \dfrac{x_a(s)}{x_e(s)}$

Für das einführende Beispiel des Feder-Masse-Dämpfer-Systems ist der Wirkschaltplan im Anhang aufgeführt. Dabei erfolgt eine Zusammenfassung, um die Identität mit der Beschreibung aus Abschnitt 2.4 zu demonstrieren.

2.2.3 Analyse einer Antwortfunktion zur Systemidentifikation

Viele technische Systeme besitzen einen ähnlichen Aufbau, der meist durch Differentialgleichungen 1. oder 2. Ordnung hinreichend genau beschreibbar ist. Daher wird häufig der umgekehrte Weg gegangen und ein Vergleich der Systemreaktion auf eine definierte Anregung, zum Beispiel einen Sprung, mit den bereits bekannten Lösungen aus einer analytischen Lösung durchgeführt. Damit ist ein Rückschluss auf den Systemtyp und die beschreibenden Parameter möglich. Die Wahl der Anregungsfunktion muss dabei an den Typ des Systems angepasst sein, da ansonsten die Auswertung schwer möglich ist.

Zur Verdeutlichung der Unterschiede sind in Bild 2-10 die Reaktionen von 3 Systemen einmal auf einen Sprung und auf eine Rampe (Anstieg) gegenübergestellt. Jeweils bei einer Zeit von $t = 1$ s beginnt die Anregung durch Aufschaltung einer Spannung. Entsprechend den zu Grunde liegenden Gesetzmäßigkeiten reagieren die Systeme mit unterschiedlichem Verhalten.

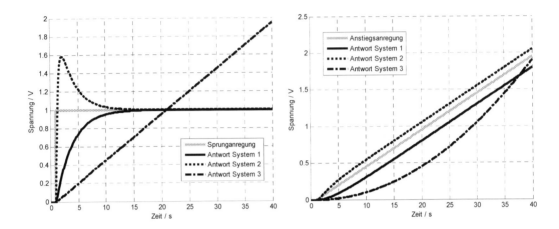

Bild 2-10   Gegenüberstellung der Anregungsarten und der resultierenden Systemreaktionen. Der graue Funktionsgraf gibt die Anregungsform an. Anhand der typischen Verläufe sind die Systeme eindeutig unterscheidbar.

Während zwei der Systeme (System 1 und System 2) bei Sprunganregung einen festen Endwert anstreben (in diesem Fall eine Spannung von $U = 1$ V), steigt die Spannung bei System 3 linear mit der Zeit an.

Bei Anstiegsanregung sind die Unterschiede zwischen den einzelnen Systemen ebenfalls sichtbar, allerdings stellt sich hier statt des festen Endwertes für System 1 und System 2 ein konstanter Abstand zur Anregungsfunktion ein. Für System 3 ist dies nicht der Fall, hier zeigt sich ein parabelförmiger Verlauf.

Aus dem typischen Kurvenverlauf ist auf die Art des Systems zu schließen, damit steht in den meisten Fällen die Übertragungsfunktion als mathematische Beschreibungsmöglichkeit fest. Aus der genauen Analyse sind die Systemparameter direkt (für einfache Systeme) oder charakteristische Ersatzparameter (für Systeme mit mehr als 2 Parametern) ableitbar. Im folgenden Abschnitt werden die elementaren Glieder sowie die zugehörigen Sprungantworten und Übertragungsfunktionen vorgestellt.

2.3 Grundlegende Systeme und deren Verknüpfung

Entsprechend der verschiedenen Reaktionen auf eine Anregung kann eine Unterscheidung der Regelkreiselemente in verschiedene Kategorien erfolgen. Dabei ist es unerheblich, ob es sich um eine Streckenglied oder einen Regler handelt, beide folgen denselben Gesetzmäßigkeiten.

Die deutlichste Unterscheidung betrifft die Einstellung eines festen Endwertes. Erfolgt diese bei Sprunganregung nicht, geht also $x_A \to \infty$, so handelt es sich um ein Element **ohne Ausgleich**. Als mathematische Operation wirkt hier die Integration der Eingangsgröße (**Integrierglied I**).

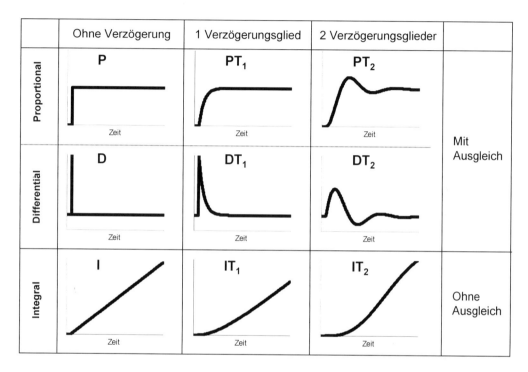

Bild 2-11   Sprungantworten elementarer Systeme

Dementsprechend werden Elemente mit festem Endwert als Systeme **mit Ausgleich** bezeichnet. Dies kann sowohl durch eine Multiplikation der Eingangsgröße mit einer Konstanten (**Proportionalglied P**) oder ihrer Differentiation (**Differentialglied D**) erfolgen.

Diese drei Grundelemente können durch weitere Glieder ergänzt werden. Sehr häufig treten dabei ein oder mehrere Verzögerungsglieder und Totzeitelemente auf. In Bild 2-11 sind die Sprungantworten dieser Strecken abgebildet. Die zugehörigen Übertragungsfunktionen sind im Anhang zusammengestellt. Mehrere Beispiele für typische Regelungsstrecken sollen jetzt näher betrachtet werden.

PT_1-Strecke (Strecke 1. Ordnung):

Bei einer solchen Regelungsstrecke stellt sich bei sprungförmiger Anregung ein fester Endwert ein, ohne dass dieser Endwert im Laufe des Angleichungsprozesses überschritten wird. Das bedeutet, dass dieses System prinzipiell bei Sprunganregung keine Schwingungen ausführt.

Die Übertragungsfunktion $G(s)$ in allgemeiner Schreibweise lautet:

$$G(s) = \frac{x_a}{x_e} = \underbrace{K_{PS}}_{P-Glied} \cdot \underbrace{\frac{1}{T_1 \cdot s + 1}}_{T_1-Glied} \tag{2.6}$$

Zur Unterscheidung zu den anderen auftretenden Streckenkonstanten und den Konstanten des Reglers wird der Index PS verwendet (P-proportional, S-Strecke).

Ein Beispiel für eine solche Strecke ist die Betrachtung der Temperatur ϑ_I eines PKW-Fahrgastraumes. Für eine mathematische Beschreibung muss die Differentialgleichung des gesamten Systems, also auch der Wärmetauscher und Zugangskanäle, aufgestellt werden. Bild 2-12 illustriert den komplexen Aufbau.

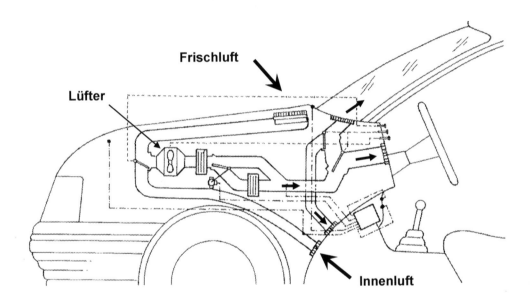

Bild 2-12   Innenraumklimatisierung eines PKWs (nach [Pat15])

Eine analytische Ableitung ist wegen der komplizierten Form und der vielen verwendeten Materialien nur mit erheblichem Aufwand möglich. Um trotzdem die für eine komfortable Klimatisierung notwendige Regelung entwerfen zu können, bietet sich die experimentelle Untersuchung der Sprungantwort an. Vereinfachend sei hierzu angenommen, dass die Erwärmung durch Steuerung der Lüfter erfolgt. Die maximale Aufheizung wird dann erreicht, wenn alle Lüftungsöffnungen geöffnet sind (was für eine Klimaregelung laut der Bedienungsanleitung für Fahrzeuge auch empfohlen wird) und sich die Lüfter mit maximaler Drehzahl bewegen. Diese Drehzahl wird erreicht, wenn die maximal verfügbare Spannung im Bordnetz von $U_L = 12$ V (idealisiert) an den Lüftern anliegt. Bei einer Spannung von $U_L = 6$ V wird nur die halbe Wärmemenge übertragen, bei $U_L = 0$ V findet keine Erwärmung statt (lineares Verhalten). Die entsprechende Blockbeschreibung findet sich in Bild 2-13.

Die Realisierung einer Sprungfunktion geschieht nun durch den Start des Verbrennungsmotors. Eine typische Erwärmungskurve ist in Bild 2-13 dargestellt. Die maximale Aufheizkurve (grau) wurde an die Messwerte aus [ATZ07] angelehnt, die Kurve für eine geringere Spannung daraus unter Annahme eines linearen Zusammenhangs simuliert.

Bei maximaler Lüfterdrehzahl wird bei einer Umgebungstemperatur von $\vartheta_U = -20\,°C$ eine Maximaltemperatur von $\vartheta_I = 50\,°C$ erreicht. Diese Kurve stellt den Grenzwert für die schnellstmögliche Erwärmung dar, für eine weitere Verkürzung wäre eine Zusatzheizung notwendig. Weiterhin ist die charakteristische Zeitkonstante $T_1 = 300\,s$ eingetragen. Diese ist, wie anhand der zweiten Kurve zu sehen ist, unabhängig von der Förderleistung des Lüfters. Damit wäre, im Falle einer tatsächlichen Messewertaufnahme und nicht einer Simulation, das lineare Verhalten nachgewiesen. Die Proportionalitätskonstante besitzt eine Dimension von $[K_{PS}] = K/V$.

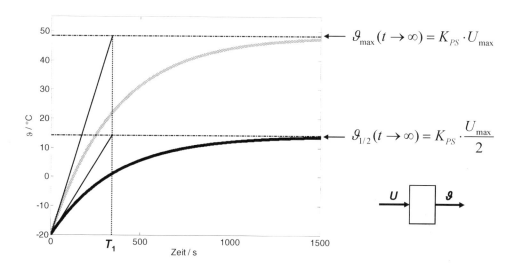

Bild 2-13 PT$_1$-Strecke am Beispiel der Innenraumheizung eines PKWs

Ein weiteres Beispiel für eine PT$_1$-Strecke ist der hydraulische Übertragungsweg einer Fahrzeugbremsanlage. Der durch den Fahrer erzeugte und vom Bremskraftverstärker erhöhte Bremsdruck wird über eine Hydraulik den Radbremszylindern zugeführt. Daraus resultiert der Bremsdruck p_B.

Bei diesem Vorgang kommt es zu einer Verzögerung, die mit der charakteristischen Zeit T_1 beschrieben werden kann. Da sich derselbe Druck wie im Hauptbremszylinder einstellen wird, ist die Verstärkungskonstante $K = 1$. Die Zusammenhänge sind in Bild 2-14 dargestellt. Die Zeitkonstante T_1 liegt für PKW-Bremsanlagen im Bereich zwischen 50 ms und 250 ms. Bei Kenntnis der Bremsenparameter ist aus dem Bremsdruck das Bremsmoment berechenbar [Ise02].

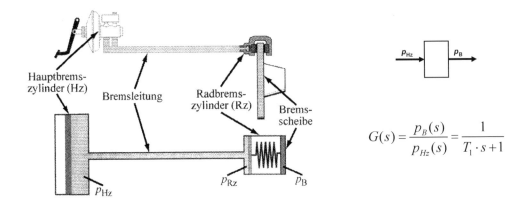

Bild 2-14 PT$_1$-Strecke am Beispiel einer Fahrzeugbremsanlage (nach [Ise02])

IT$_1$-Strecke:

Typische integrierend wirkende Strecken sind Änderungen der Position eines Objektes. Dies kann beispielsweise der Abstand eines Fahrzeuges zur Fahrspurmitte sein. Wird ein Lenkrad-winkelsprung durchgeführt, dann wächst der Abstand stetig weiter wenn keine Gegenreaktion erfolgt. Ein anderes Beispiel ist die Rotation der Welle eines Elektromotors. Der Winkel ϕ wächst, bezogen auf den Startwert, nach Einschalten der Spannung kontinuierlich an.

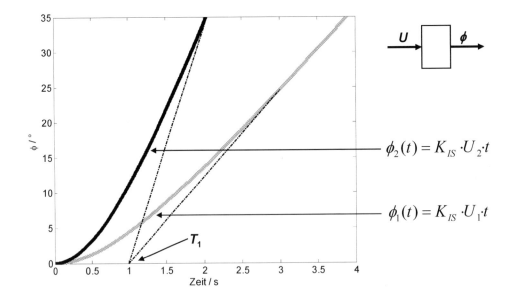

Bild 2-15 IT$_1$-Strecke am Beispiel einer Winkellage (z. B. Drosselklappenstellung eines PKWs)

Eine solche Einrichtung wird zum Antrieb einer elektrisch betätigten Drosselklappe zur Steuerung der Luftmenge eines Verbrennungsmotors eingesetzt. Da sich aus dem Stand bedingt durch die Trägheitskräfte nicht sofort die der Spannung entsprechende Drehzahl einstellt, kommt es auf jeden Fall zu einer mehr oder weniger stark ausgeprägten Verzögerung mit der Zeitkonstante T_1. Die Übertragungsfunktion $G(s)$ in allgemeiner Schreibweise lautet:

$$G(s) = \frac{x_a}{x_e} = \underbrace{\frac{K_{IS}}{s}}_{I-Glied} \cdot \underbrace{\frac{1}{T_1 \cdot s + 1}}_{T_1-Glied} \qquad (2.7)$$

Zur Unterscheidung zu den anderen auftretenden Streckenkonstanten und den Konstanten des Reglers wird der Index IS verwendet (I – integrierend, S – Strecke). Ein entsprechendes Beispiel ist in Bild 2-15 dargestellt.

Zum Zeitpunkt $t = 0$ wird die Spannung eingeschaltet und der Motor beginnt sich zu drehen. Je höher die Spannung ist, umso steiler ist der Anstieg. Legt man im Bereich konstanten Anstiegs die Tangente an die Kurve, ergibt sich die Verzögerungszeitkonstante $T_1 = 1$ s. Die grafisch ermittelte Zeitkonstante ist dabei unabhängig von der Eingangsspannung.

Die Linearität des Systems kann durch Darstellung der berechneten Streckenkonstanten K_{IS} als Funktion der Anregungsspannung erfolgen. Die innere Reibung im System führt dabei besonders im Bereich geringer Spannungen zu einer Nichtlinearität. Soll dieser Bereich zur Regelung genutzt werden, ist dies beim Reglerentwurf unbedingt zu berücksichtigen.

Zusammenhänge zwischen den beiden Streckentypen:

Bei den betrachteten Beispielen wurde die Eingangs- und Ausgangsgröße immer explizit angegeben. Das ist von grundlegender Bedeutung, denn nur für diese Angabe ist das Systemverhalten definiert. Wird für dasselbe System eine andere Kombination von Ein- und Ausgangsgröße betrachtet, ändert sich dementsprechend auch die Dynamik. Die Zusammenhänge sollen im Folgenden an einem Beispiel erläutert werden.

Ausgangspunkt ist die I-Strecke für den Drosselklappenwinkel ϕ. Die Streckenbeschreibung ist allgemein für eine Positionsstrecke gültig. Ist das Antriebselement ein Elektromotor, so ändert sich in Abhängigkeit der Eingangsspannung $U(t)$ der Winkel ϕ. Je höher die Spannung, umso schneller passiert dies, es ist im Idealfall integrierendes Verhalten. Wird jedoch als Ausgangsgröße am selben System die Winkelgeschwindigkeit ω betrachtet, zeigt sich ein anderes dynamisches Verhalten. Für eine vorgegebene Spannung stellt sich jetzt ein stationärer Wert ein, der direkt proportional zur Eingangsspannung ist, d. h. das Element ist für diese Konstellation eine Proportionalstrecke.

$$\phi(t) = K_{IS} \cdot \int U(t)dt$$

$$\omega = \dot{\phi}(t) = \frac{d}{dt}\phi(t) = K_{IS} \cdot \frac{d}{dt} \cdot \int U(t)dt = K_{IS} \cdot U(t) \qquad (2.8)$$

Reale Strecken weisen immer Verzögerungen auf. Bei der Drehzahl ist es anschaulich die Zeit aus dem Stillstand bis zum Erreichen der Enddrehzahl. Die Ableitung des Proportionalgliedes mit Verzögerung aus der IT_1-Streckenbeschreibung des Winkels zeigt ebenso den Zusammenhang wie in Gleichung (2.8). Wegen der einfacheren Rechnung werden nur die Übertragungsfunktionen betrachtet. Dabei ist zu beachten, dass die Differentiation im Zeitbereich einer Multiplikation mit der unabhängigen Variable s des Bildbereiches entspricht.

$$G_{S1} = \frac{\phi(s)}{U(s)} = \underbrace{\frac{K_{IS}}{s}}_{I-Glied} \cdot \underbrace{\frac{1}{(T_1 \cdot s + 1)}}_{Verzögerungsglied} \tag{2.9}$$

$$G_{S2} = \frac{\dot{\phi}(s)}{U(s)} = s \cdot \frac{\phi(s)}{U(s)} = s \cdot \frac{K_{IS}}{s} \cdot \frac{1}{(T_1 \cdot s + 1)} = \frac{K_{IS}}{(T_1 \cdot s + 1)}$$

Das Glied G_{S2} zeigt PT$_1$-Verhalten, d. h. es wird wieder ein fester Endwert erreicht. Dies geschieht allerdings nicht sofort, sondern einer einfach exponentiellen Funktion mit der Zeitkonstanten T_1 folgend. In der nachfolgenden Simulation (Bild 2-16) sind die Sprungantworten beider Systeme gegenübergestellt.

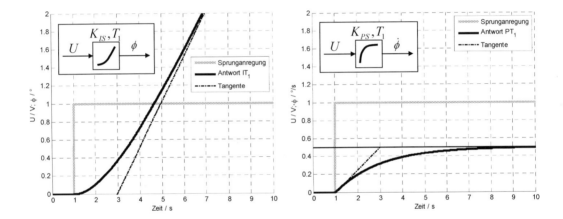

Bild 2-16 Simulation der Sprungantworten für zwei Systeme mit Verzögerungsglied. Die Parameter waren $K_{IS} = K_{PS} = 0.5$ °/(Vs) und $T_1 = 2$ s.

Wird in beiden Fällen die Zeitkonstante durch Anlegen der Tangente ermittelt, ergeben sich identische Werte. Der sich beim PT$_1$-System einstellende Endwert von $\dot{\phi} = 0.5°/s$ entspricht weiterhin genau dem Anstieg der Tangente des IT$_1$-Systems.

Die getroffenen Aussagen sind natürlich nicht auf die beiden diskutierten Systeme beschränkt, sondern sind im Rahmen der physikalisch sinnvollen Größen erweiterbar. So ergibt sich die Winkelbeschleunigung $\ddot{\phi}(t)$ bei weiterer Differentiation des betrachteten PT$_1$-Systems. Die Systemdynamik folgt dann einem DT$_1$-Verhalten.

Schwingungsfähige Strecken (PT$_2$):

Von besonderer Bedeutung für den Fahrzeugbereich sind Strecken 2. Ordnung, denn diese beschreiben das Verhalten von Feder-Masse-Dämpfer-Systemen, die an unterschiedlichsten Orten im Fahrzeug auftreten. Aber auch durch die Kopplung von Regler und Strecke im Regelkreis kann ein solches System entstehen. Die Kenntnis der wichtigsten Parameter ist daher auch für eine passende Reglerauslegung wichtig.

Die Übertragungsfunktion einer solchen Strecke ist schon durch das Einführungsbeispiel bekannt und lautet in allgemeiner Form:

$$G(s) = \frac{x_a(s)}{x_e(s)} = \frac{K}{T_2^2 \cdot s^2 + T_1 \cdot s + 1} \tag{2.10}$$

Schon zur Lösung der Gleichung durch inverse Laplace-Transformation wurden Umformungen vorgenommen, damit der Ausdruck der tabellierten Form entsprach. Damit ergibt sich das Dämpfungsmaß D zu:

$$\alpha = \frac{1}{2} \cdot \frac{T_1}{T_2^2}, \qquad \beta^2 = \frac{1}{T_2^2}, \qquad D = \frac{\alpha}{\beta} = \frac{1}{2} \cdot \frac{T_1}{T_2} \tag{2.11}$$

Die Größe α ist dabei die Abklingkonstante, während β die Kreisfrequenz des schwingenden Systems darstellt. Aus dem Wert der Dämpfung ist ein direkter Rückschluss auf das dynamische Verhalten des Systems möglich. Dabei werden die in Tabelle 2.3 zusammengestellten Fälle unterschieden.

Tabelle 2.3 Charakteristische Wertebereiche der Dämpfung D. Die Pfeile in der Grafik geben die Richtung bei Verkleinerung von D an.

Nr.	Dämpfung	Verhalten	Lage der Polstellen
1	$D > 1$	Aperiodischer Fall	
2	$D = 1$	Aperiodischer Grenzfall (doppelte Polstelle)	
3	$0 < D < 1$	Gedämpfte Schwingung	
4	$D = 0$	Ungedämpfte Schwingung	
5	$D < 0$	Aufklingende Schwingung	

Eine sehr gute Aussage zur Stabilität ist durch die Bestimmung der Polstellen der Übertragungsfunktion $G(s)$ möglich. Diese entstehen, wenn das Nennerpolynom Null ist. Für das oben angegebene Beispiel ist dies nach Ersatz der Zeitkonstanten:

$$T_2^2 \cdot s^2 + T_1 \cdot s + 1 = s^2 + s \cdot 2 \cdot \alpha + \beta^2 = 0 \tag{2.12}$$

Diese Gleichung wird auch als charakteristische Gleichung bezeichnet. Ihre Lösung führt, da es sich in diesem Fall um eine quadratische Gleichung handelt, zu den beiden Polstellen:

$$s_{1,2} = -\alpha \pm \sqrt{\alpha^2 - \beta^2} \tag{2.13}$$

Die Darstellung der Polstellen in der komplexen Ebene erlaubt sehr leicht auch für komplexere Systeme Aussagen über die Stabilität und mögliche Stabilitätsreserven. Weiterhin kann bei Kenntnis des Einflusses der Reglerparameter gezielt eine neue Lage der Polstellen erzeugt werden. Eine weiterführende Diskussion über die Polstellenverteilung und die Auslegungs-möglichkeiten für Regler mittels Wurzelortskurve findet sich in [Reu08].

Die beschriebenen Fälle der Schwingung sind bei Systemen 2. Ordnung nur möglich, wenn diese aus zwei unabhängigen Speichermöglichkeiten bestehen. Im Falle eines Feder-Masse-Dämpfer-Systems sind dies die unterschiedlichen Speicher für potentielle (Feder) und kineti-sche Energie (Masse). Ist ein System 2. Ordnung hingegen aus einer Reihenschaltung zweier Systeme 1. Ordnung zusammengesetzt, können nur die beiden ersten Fälle aus der Tabelle 2-3 auftreten. Die Dämpfung ist für diese Fälle immer $D \geq 1$ und das System somit immer stabil.

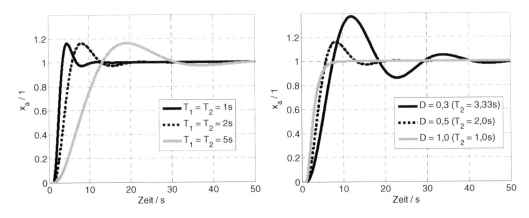

Bild 2-17 Sprungantworten eines Systems 2. Ordnung für eine Dämpfung von $D = 0,5$ bei unterschied-lichen Zeitkonstanten (links) und für verschiedene Fälle der Dämpfung D (rechts, mit $T_1 = 2s$)

Wie aus Bild 2-17 zu erkennen ist, existieren für verschiedene Zeitkonstanten dieselben Dämp-fungen. Damit reicht dieser Parameter zwar aus, um den prinzipiellen Kurvenverlauf zu cha-rakterisieren, für die Bestimmung von charakteristischen Eigenschaften wie einer Einschwing-dauer ist die Kenntnis der tatsächlichen Zeitkonstanten oder aber von geeigneten Ersatzkon-stanten notwendig.

Totzeitglied (T_t):

Befindet sich zwischen dem Ort des Systemseingriffs (Stellglied) und dem Ort der Messung der Systemgröße ein großer Abstand, dann kommt es zu einer Verzögerung, bis die Reaktion auf den Eingriff gemessen wird. Dieser Verzug wird als Totzeit T_t bezeichnet und tritt sehr häufig in unterschiedlicher Größenordnung auf. Ein Beispiel ist die Messung der Luftzahl im Abgasstrang zur Lambda-Regelung. Ein mögliches Technologieschema ist in Bild 2-18 darge-stellt.

Mit dieser Regelung wird die für eine stöchiometrische Verbrennung (Luftwert $\lambda = 1$) not-wendige Kraftstoffmenge eingestellt. Bis das neu zusammengesetzte Abgas an der Sonde ein-trifft, muss es nach den notwendigen vier Arbeitstakten auch die Strecke vom Brennraum zur

Sonde überwinden. Erst nach dieser Zeit steht der aktuelle Messwert zur Verfügung. Bedingt durch die unterschiedlichen Motordrehzahlen ist diese Totzeit damit auch nicht konstant. Wird zusätzlich wie bei modernen Systemen (z. B. Dreisondenregelung) auch die Luftmenge als Stellgröße eingesetzt, kommt eine noch größere Totzeit hinzu, da die eingestellte Luftmenge auch noch den Ansaugkanal überwinden muss.

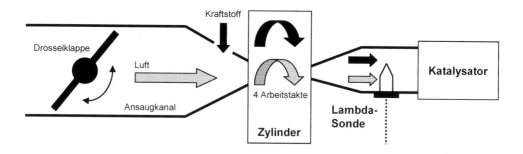

Bild 2-18 Komponenten einer Lambda-Regelung (Saugrohreinspritzung). Schwarze Pfeile markieren den Weg für die eingestellte Kraftstoffmenge, graue Pfeile den Weg der eingestellten Luft.

Die mathematische Beschreibung für eine Totzeit T_t und die allgemeine Ausgangsgröße x_a lautet bei einer Eingangsgröße x_e:

$$x_a(t) = \begin{cases} 0 & \text{für } t < T_t, \\ x_e(t - T_t) & \text{für } t \geq T_t \end{cases}, \qquad G(s) = \frac{x_a(s)}{x_e(s)} = e^{-s \cdot T_t} \qquad (2.14)$$

Da während der Totzeit keine Information über die Änderung des Systemzustandes vorliegt, bedeutet dies eine deutliche Verschlechterung der Regelbarkeit dieser Strecke. Auf die entsprechenden Probleme wird bei der Diskussion der Reglerauslegung eingegangen.

2.4 Systematische Aufstellung von Signalflussplänen

Um die Vorteile der Systemanalyse mittels Signalflussplan nutzen zu können, muss dieser aus der Differentialgleichung heraus aufgestellt werden. Das stellt häufig die schwierigste Aufgabe bei der Systemanalyse dar. Im Folgenden soll daher eine strukturierte Methode vorgestellt werden, die eine systematische Entwicklung des Signalflussplans ohne Differentialgleichung erlaubt. Diese Vorgehensweise entspricht auch dem regelungstechnischen Entwurf, bei dem die Übertragungsfunktion des jeweiligen Bauelements direkt verwendet wird.

Dabei soll auch die Äquivalenz von mechanischen, hydraulischen und elektrischen Bauelementen verdeutlicht werden. Diese unterscheiden sich zwar in den betrachteten physikalischen Größen wie Kraft und Spannung, wenn diese Größen aber denselben funktionalen Zusammenhängen folgen, ist ihre systemtechnische Beschreibung äquivalent. Daher ist es auch möglich, von mechanischen Systemen ein elektrisches Ersatzsystem abzuleiten und dann an diesem die Untersuchungen zum Schwingungsverhalten durchzuführen. Eine tiefergehende Einführung anhand verschiedener Übungsaufgaben findet sich in [Jas93].

Der Ausgangspunkt der Methode ist entweder die Aufstellung der Differentialgleichung oder aber der Bilanzgleichungen aus Technologieschema oder Wirkungsplan. Hieraus ergeben sich die Ein- und Ausgangsgröße, diese sollten auf jeden Fall als Grundblock festgehalten werden. Jetzt erfolgt die Ableitung der einzelnen Blöcke, beginnend bei der Summationsstelle. Für jedes einzelne Element sind in einer Tabelle die Übertragungsfunktionen angegeben (siehe Anhang). Gleichartig reagierende Bauelemente wie Kondensator und mechanische Feder (translatorisch und rotatorisch) sind dabei zusammengefasst. Ein Ausschnitt aus der Gesamtübersicht ist in Tabelle 2.4 dargestellt.

Tabelle 2.4   Blocksymbole und Übertragungsfunktionen einzelner Speicherelemente

	Mechanisch	Elektrisch	Rotatorisch
Bauelement	Feder	Kondensator	Torsionsfeder
Dimension	$[K_C] = \dfrac{N}{m}$	$[C] = F$	$[K_T] = N \cdot m$
Symbol	⎍∿∿∿⎍	⊣⊢	⟳
Mathematische Beschreibung	$v(t) = \dfrac{1}{K_C} \cdot \dfrac{d}{dt} F(t)$	$I(t) = C \cdot \dfrac{d}{dt} U(t)$	$\omega(t) = \dfrac{1}{K_T} \cdot \dfrac{d}{dt} M(t)$
Übertragungsfunktion $G(s)$	$F \rightarrow \boxed{G(s) = \dfrac{v}{F} = \dfrac{s}{K_C}} \rightarrow v$ $v \rightarrow \boxed{G(s) = \dfrac{F}{v} = \dfrac{K_C}{s}} \rightarrow F$	$U \rightarrow \boxed{G(s) = \dfrac{I}{U} = C \cdot s} \rightarrow I$ $I \rightarrow \boxed{G(s) = \dfrac{U}{I} = \dfrac{1}{C \cdot s}} \rightarrow U$	$M \rightarrow \boxed{G(s) = \dfrac{\omega}{M} = \dfrac{s}{K_T}} \rightarrow \omega$ $\omega \rightarrow \boxed{G(s) = \dfrac{M}{\omega} = \dfrac{K_T}{s}} \rightarrow M$

Zu beachten sind jetzt die Ein- und Ausgangsgröße jedes Blockes. Für elektrische Systeme ist die Übertragungsfunktion gültig, wenn die Spannung U als Ein- und der Strom I als Ausgangsgröße auftritt. Ist dies umgekehrt der Fall, muss der Kehrwert der Übertragungsfunktion verwendet werden.

Bei mechanischen Systemen ist die Eingangsgröße die Kraft F und die Ausgangsgröße die Geschwindigkeit v. Bei diesen Systemen ist aber häufig die Position x als Ausgangsgröße gefragt. In einem solchen Fall kann das System trotzdem berechnet werden, denn die Position ist durch eine einfache Integration aus der Geschwindigkeit ermittelbar. Im durch den Signalflussplan verwendeten Bildbereich entspricht dies einem Block mit der Übertragungsfunktion $G(s) = 1/s$. Aus Bild 2-19 ergibt sich die prinzipielle Vorgehensweise.

Bild 2-19   Anpassung von Ein- und Ausgangsgrößen

Auch der umgekehrte Fall ist möglich, dabei erfolgt die Umrechnung durch die notwendige Differentiation, ausgedrückt im Bildbereich durch $G(s) = s$.

Die Reihenfolge, mit welchem Element begonnen wurde, spielt dabei keine Rolle. Dies soll anhand eines Beispiels verdeutlicht werden. Ausgangspunkt ist wiederum ein Feder-Masse-Dämpfer-System. Das Technologieschema ist in Bild 2-4 dargestellt, die für die Aufstellung umgestellten Gleichungen ergeben sich zu:

$$F(t) = m \cdot \ddot{x}(t) \; + \; K_D \cdot \dot{x}(t) \; + \; K_C \cdot x(t)$$

$$F(s) = m \cdot s^2 \cdot x(s) + K_D \cdot s \cdot x(s) + K_C \cdot x(s)$$

$$\frac{F(s)}{x(s)} = m \cdot s^2 + K_D \cdot s + K_C = s \cdot \left(m \cdot s + K_D + \frac{K_C}{s} \right)$$

$$\frac{F(s)}{x(s) \cdot s} = \frac{F(s)}{v(s)} = \left(m \cdot s + K_D + \frac{K_C}{s} \right)$$

$$(2.15)$$

Zu beachten ist dabei, dass in den tabellierten Blöcken Kraft F und Geschwindigkeit v die Systemgrößen darstellen. Daher ist die Differentialgleichung nicht direkt nutzbar, denn dort treten auch Beschleunigung $\ddot{x}(t)$ und Weg $x(t)$ auf. Zur Verdeutlichung der Umformung sind die Laplace-Transformation der Gleichung und die Umstellung zur Ermittlung der Geschwindigkeit mit angegeben.

An der Summationsstelle treffen vier Größen aufeinander. Die Wahl der Vorzeichen richtet sich jetzt nach der Auswahl des ersten Elementes. Wird hier die Masse als erster Block und damit Ausgangselement der Summationsstelle gewählt, ergeben sich die negativen Vorzeichen für die beiden Komponenten Feder und Dämpfer. Deren Ausgang ist die jeweilige Kraft, die ebenfalls an der Summationsstelle eingeht.

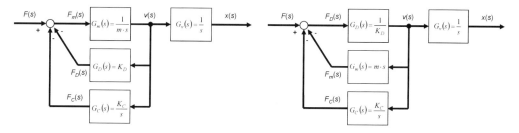

Bild 2-20 Erstellung eines Signalflussplans für ein Feder-Masse-Dämpfer-System. Im linken Bild wurde die Aufstellung mit dem Element Masse begonnen, im rechten Bild mit dem Element Dämpfer.

Die Ausgangsgröße des Masseblocks ist die Geschwindigkeit, diese ist damit die Eingangsgröße für die Blöcke Feder und Dämpfer. Dadurch muss, wegen der geänderten Ein- und Ausgangsgröße, für diese beiden Elemente die reziproke Übertragungsfunktion verwendet werden.

Beginnt man mit dem Block für die Dämpfung, dann ergibt sich der Signalflussplan in Bild 2-20 (rechts). Gegenüber der linken Seite ändern sich die Übertragungsfunktionen von Masse- und Dämpferblock, für den Federblock hingegen bleibt die Übertragungsfunktion erhalten. Berechnet man für beide Darstellungen die Gesamtübertragungsfunktion, ergibt sich, wie zu vermuten war, dasselbe Ergebnis.

$$G(s) = \underbrace{\underbrace{\cfrac{G_m(s)}{1 + G_m(s) \cdot \underbrace{(G_D(s) + G_C(s))}_{\text{Parallelschaltung}}}}_{\text{Rückführung}} \cdot \frac{1}{G_v(s)}}_{\text{Reihenschaltung}}$$

(2.16)

$$= \cfrac{\cfrac{1}{m \cdot s}}{1 + \cfrac{1}{m \cdot s} \cdot \left(K_D + \cfrac{K_C}{s}\right)} \cdot \frac{1}{s} = \cfrac{\cfrac{1}{K_C}}{\cfrac{m}{K_C} \cdot s^2 + \cfrac{K_D}{K_C} \cdot s + 1}$$

Der Vergleich mit der Ausgangsvariante des Wirkschaltplans befindet sich im Anhang.

Besonders bei elektrischen Systemen ist die Aufstellung des Signalflussplans bei Nutzung der Kirchhoffschen Gesetze sehr einfach möglich. Da die Behandlung elektrischer Systeme dem Maschinenbauer meist wenig vertraut ist, soll die prinzipielle Vorgehensweise anhand von zwei Beispielen beschrieben werden. Weitere Aufgaben hierzu finden sich in [Jas93] und [Link06].

Ausgangspunkt der Systemanalyse sind die beiden in Bild 2-21 dargestellten Schaltpläne. Entsprechend der auftretenden Spannungen und Ströme werden die Kirchhoffschen Gesetze aufgestellt. Diese sind direkt im Bild eingetragen. Da im Beispiel 2 nur ein Gesamtstrom i_G auftritt, fehlt hier der im Beispiel 1 vorhandene Knotensatz.

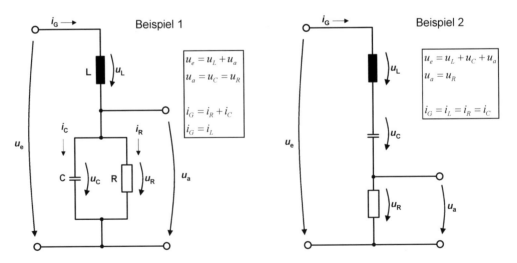

Bild 2-21 Zwei elektrische Systeme mit unterschiedlicher Zusammenschaltung der einzelnen Elemente

Die folgende Vorgehensweise kann genutzt werden, um auch umfangreichere Wirkschaltpläne aufzustellen. Dabei kann die Reihenfolge oder Anordnung der Elemente vertauscht werden, solange die Beschreibungsgleichungen erfüllt bleiben. Dies wurde für das Beispiel 1 realisiert, in [Jas93] erfolgte bei der Aufstellung des Signalflussplans eine andere Anordnung der Elemente.

Mit Hilfe von Tabellen (siehe Anhang) kann auf das prinzipielle Verhalten der Systeme geschlossen werden. Sind die Funktionen nicht tabelliert (wie beim PDT_2-System), muss die Berechnung des Zeitverhaltens durch Lösung der Gleichung $u_a(s) = u_e(s) \cdot G(s)$ für eine bestimmte Anregung (Sprung, Impuls) und anschließende Rücktransformation erfolgen.

Vorgehensweise:

1. **Einzeichnen der ersten Summationsstelle (Verbindung von Ein- und Ausgangsgröße):**

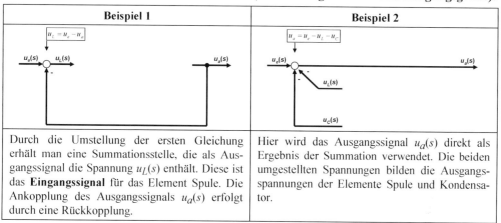

Beispiel 1	Beispiel 2
Durch die Umstellung der ersten Gleichung erhält man eine Summationsstelle, die als Ausgangssignal die Spannung $u_L(s)$ enthält. Diese ist das **Eingangssignal** für das Element Spule. Die Ankopplung des Ausgangssignals $u_a(s)$ erfolgt durch eine Rückkopplung.	Hier wird das Ausgangssignal $u_a(s)$ direkt als Ergebnis der Summation verwendet. Die beiden umgestellten Spannungen bilden die Ausgangsspannungen der Elemente Spule und Kondensator.

2. **Eintragen der Elemente, die eine Verbindung zu den freien Größen besitzen:**

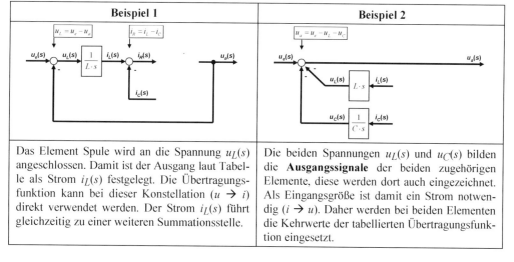

Beispiel 1	Beispiel 2
Das Element Spule wird an die Spannung $u_L(s)$ angeschlossen. Damit ist der Ausgang laut Tabelle als Strom $i_L(s)$ festgelegt. Die Übertragungsfunktion kann bei dieser Konstellation ($u \rightarrow i$) direkt verwendet werden. Der Strom $i_L(s)$ führt gleichzeitig zu einer weiteren Summationsstelle.	Die beiden Spannungen $u_L(s)$ und $u_C(s)$ bilden die **Ausgangssignale** der beiden zugehörigen Elemente, diese werden dort auch eingezeichnet. Als Eingangsgröße ist damit ein Strom notwendig ($i \rightarrow u$). Daher werden bei beiden Elementen die Kehrwerte der tabellierten Übertragungsfunktion eingesetzt.

3. Eintragen der fehlenden Elemente:

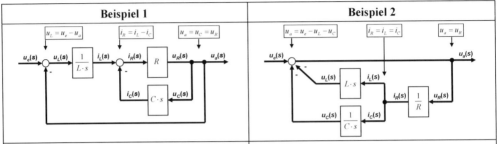

Beispiel 1	Beispiel 2
Die beiden fehlenden Elemente werden an die entsprechenden Anschlüsse angetragen. Dabei ist der Strom beim Element Widerstand die Eingangsgröße, während er für den Kondensator das Ausgangssignal darstellt. Entsprechend erfolgt die Eintragung der Übertragungsfunktion.	Durch die Äquivalenz der Ströme kommt es zur Verbindung von $i_L(s)$ und $i_C(s)$. Da diese auch mit $i_R(s)$ übereinstimmen, steht die Ausgangsgröße für den Widerstandsblock fest. Dessen Eingangsspannung ist gleichzeitig auch die gesuchte Ausgangsspannung $u_a(s)$.

4. Umformung und Zusammenfassung, Ableitung des Systemverhaltens:

Beispiel 1	Beispiel 2
$u_e(s) \longrightarrow \boxed{G(s) = \dfrac{1}{L \cdot C \cdot s^2 + \dfrac{L}{R} \cdot s + 1}} \longrightarrow u_a(s)$	$u_e(s) \longrightarrow \boxed{G(s) = \dfrac{R \cdot C \cdot s}{L \cdot C \cdot s^2 + R \cdot C \cdot s + 1}} \longrightarrow u_a(s)$
PT$_2$-Element	**PDT$_2$-Element**

Die vorgestellte Methode kann auch für gemischte Systeme (elektrisch, mechanisch, thermisch) eingesetzt werden. Als Beispiel soll eine Lageregelstrecke dienen. Hier wird eine Scheibe von einem Elektromotor angetrieben, die gesuchte Größe ist der Drehwinkel $\alpha(t)$. Eine elektrisch ansteuerbare Drosselklappe folgt vom Prinzip her auch diesem Aufbau. Das Technologieschema ist in Bild 2-22 dargestellt.

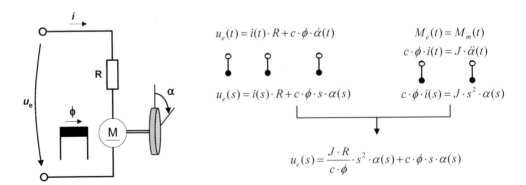

$$u_e(t) = i(t) \cdot R + c \cdot \phi \cdot \dot{\alpha}(t) \qquad\qquad M_e(t) = M_m(t)$$
$$c \cdot \phi \cdot i(t) = J \cdot \ddot{\alpha}(t)$$

$$u_e(s) = i(s) \cdot R + c \cdot \phi \cdot s \cdot \alpha(s) \qquad\qquad c \cdot \phi \cdot i(s) = J \cdot s^2 \cdot \alpha(s)$$

$$u_e(s) = \frac{J \cdot R}{c \cdot \phi} \cdot s^2 \cdot \alpha(s) + c \cdot \phi \cdot s \cdot \alpha(s)$$

Bild 2-22 Technologieschema eines elektronischen Gaspedals (Regelstrecke) und Ermittlung der Übertragungsfunktion

Eine Umformung der im Bild 2-22 angegebenen Gleichung führt auf die Übertragungsfunktion $G(s)$. Diese kann als Produkt zweier Terme in Reihenschaltung interpretiert werden. Die Gesamtdynamik folgt damit einem IT_1-Verhalten.

$$\underbrace{\frac{1}{c \cdot \phi} \cdot \frac{1}{s}}_{K} \cdot u_e(s) = \alpha(s) \cdot \left(\underbrace{\frac{J \cdot R}{(c \cdot \phi)^2}}_{T_1} \cdot s + 1 \right)$$

$$(2.17)$$

$$G(s) = \frac{\alpha(s)}{u_e(s)} = \frac{K}{s \cdot (T_1 \cdot s + 1)} = \underbrace{\frac{1}{s}}_{I-Glied} \cdot \underbrace{\frac{K}{(T_1 \cdot s + 1)}}_{Verzögerungsglied}$$

Auch aus den tabellierten Grundelementen kann das System aufgebaut werden. Zu beachten ist dabei die Rückkopplung durch die Selbstinduktion in der Magnetspule. Diese führt zu einer Spannung $u_0(t)$, die in der Bilanz berücksichtigt werden muss. Daher sind für das Element Motor zwei Blocksymbole vorgesehen (siehe Tabelle im Anhang).

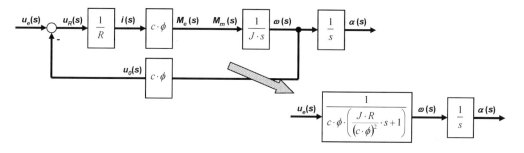

Bild 2-23   Abgeleiteter Signalflussplan

Die Kopplung zwischen elektrischem und mechanischem System erfolgt auch hier über die Gleichsetzung der beiden Momente. Ein zusätzlich angreifendes Lastmoment kann an dieser Stelle mit berücksichtigt werden. Der Signalflussplan ist in Bild 2-23 dargestellt. Nach einer kurzen Umformung ergibt sich auch hier das schon vorher abgeleitete IT_1-System.

3 Regelungstechnik

Dieses Kapitel vermittelt einige grundlegende Aspekte der Regelungstechnik. Am Beispiel der kontinuierlichen Regler werden die prinzipielle Vorgehensweise beim Entwurf und die Probleme bei bestimmten Systemen besprochen. Die Unterschiede zu unstetigen Reglern werden deutlich gemacht und einige einfache Auslegungsbeispiele vorgestellt. Über diese Grundsysteme hinaus reichende Regelungen werden lediglich der Vollständigkeit halber kurz vorgestellt. Damit erhält der Leser einen Überblick über die Vielfalt an Realisierungsmöglichkeiten und Anregungen für ein weiterführendes Studium der Materie.

3.1 Der Standardregelkreis

3.1.1 Grundlagen

Charakteristisch für eine Regelung ist die Rückführung des aktuellen Wertes der Regelstrecke, bezeichnet als Regelgröße $x(t)$. Dieser Wert wird entweder direkt oder nach Wandlung durch einen Sensors mit dem zu erreichenden Sollwert, der Führungsgröße $w(t)$, verglichen. Daraus leitet sich die **Definition** einer Regelung ab:

„Der Vorgang, bei dem eine Größe, die zu regelnde Größe, fortlaufend erfasst, mit einer anderen Größe, der Führungsgröße, verglichen, und abhängig vom Ergebnis dieses Vergleichs im Sinne einer Angleichung an die Führungsgröße beeinflusst wird. Der sich dabei ergebende Wirkungsablauf findet in einem geschlossenen Kreis, dem Regelkreis statt.“ [DIN01].

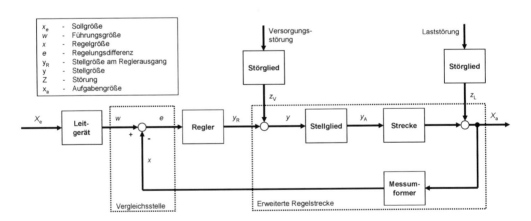

Bild 3-1 Der Regelkreis

Dieser Vergleich erfolgt durch die in Bild 3-1 dargestellte Vergleichsstelle. Die ermittelte Regelungsdifferenz $e(t)$ ist die Eingangsgröße für den Regler.

$$e(t) = w(t) - x(t) \tag{3.1}$$

Eine Möglichkeit der technischen Realisierung der Vergleichsstelle für elektrische Systeme wird im Abschnitt 3.5 vorgestellt. Weitere Beispiele finden sich in [Reu08].

Die mathematische Beschreibung einer Regelung kann in verschiedenen Detaillierungsstufen erfolgen. Alle Elemente der Regelung weisen ein Systemverhalten auf, das durch die Zusammenschaltung verschiedener Grundelemente beschrieben werden kann. Daraus ergibt sich für jedes einzelne Element die Übertragungsfunktion $G(s)$.

Für die Ableitung des grundsätzlichen Verhaltens sind aber bereits zwei Beschreibungsblöcke ausreichend, einer für die erweiterte Regelungsstrecke mit Stellglied und einer für den Regler. Auftretende Störungen werden in der Störgröße $z(t)$ zusammengefasst, die auf die Stellgröße am Reglerausgang y_R einwirkt. Dieser so genannte Standard-Regelkreis ist in Bild 3-2 dargestellt.

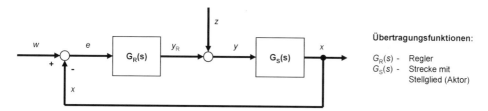

Bild 3-2   Der Standard-Regelkreis

Löst man die in Bild 3-2 dargestellte Blockstruktur in zwei Grundelemente auf, ergibt sich der folgende Zusammenhang für die Regelgröße $x(s)$:

$$x(s) = \underbrace{\frac{G_R(s) \cdot G_S(s)}{1 + G_R(s) \cdot G_S(s)}}_{G_w(s)} \cdot w(s) + \underbrace{\frac{G_S(s)}{1 + G_R(s) \cdot G_S(s)}}_{G_z(s)} \cdot z(s) \qquad (3.2)$$

Die beiden Anteile charakterisieren das Verhalten des Systems bei einer Änderung der Führungsgröße w (G_w – Führungsübertragungsfunktion) oder der Störgröße z (G_z – Störübertragungsfunktion).

Nachdem die Übertragungsfunktionen einiger Regelstrecken bereits besprochen wurden, fehlen entsprechende Aussagen zum Regler. Prinzipiell sind dieselben Elemente verwendbar, es hat sich jedoch gezeigt, dass für die meisten Regelungsaufgaben eine Kombination aus den drei Grundelementen ausreicht. Im Rahmen dieser Einführung für den Standard-Regelkreis wird sich daher auf diesen PID-Regler für kontinuierliche Regelungen beschränkt.

Die nachfolgende Gleichung gibt die Berechnung der einzelnen Anteile für einen PID-Regler im Zeitbereich an. Eingangsgröße ist die Regelungsdifferenz $e(t)$, Ausgangsgröße die Stellgröße $y_R(t)$ ohne Störung.

$$y_R(t) = \underbrace{K_{PR} \cdot e(t)}_{P-Anteil} + \underbrace{K_{IR} \cdot \int e(t) \, dt}_{I-Anteil} + \underbrace{K_{DR} \cdot \frac{d}{dt} e(t)}_{D-Anteil}$$

$$G_R(s) = \frac{e(s)}{y_R(s)} = K_{PR} + \frac{K_{IR}}{s} + K_{DR} \cdot s = K_{PR} \cdot \left(1 + \frac{1}{T_n \cdot s} + T_v \cdot s\right) \qquad (3.3)$$

Die Laplace-Transformation führt zur Übertragungsfunktion des Reglers $G_R(s)$. Klammert man den Proportionalbeiwert K_{PR} aus, dann ergeben sich für die beiden anderen Anteile die zwei Zeitkonstanten T_n und T_v. Deren Einfluss auf den Reglerausgang ist in Bild 3-3 veranschaulicht. Zur Verbesserung der Übersichtlichkeit wurden jeweils nur zwei Regleranteile (PI oder PD) für jeweils zwei unterschiedliche Zeitkonstanten eingezeichnet. Da der D-Anteil bei einer Sprunganregung schlecht charakterisierbar ist, erfolgt für den PD-Regler die Verwendung einer Anstiegsanregung.

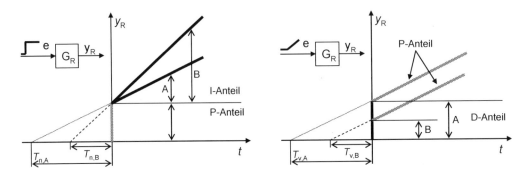

Bild 3-3 Sprungantwort des PI-Reglers (links) und Anstiegsantwort des PD-Reglers (rechts). Eine kleine Zweitkonstante T_n bedeutet einen hohen I-Anteil, beim D-Anteil führt hingegen ein hoher Wert zu einer hohen Zeitkonstante T_v.

Für die Berechnung des Systemverhaltens des geschlossenen Regelkreises sind die entsprechenden Übertragungsfunktionen der Einzelglieder (Regler und Strecke) einzusetzen und die Lösung ist für eine Anregungsart (Sprung, Impuls, Rampe) zu berechnen. Die folgenden Beispiele verdeutlichen das Vorgehen. Dabei wird zur Vereinfachung nur der Standard-Regelkreis mit den Elementen Regler und Strecke verwendet, die Anregung erfolgt immer mittels Sprung.

3.1.2 P-Regler an PT$_1$-Strecke

Bei einem P-Regler wird die am Eingang anstehende Regeldifferenz mit einem festen Wert, dem Proportionalitätsfaktor K_{PR} multipliziert.

$$G_R(s) = K_{PR} \tag{3.4}$$

In Gleichung (3.5) werden für den Regler der Proportionalitätsfaktor K_{PR} und für die Strecke die Streckenkonstante K_{PS} und die Zeitkonstante T_1 eingesetzt. Wird das System mit einem Sprung angeregt, dann ergibt sich die Führungsgröße zu $w(s) = w_0 / s$. Dabei stellt die Größe w_0 einen konstanten Wert der Führungsgröße dar. Damit folgt für das Führungsverhalten:

$$x(s) = G_w(s) \cdot w(s) = \frac{K_{PR} \cdot K_{PS}}{\left(1 + K_{PR} \cdot K_{PS} + s \cdot T_1\right)} \cdot w(s)$$

$$\tag{3.5}$$

$$= \frac{K_{PR} \cdot K_{PS}}{\left(1 + K_{PR} \cdot K_{PS} + s \cdot T_1\right)} \cdot \frac{w_0}{s}$$

Die Übergangsfunktion, also die Reaktion auf eine Sprunganregung im Zeitbereich, ergibt sich durch Rücktransformation des Ausdrucks. Hierzu wird die inverse Laplace-Transformation verwendet. Für eine Vielzahl von Ausdrücken sind die Ergebnisse tabelliert, eine Auswahl davon befindet sich im Anhang. Für das Beispiel folgt nach Rücktransformation und kurzer Umformung:

$$x(t) = \frac{K_{PR} \cdot K_{PS}}{1 + K_{PR} \cdot K_{PS}} \cdot w_0 \cdot \left(1 - e^{-\frac{t}{T}}\right)$$

$$T = \frac{T_1}{1 + K_{PR} \cdot K_{PS}}. \tag{3.6}$$

Hieraus lassen sich grundlegende Aussagen zum Systemverhalten für die Kombination P-PT$_1$ ableiten:

- Die Systemreaktion folgt einer einfach exponentiellen Funktion. Das System führt daher keine Schwingungen aus, **unabhängig** von der gewählten Verstärkung. Je höher der Proportionalitätsfaktor K_{PR} gewählt wird, umso geringer wird die neue Zeitkonstante T und umso schneller reagiert das System.

- Für ein langes Zeitintervall ($t \to \infty$) wird der Exponentialanteil zu Null. Dadurch ergibt sich:

$$x(\infty) = \frac{K_{PR} \cdot K_{PS}}{1 + K_{PR} \cdot K_{PS}} \cdot w_0 < w_0$$

$$e(\infty) = w_0 - x(\infty) = w_0 \cdot \left(1 - \underbrace{\frac{K_{PR} \cdot K_{PS}}{1 + K_{PR} \cdot K_{PS}}}_{immer < 1}\right) > 0. \tag{3.7}$$

Das bedeutet, dass für den betrachteten Regelkreis der Sollwert **prinzipiell nicht** erreicht werden kann. Auch für sehr lange Zeiten verbleibt eine bleibende Regelungsdifferenz $e(t)$. Diese Aussage gilt allgemein für die Kombination eines P-Reglers mit einer Strecke mit Ausgleich (PT$_n$-Strecke).

Für eine sehr große Verstärkung wird die Regelungsdifferenz sehr klein und im Rahmen von Messunsicherheiten vernachlässigbar. Hierbei ist allerdings zu beachten, dass nicht beliebig hohe Verstärkungen realisiert werden können. Als Begrenzung wirkt hier die maximale Stellgröße, die meist systembedingt vorliegt. So ist bei einer Erwärmung des Fahrgastraumes eines PKWs die maximale Wärmemenge durch das Kühlsystem des Verbrennungsmotors vorgegeben. Eine über die hierdurch bereitstellbare Wärmemenge hinaus notwendige Stellgröße setzte eine Zusatzheizung mit entsprechend höherem Energieverbrauch voraus. Nimmt man die in Bild 2-12 beschriebene Regelstrecke eines PKW-Fahrgastraumes an, ergeben sich die in Bild 3-5 dargestellten Ergebnisse für eine Regelung ohne und mit Berücksichtigung der maximalen Stellgröße.

Für die begrenzte Regelung folgen alle drei Regler der maximal möglichen Dynamik bis etwa $\vartheta = 15\,°C$. Dort ist für die geringste Reglerverstärkung die Stellgröße unter den Maximalwert abgesunken und es beginnt die Anpassung an den Beharrungswert $\vartheta(\infty)$. Dieser ist in jedem Fall unabhängig von der Begrenzung.

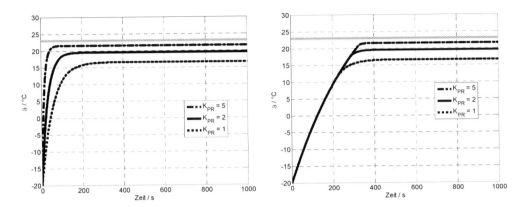

Bild 3-4 Regelgröße für einen P-Regler an PT$_1$-Strecke ohne Begrenzung (links) und mit Begrenzung
auf die maximale Reglerausgangsgröße (rechts)

Auch für das Störgrößenverhalten ergibt sich ein äquivalenter Zusammenhang. Ausgehend von
der Störübertragungsfunktion ergibt sich die Regelgröße für eine sprungförmig auftretende
Störgröße $z(s) = z_0$ zu:

$$x(s) = G_w(s) \cdot z(s) = \frac{K_{PS}}{\left(1 + K_{PR} \cdot K_{PS} + s \cdot T_1\right)} \cdot \frac{z_0}{s} \tag{3.8}$$

Die Rücktransformation in den Zeitbereich ergibt dann:

$$x(t) = \frac{K_{PS}}{1 + K_{PR} \cdot K_{PS}} \cdot z_0 \cdot \left(1 - e^{-\frac{t}{T}}\right) \tag{3.9}$$

Die neue Zeitkonstante T ist identisch mit der aus Gleichung (3.6). Auch die infolge der Störung auftretende Abweichung kann durch den P-Regler nicht ausgeglichen werden. Es entsteht
eine bleibende Regelungsdifferenz von:

$$x(\infty) = \frac{K_{PS}}{1 + K_{PR} \cdot K_{PS}} \cdot z_0 \neq 0 \tag{3.10}$$

Je größer der Reglerparameter K_{PR} gewählt wird, umso kleiner wird auch die Abweichung bei
Störeinfluss. Da aber wie schon beschrieben nicht beliebig hohe Werte möglich sind, ist die
Verwendung weiterer Regleranteile bei diesem Streckentyp sinnvoll.

3.1.3 PI-Regler an PT$_1$-Strecke

Wird dem Regler ein Glied mit integrierendem Verhalten hinzugefügt, so ändert sich die Gesamtdynamik des Systems deutlich. Während die Übertragungsfunktion der Strecke G_S dem
vorherigen Beispiel entspricht, ändert sich die Übertragungsfunktion des Reglers zu:

$$G_R(s) = K_{PR} + \frac{K_{IR}}{s} = K_{PR} \cdot \frac{\left(1 + s \cdot T_n\right)}{s \cdot T_n} \tag{3.11}$$

Die neue Zeitkonstante T_n wird als Nachstellzeit bezeichnet und charakterisiert die Dynamik des Integralanteils. Eine hohe Nachstellzeit bedeutet einen geringen Einfluss, eine niedrige Nachstellzeit charakterisiert eine sehr starke integrale Komponente. Die Führungsübertragungsfunktion des Gesamtsystems $G_w(s)$ unterscheidet sich, wie erwartet, von der des P-PT$_1$-Systems:

$$G_w(s) = \frac{x(s)}{w(s)} = \frac{K_{PR} \cdot K_{PS} \cdot (1 + s \cdot T_n)}{(1 + s \cdot T_1) \cdot s \cdot T_n + K_{PR} \cdot K_{PS} \cdot (1 + s \cdot T_n)}. \tag{3.12}$$

Sind die beiden Zeitkonstanten identisch, ergibt sich ein PT$_1$-System, das unabhängig von der Höhe des Verstärkungsfaktors K_{PR} stabil ist. Da die Zeitkonstante T_n eine wählbare Größe des Reglers ist, kann durch diese Vorgabe ein stabiles Systemverhalten erreicht werden.

Unterscheiden sich die Zeitkonstanten, so entsteht ein schwingungsfähiges System mit der Dämpfung D:

$$D = \frac{1 + K_{PR} \cdot K_{PS}}{2} \cdot \sqrt{\frac{T_n}{K_{PR} \cdot K_{PS} \cdot T_1}}. \tag{3.13}$$

Damit ist eine gezielte Systemauslegung durch die Wahl der beiden Reglerparameter möglich.

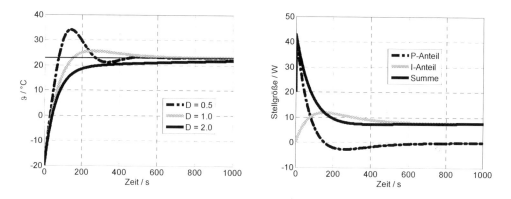

Bild 3-5   Regelgröße für einen PI-Regler an PT$_1$-Strecke (links) und Verlauf der Regleranteile für eine Dämpfung von $D = 1{,}0$ (rechts)

Von besonderem Interesse ist im Hinblick auf das Regelungsverhalten die bleibende Regelungsdifferenz $e(\infty)$. Betrachtet man den Grenzwert der Regelgröße $x(\infty)$, so entspricht dieser dem Sollwert w_0. Zur Vereinfachung der Berechnung des Grenzwertes wurde der Bildbereich genutzt. Hierbei korrespondiert $t \to \infty$ im Bildbereich mit $s \to 0$:

$$\lim_{t \to \infty} x(t) = \lim_{s \to 0} x(s) = \lim_{s \to 0} s \cdot w(s) \cdot G_w(s) = w_0 \cdot \lim_{s \to 0} s \cdot G_w(s) = w_0. \tag{3.14}$$

Die Verwendung eines integrierenden Anteils führt damit zu einer vollständigen Ausregelung des Systems. Das Ergebnis einer Regelung mit unterschiedlich gewählten Dämpfungen ist in Bild 3-5 dargestellt. Zusätzlich ist für eine ausgewählte Dämpfung der Verlauf der einzelnen Regleranteile aufgetragen.

Der Verlauf entspricht dabei nicht dem eines reinen PT_2-Gliedes. Dies liegt an der Dynamik des Gesamtsystems, diese folgt einem PDT_2-Verhalten. Der D-Anteil führt zu der auffälligen Änderung bei der Sprungantwort für D = 1,0. Diese Vorgabe ist damit allein nicht ausreichend, um die Systemdynamik zu bestimmen. Aus Bild 3-5 ist zu erkennen, dass der I-Anteil in jedem Fall zu einem Abbau der Regeldifferenz führt. Zu Beginn der Regelung dominiert für die Dämpfung von D = 1,0 der P-Anteil, der I-Anteil baut sich erst langsam auf. Je geringer die Dämpfung gewählt wird, steigt bei gleichem P-Anteil der Einfluss des I-Anteils an. Dies führt zu dem starken Überschwingen zu Beginn der Regelung.

3.1.4 P-Regler an I-Strecke

Eine weitere elementare Kombination ist die Verwendung eines P-Reglers an einer I-Strecke mit der Streckenkonstante K_{IS}. Die Zusammenhänge für eine Sprunganregung mit $w(s) = w_0$ ergeben sich zu:

$$x(s) = G_w(s) \cdot w(s) = \frac{K_{PR} \cdot \dfrac{K_{IS}}{s}}{\left(1 + K_{PR} \cdot \dfrac{K_{IS}}{s}\right)} \cdot \frac{w_0}{s} \tag{3.15}$$

Die Gesamtübertragungsfunktion $G_w(s)$ stellt wieder ein System erster Ordnung dar. Entsprechend folgt das zeitliche Verhalten bei Sprunganregung einem einfach exponentiellen Verlauf mit der Zeitkonstante T. Das System ist damit für alle Reglerparameter stabil.

$$x(t) = w_0 \cdot \left(1 - e^{-\frac{t}{T}}\right) \qquad \text{mit} \qquad T = \frac{1}{K_{PR} \cdot K_{IS}} \tag{3.16}$$

$$x(\infty) = w_0$$

Bei dieser Kombination tritt für das Führungsverhalten keine Regelungsdifferenz auf. Da das Gesamtsystem stabil ist (System 1. Ordnung), kann der Reglerparameter K_{PR} so hoch wie möglich eingestellt werden, falls keine spezielle Anforderung nach einer bestimmten Zeitkonstante T besteht. Bei Auftreten einer Störung ergibt sich das folgende Ergebnis:

$$x(s) = G_z(s) \cdot z(s) = \frac{\dfrac{K_{IS}}{s}}{\left(1 + K_{PR} \cdot \dfrac{K_{IS}}{s}\right)} \cdot \frac{z_0}{s} \tag{3.17}$$

$$\lim_{t \to \infty} x(t) = \lim_{s \to 0} x(s) = \frac{z_0}{K_{PR}} \neq 0$$

Eine Störung kann also bei alleiniger Verwendung eines P-Reglers auch an einer I-Strecke **nicht** ausgeglichen werden. Auch hier ist die Nutzung eines integrierenden Anteils im Regler notwendig. Die entsprechende Auslegung und die hierfür notwendigen Vorgaben werden in den folgenden beiden Abschnitten besprochen.

3.2 Kriterien der Reglerauslegung

Nachdem die grundlegenden Eigenschaften einiger Regler-Strecken-Kombinationen besprochen wurden, soll deren gezielte Entwicklung jetzt im Vordergrund stehen. Es ist daher notwendig, Vorgaben für das gewünschte Verhalten aufzustellen. Ohne die entsprechenden Kennwerte ist eine gezielte Optimierung nicht möglich. Ebenso spielen der Kosten- und Zeitaufwand bei der kommerziellen Nutzung eine bedeutende Rolle. Daher sollte der Regelkreis nur so gut wie nötig ausgelegt werden, denn die bestmögliche Auslegung ist meist mit einem überproportional hohen Aufwand verbunden.

Ein Vorschlag zur Charakterisierung einer Regelung anhand der Sprungantwort findet sich in [DIN01]. Die dort vorgestellten Güteparameter sind in Bild 3-6 eingetragen. Dabei wird hier nur auf das Führungsverhalten eingegangen, für das Störverhalten sind solche Vorgaben ebenfalls notwendig.

Eine wichtige Festlegung betrifft die Akzeptanz einer bleibenden Regelungsdifferenz $e(\infty)$. Ist diese nicht erwünscht, sind bestimmte Regler-Strecke-Kombinationen bereits ausgeschlossen. So ist zur Erfüllung dieses Ziels bei PT_n-Strecken ein I-Anteil im Regler zwingend notwendig. Der vereinbarte Toleranzbereich x_T legt ein Band fest, innerhalb dessen sich der Wert der Regelgröße im eingeschwungenen Zustand befinden muss. Der Zeitpunkt, ab dem dies der Fall sein muss, kann durch Vorgabe der Konstanten T_{aus} festgelegt werden. Die Anregelzeit T_{an} charakterisiert den ersten Zeitpunkt des Eintritts in den Toleranzbereich. Durch die maximale Überschwingweite x_m wird die tolerierbare Auslenkung der Regelgröße festgelegt.

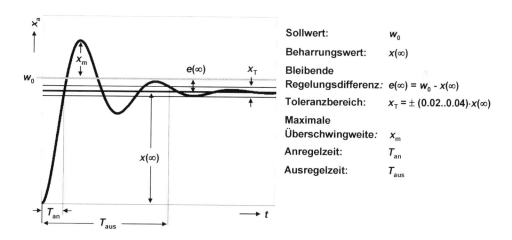

Bild 3-6   Sprungantwort des Führungsverhaltens mit den Güteparametern [DIN01]

Die einzelnen Parameter sind meist nicht unabhängig voneinander. So kann eine kurze Anregelzeit je nach Dynamik des Gesamtsystems zu einer hohen Überschwingweite führen und damit möglicherweise auch zu einer hohen Ausregelzeit. Hier ist neben einer möglichst genauen Analyse des Systems auch die Erfahrung des Entwicklers gefragt, der durch geschickte Veränderung der Reglerparameter die optimale Einstellung findet.

Ein entscheidender Gesichtspunkt bei der Entwicklung einer Regelung ist die Sicherstellung der Stabilität des Gesamtsystems. Mit der Einhaltung einer maximalen Überschwingweite x_m ist dies in den Gütekriterien bereits vorausgesetzt. Endliche Führungs- und Störgrößen müssen daher zu einer endlichen Regelgröße führen.

$$\left.\begin{array}{c} |w(t)| < \infty \\[2mm] |z(t)| < \infty \end{array}\right\} \qquad \mapsto \qquad |x(t)| < \infty \qquad\qquad (3.18)$$

Der mathematische Nachweis kann anhand der Lage der Pole der charakteristischen Gleichung erfolgen. Für ein stabiles System liegen alle Pole im negativen reellen Bildbereich.

Da auch die Berechnung der Polstellen bei komplexeren Systemen zu Problemen führt, sind weitere Methoden zur Einschätzung der Stabilität aufgestellt worden. Zu nennen sind hier die Kriterien nach Hurwitz oder Nyquist sowie die Ortskurvenverfahren. Auf eine detaillierte Diskussion muss an dieser Stelle verzichtet werden, hierzu eignen sich [Trö05] und [Reu08].

3.3 Reglerentwurf für einfache Systeme

In [Lunz07] wird ein Entwurfsverfahren vorgeschlagen, dass hier für eine systematische Reglerauslegung zusammengefasst wird. Die folgenden Schritte sind dabei durchzuführen:

1. Wahl der Regelkreisstruktur. Es muss festgelegt werden, welche Signalverkopplungen durch den Regler herzustellen sind. Dabei geht es um die Wahl der zu verwendenden Regel- und Stellgröße (Regelgröße – Stellgröße – Zuordnung).

2. Aufstellung eines Modells der Regelstrecke.

3. Wahl der Reglerstruktur.

4. Überführung der gegebenen Güteforderungen in „Ersatzforderungen", die im gewählten Entwurfsverfahren direkt berücksichtigt werden können.

5. Reglerentwurf: Festlegung von Reglerstruktur und Reglerparametern.

6. Simulation des Regelkreisverhaltens.

7. Bewertung der Güte des Regelkreises anhand der Vorgaben aus Bild 3-6.

Sind die Güteforderungen vollständig erfüllt, dann ist das Entwurfsproblem gelöst. Andernfalls wird der Reglerentwurf mit einem der Schritte 1 bis 4 fortgesetzt.

Zur gezielten Auswahl einer geeigneten Regelkreisstruktur kann auf vielfältige Erfahrungen zurückgegriffen werden. Sowohl aus der mathematischen Analyse als auch dem praktischen Einsatz sind bestimmte Kombinationen besser als andere geeignet. Die Tabelle 3.1 gibt hierüber eine Übersicht.

Einige Beispiele für eine Berechnung beispielsweise des P-Anteils wurden im Abschnitt 3.1 vorgestellt. Hier hatte sich gezeigt, dass der Proportionalbeiwert K_{PR} bei den beschriebenen Kombinationen wegen der Stabilität der Regelkreise beliebig hoch gewählt werden konnte. Eine Einschränkung ergab sich lediglich aus der begrenzten Stellgröße.

Tabelle 3.1 Reglerauswahl für verschiedene Streckentypen (Auswahl nach [Trö05] und [Gass04])

Regelstrecke		Regler				
Typ	Regelgröße (Beispiel)	P	I	PI	PD	PID
P	Durchfluss	–	gut geeignet	gut geeignet (Führung & Störung)	–	zu aufwändig
I	Abstand	gut geeignet (Führung)	**Instabil !**	gut geeignet (Störung)	gut geeignet	zu aufwändig
PT_1	Drehzahl	gut geeignet (Führung)	–	gut geeignet (Führung & Störung)	–	zu aufwändig
PT_n	Temperatur	–	–	gut geeignet	–	gut geeignet (Führung & Störung)
IT_n	Winkel (E-Motor)	–	**Instabil !**	–	gut geeignet (Führung)	gut geeignet (Störung)
T_t	Förderband	–	–	gut geeignet (Führung & Störung)	–	–

Ein weiteres Beispiel soll die Vorgehensweise des Entwurfs verdeutlichen. Das System ist in Bild 3-7 dargestellt, es handelt sich dabei um eine IT_1-Strecke. Zunächst wird untersucht, ob ein P-Regler geeignet ist, die an die Regelung gestellten Anforderungen bezüglich Anregelzeit T_{An} und maximaler Überschwingweite x_m zu erfüllen.

Der mathematische Zusammenhang ergibt sich wieder aus der Führungsübertragungsfunktion des Regelkreises. Aus der Umformung wird ersichtlich, dass es sich um ein schwingungsfähiges System (2. Ordnung) handelt.

$$G_w(s) = \frac{K_{PR} \cdot \dfrac{K_{IS}}{s} \cdot \dfrac{1}{T_1 \cdot s + 1}}{\left(1 + K_{PR} \cdot \dfrac{K_{IS}}{s} \cdot \dfrac{1}{T_1 \cdot s + 1}\right)} = \frac{1}{\underbrace{\dfrac{T_1}{K_{PR} \cdot K_{IS}}}_{T_2^2} \cdot s^2 + \underbrace{\dfrac{1}{K_{PR} \cdot K_{IS}}}_{T_1^*} \cdot s + 1} \tag{3.19}$$

Damit ist als charakteristische Größe für die Dynamik das Dämpfungsmaß D als Funktion des Reglerparameters ableitbar. Durch Umstellung kann der Proportionalanteil K_{PR} für eine vorgegebene Dämpfung berechnet werden:

$$D = \frac{1}{2} \cdot \frac{T_1^*}{T_2} = \frac{1}{2} \cdot \sqrt{\frac{1}{K_{PR} \cdot K_{IS} \cdot T_1}} \qquad \mapsto \qquad K_{PR} = \frac{1}{4 \cdot D^2 \cdot K_{IS} \cdot T_1} \tag{3.20}$$

Aus der Gleichung ist zunächst ersichtlich, dass der Regelkreis immer eine gedämpfte Schwingung mit $D > 0$ ausführt. Der Grenzfall $D = 0$ kann nur mit unendlich hohem K_{PR} erreicht werden. Dieser Fall ist aber technisch nicht realisierbar.

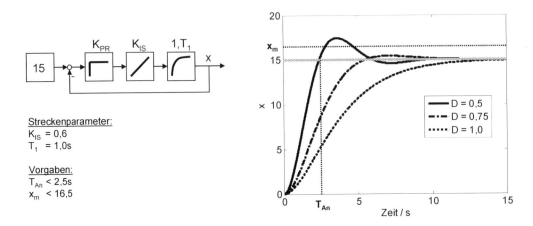

Bild 3-7 Regelkreis mit Kriterien (links) und Ergebnis der Regelung für verschiedene Werte des Dämpfungsparameters D (rechts)

Wie allerdings aus dem Ergebnis für verschiedene Reglerwerte in Bild 3-7 ersichtlich wird, können nicht beide der Anforderungen gleichzeitig erfüllt werden. Bei Vorgabe der Dämpfung zur Einhaltung der Anregelzeit kommt es zu einer deutlichen Überschreitung von x_m. Wird die Dämpfung dagegen erhöht, kann die Anregelzeit nicht mehr eingehalten werden. Es wird daher ein weiterer freier Parameter benötigt, der entsprechend der Tabellenempfehlung bei diesem Typ Regelstrecke durch ein D-Glied bereitgestellt werden kann. Neben der dann umfangreicheren analytischen Bestimmung der genauen Reglerparameter über die Wurzelortskurve haben sich für die praktische Anwendung Empirische Verfahren bewährt. Deren Nutzung für ein solches Auslegungsproblem wird im nächsten Abschnitt beschrieben.

3.4 Empirische Entwurfsverfahren

3.4.1 Experimentelle Parameterermittlung am Regelkreis

Die in den vorangegangenen Abschnitten beschriebenen Systeme stellen nur einen geringen Ausschnitt der Varianten technischer Einrichtungen dar. Daher ist es meist nicht möglich, die besprochene analytische Beschreibung direkt zu verwenden. Eine Alternative für diesen Fall bieten die empirischen Methoden der Reglerauslegung. Hier werden die Parameter entweder ohne Kenntnis der Strecke aus einem Experiment abgeleitet oder es können Ersatzgrößen aus der Sprungantwort der Regelstrecke abgeleitet werden.

Eine Methode nach Ziegler/Nichols zur Auslegung eines PID-Reglers benötigt keinerlei Information über die Parameter der Regelungsstrecke. Sie ist allerdings auf PT_1T_t oder PT_n-Strecken beschränkt. Die Vorgehensweise ist wie folgt:

- Der Regelkreis wird mit einem P-Regler betrieben und dessen Verstärkungsfaktor K_{PR} so lange erhöht, bis sich eine Dauerschwingung einstellt.

- Der eingestellte kritische Verstärkungsfaktor wird als K_{PRkr} bezeichnet und dient mit der ermittelten Schwingungsdauer T_{kr} als ein Kriterium zur Parameterauswahl.

- Aus einer Tabelle (z. B. Tabelle 3-2) werden die Werte für den geeigneten Reglertyp entnommen, die Dämpfung des Systems liegt damit bei $0,2 < D < 0,3$.

- Ausgehend von diesen Werten findet eine Optimierung des Regelungsverhaltens zur Einhaltung der Gütekriterien statt.

Der Vorteil des Verfahrens ist der geringe analytische Aufwand. Erkauft wird sich dieser Vorteil durch die mögliche Zerstörung der Systems bei zu hoher Verstärkung. Hier sollten auf jeden Fall Schutzmechanismen vorhanden sein. In Tabelle 3.2 sind die Vorgabewerte für dieses Verfahren zusammengestellt.

Tabelle 3.2 PID-Parameter nach Ziegler/Nichols

Parameter	P-Regler	PI-Regler	PID-Regler
K_{PR}	$0,5 \cdot K_{PRkr}$	$0,45 \cdot K_{PRkr}$	$0,6 \cdot K_{PRkr}$
$T_n = \dfrac{K_{PR}}{K_{IR}}$	–	$0,83 \cdot T_{kr}$	$0,5 \cdot T_{kr}$
$T_v = \dfrac{K_{DR}}{K_{PR}}$	–	–	$0,125 \cdot T_{kr}$

An einem Beispiel soll die Vorgehensweise im Detail erläutert werden. Der Regelkreis aus Bild 3-8 wird mit einem P-Regler betrieben, d. h. falls vorhanden sind I- und D-Anteil auf Null zu setzen. Für einen Wert von $K_{PR} = 1,27$ stellt sich eine Dauerschwingung ein, dieser Wert ist die gesuchte kritische Verstärkung K_{PRkr}. Die Zeitdauer für eine Schwingung beträgt bei diesem Wert $T_{kr} = 3,5$ s.

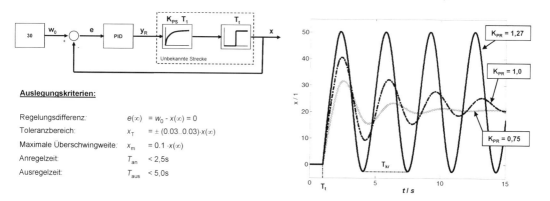

Bild 3-8 Methode nach Ziegler/Nichols zur Ermittlung der Reglerparameter für eine simulierte PT$_1$T$_t$-Strecke

Aus der Tabelle 3.2 werden die Parameter für die drei möglichen Regler berechnet. Die Ergebnisse für die Regelung sind in Bild 3-9 (links) zu sehen. Wie zu erwarten war, kann der P-Regler nicht eingesetzt werden, da eine bleibende Regeldifferenz laut der Vorgaben in Bild 3-8 nicht zulässig ist. Während für die beiden anderen Regler diese Bedingung erfüllt ist und auch die Anregelzeit eingehalten wird, liegen sowohl Ausregelzeit als auch maximale Überschwingweite (10 % des Sollwertes) über den Vorgaben. Es ist damit eine weitere Anpassung der Parameter notwendig.

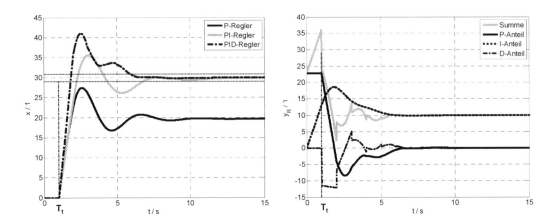

Bild 3-9 Führungsverhalten für die drei Reglertypen ohne Optimierung (links, Toleranzband mit eingezeichnet) und Verhalten der Einzelanteile für den PID-Regler (rechts)

Um die Wirkungsweise der einzelnen Anteile besser zu verstehen, sind diese in Bild 3-9 (rechts) zu sehen. Aus der Grafik der Einzelanteile sind die unterschiedlichen Einflüsse auf die Regelstrecke ersichtlich. Während der P-Anteil für die Dauer der Totzeit konstant bleibt, wird durch den I-Anteil die Regelungsdifferenz aufintegriert. Dieser Anteil wächst damit während der Totzeit an, ohne dass eine Rückwirkung auf den Reglereingang stattfindet. Erst nach Überwindung der Totzeit reagiert das System und es kommt zum Abbau der Regelungsdifferenz. Hat sich bedingt durch einen hohen I-Anteil eine hohe Stellgröße ergeben, so kann es zu einem deutlichen Überschwingen kommen. Der D-Anteil tritt nur bei starken Signaländerungen in Erscheinung, so beispielsweise nach Ablauf der Totzeit, wenn sich in der Regelstrecke eine geänderte Regelgröße einstellt. Dabei sind gegenseitige Abhängigkeiten der Anteile vorhanden, die von der Reaktion der Regelstrecke anhängen. Eine Erhöhung des Proportionalanteils führt nicht nur zu einer proportionalen Erhöhung der Regelgröße, sondern kann direkt zu instabilem Verhalten führen.

3.4.2 Parameterableitung aus Regelstreckenparametern

Bei einer anderen Methode für Strecken mit oder ohne Ausgleich werden die Sprungantworten der Systeme gemessen und, unabhängig von der tatsächlichen Ordnung des Systems, an zwei oder drei charakteristische Parameter angepasst. Bei Strecken mit Ausgleich kann das Wendetangentenverfahren, wie in Bild 3-10 (links) dargestellt, angewandt werden.

Die beiden Zeitkonstanten T_u und T_g stellen die Approximation eines PT_1T_t-Gliedes dar. Je eher das System hiermit übereinstimmt, beispielsweise bei stark gedämpften PT_n-Strecken, umso besser wird die Reglergrundeinstellung funktionieren. Mit diesen beiden Konstanten und dem Proportionalbeiwert der Strecke K_{PS} können aus Tabellen die Reglerparameter berechnet werden. Nach Samal ergeben sich die folgenden sehr allgemein gehaltenen Empfehlungen:

$$K_{PR} \approx \frac{1}{2 \cdot K_{PS}} \cdot \left(\frac{\pi}{2} \cdot \frac{T_g}{T_u} \right) \qquad \text{(für alle Regler)}$$

$$T_n = 3,3 \cdot T_u \qquad\qquad\qquad \text{(für PI-Regler)} \qquad\qquad (3.21)$$

$$T_n = 2,0 \cdot T_u; \qquad T_v = 0,5 \cdot T_u \qquad \text{(für PID-Regler)}$$

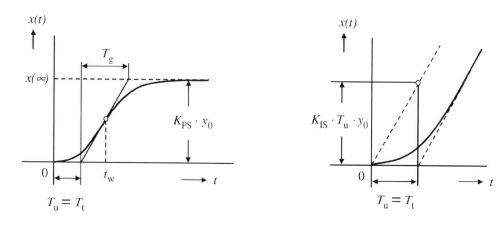

Bild 3-10 Ermittlung von Ersatzparametern aus der Sprungantwort für Strecken mit Ausgleich (links) und ohne Ausgleich (rechts) [Reu08]

Bei Strecken ohne Ausgleich (Bild 3-10 (rechts)) erfolgt zunächst die Anpassung einer Tangente an den linearen Bereich der Sprungantwort. Aus dem Anstieg ergibt sich der Integrierbeiwert der Strecke K_{IS} und durch den Schnittpunkt mit der Zeitachse die Zeitkonstante T_u.

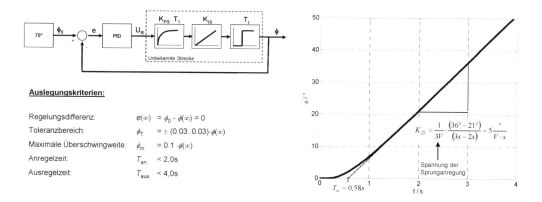

Bild 3-11 Simulierter Regelkreis mit Auslegungskriterien (links) und Methode zur Ermittlung von Ersatzparametern (rechts)

Mit diesen Werten können die tabellierten Reglerparameter ermittelt werden (Tabelle 3.3).
Nach dieser Vorgehensweise wurde die Reglerauslegung für das in Bild 3-11 dargestellte System durchgeführt. Die simulierte Strecke, beispielsweise eine Winkellageregelung eines Elektromotors, weist zwei unabhängige Zeitkonstanten T_1 und T_t auf, die aus der Analyse der
Sprungantwort in der Größe T_u zusammengefasst werden. Der Integrierbeiwert K_{IS} ergibt sich
aus dem Anstieg der Tangente geteilt durch die Spannung der Anregung.

Tabelle 3.3 PID-Parameter für Strecken ohne Ausgleich nach Chien, Hrones, Reswick (Auszug)

Parameter	P-Regler	PI-Regler	PD-Regler	PID-Regler
K_{PR}	$\dfrac{0{,}48}{K_{IS} \cdot T_u}$	$\dfrac{0{,}5}{K_{IS} \cdot T_u}$	$\dfrac{0{,}5}{K_{IS} \cdot T_u}$	$\dfrac{1{,}67}{K_{IS} \cdot T_u}$
$T_n = \dfrac{K_{PR}}{K_{IR}}$	–	$16 \cdot T_u$	–	$4{,}2 \cdot T_u$
$T_v = \dfrac{K_{DR}}{K_{PR}}$	–		$0{,}85 \cdot T_u$	$0{,}85 \cdot T_u$

Die Kurvenanpassung führt zu den in Bild 3-12 (links) dargestellten Verläufen für die einzelnen Reglertypen zusammen mit den Kriterien der Vorgabe. Da diese von keinem der Reglertypen eingehalten werden, war auch hier eine nachfolgende Optimierung notwendig. Diese wurde für den P-Regler und den PD-Regler in Bild 3-12 (rechts) dargestellt. Auch hier werden
jetzt die zur Auslegung vorgegebenen Kriterien eingehalten.

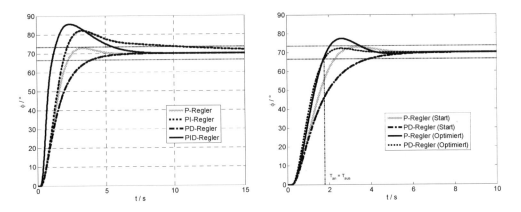

Bild 3-12 Sprungantwort für verschiedene Regler mit den Grundeinstellungen an der IT_n-Strecke
(links) und Ergebnisse der Optimierung für zwei Reglertypen (rechts)

Dabei zeigt sich der Vorteil des PD-Reglers. Während auch vom P-Regler die Anforderungen
eingehalten werden, führt der PD-Regler zu einem verbesserten Regelungsverhalten. Bei glei-

cher Anregelungszeit T_{an} werden die Überschwingweite ϕ_m und die Ausregelzeit deutlich verringert.

Aus den Ersatzparametern kann eine generelle Aussage zur Regelbarkeit einer Strecke abgeleitet werden. Der Zusammenhang ist in Bild 3-13 illustriert. Je ausgeprägter das Totzeitverhalten der Regelstrecke ist, umso schlechter kann durch eine Regelung eingegriffen werden.

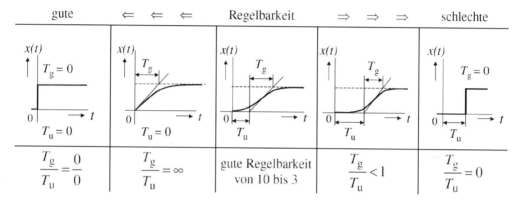

Bild 3-13   Ableitung der Regelbarkeit von Regelstrecken mit Ausgleich aus Ersatzparametern [Reu08]

Neben den vorgestellten Methoden sind weitere Entwurfsverfahren bekannt, über den Zeitbereich hinaus findet hier auch die Analyse des Frequenzbereiches Verwendung. Eine Zusammenstellung dieser Methoden findet sich in [Reu08]. Weiterhin kann mit Hilfe von Simulationsprogrammen eine Eingrenzung der Optimierungsrichtung vorgenommen werden. Bedingung ist hierfür, dass die simulierte Modellstrecke ein hinreichend genaues Abbild der Realität liefert.

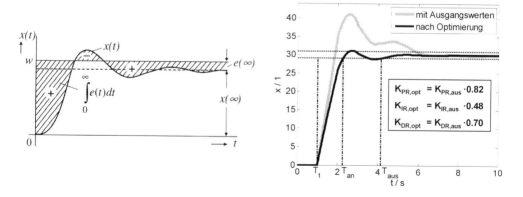

Bild 3-14   Mathematisches Kriterium zur Optimierung (links) und Ergebnis einer Optimierung (rechts)

3.4.3 Optimierung

Die Vorgehensweise bei der Optimierung ist aus Bild 3-15 ableitbar. Durch Veränderung jeweils **eines** Anteils kann dessen Auswirkung auf die Regelung ermittelt werden. Bei ausreichender Erfahrung ist somit eine gezielte Anpassung an die Auslegungskriterien möglich. Für das vorgestellte Beispiel zeigt sich, dass eine Verringerung aller Anteile sicher zum gewünschten Ergebnis führt. Wie aus der Kurve für den D-Anteil zu sehen ist, kann dessen zu starke Reduzierung aber wieder zu einer Zunahme der Überschwingweite führen.

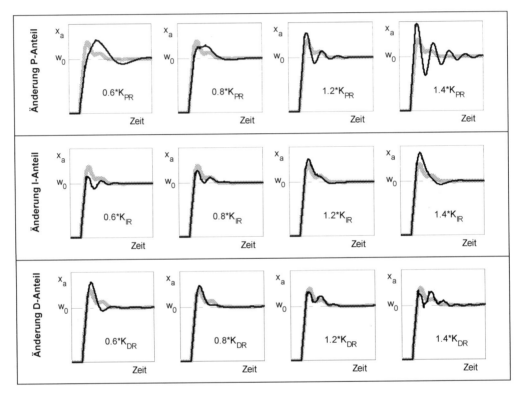

Bild 3-15   Änderung des Regelungsverhaltens der Regelung nach Bild 3-9 bei Variation einzelner Regleranteile (grau – Ausgangsfunktion, schwarz – optimierter Verlauf)

Besonders gute Ergebnisse sind erzielbar, wenn entweder eine automatisierte Parameteroptimierung durchgeführt werden kann oder eine hinreichend genaue Simulation des Systems möglich ist. Für das Beispiel wurde dies mit dem Programm Simulink realisiert. Die Parameter wurden automatisch verändert und damit jeweils eine neue Simulation durchgeführt. Für die Auswertung sind dann die Randbedingungen auf Einhaltung zu überprüfen.

Diese Vorgehensweise kann zu mehreren Ergebnissen führen, daher ist die Ableitung eines einzigen Optimierungskriteriums günstiger. Hier bietet sich die Betragsregelfläche Q_{abs} an, das heißt der Betrag der integrierten Regeldifferenz.

$$Q_{abs} = \int_0^\infty |e(t) - e(\infty)| dt \qquad (3.22)$$

Anschaulich wird dies in Bild 3-14 dargestellt. Je kleiner Q_{abs} für die jeweilige Anregungsart wird, umso geringer ist die Abweichung zu deren Idealkurve. Damit sollten auch in den meisten Fällen die verschiedenen Anforderungskriterien an die Regelung eingehalten werden.

Im Beispiel wurden durch unabhängige Schleifen alle drei Parameter des PID-Reglers variiert und die Variante mit dem geringsten Q_{abs} ausgewählt. Deren Sprungantwort ist in Bild 3-14 (rechts) der ursprünglichen Variante gegenübergestellt. Die Änderungen an den einzelnen Parametern sind in der Grafik mit angegeben.

3.5 Technische Realisierung kontinuierlicher Regler

In den verschiedenen Einsatzgebieten haben sich unterschiedliche Ausprägungen von Reglern etabliert. Da in einer Vielzahl an Fällen elektronische Regler zum Einsatz kommen, soll deren günstige Umsetzung näher erläutert werden. Der Aufbau der im Fahrzeug hauptsächlich eingesetzten digitalen Regler wird in einem späteren Abschnitt besprochen. Auf mechanische/hydraulische Systeme wird an dieser Stelle nicht eingegangen.

Als Grundelement für den Regler wird vielfach ein Operationsverstärker (OPV) verwendet. Dieses als integrierter Schaltkreis ausgeführte Bauelement besitzt zur Signalverarbeitung einen invertierenden und einen nichtinvertierenden Eingang sowie einen Ausgang. Eine bipolare Spannungsversorgung von $U_B = \pm 15\,\text{V}$ ist bei den meisten handelsüblichen Typen erforderlich, wird aber in der Funktionsbeschaltung meist weggelassen. In Bild 3-16 sind die beiden Grundschaltungen dargestellt.

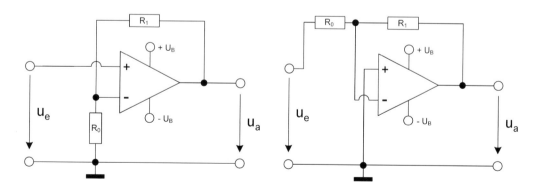

Bild 3-16 Nichtinvertierende (links) und invertierende Grundschaltung eines OPV (rechts)

Die Verstärkung V der Eingangsspannung u_e ergibt sich mit den beiden Widerständen R_0 und R_1 zu:

$$V_{inv} = -\frac{R_1}{R_0} = \frac{u_a}{u_e} \qquad \text{(invertierende Schaltung)}$$

$$V_{ninv} = 1 + \frac{R_1}{R_0} = \frac{u_a}{u_e} \qquad \text{(nichtinvertierende Schaltung)}$$

(3.23)

Durch die Einbeziehung zusätzlicher Widerstände und Kondensatoren sind die für eine Regler-realisation notwendigen dynamischen Verläufe erzeugbar. In Bild 3-17 sind die Beschaltung für die Ermittlung der Regelungsdifferenz sowie die Anbindung eines P-Gliedes (invertieren-der Verstärker) dargestellt. Da der P-Regler invertierend ausgeführt wurde, erfolgt die Bildung der Regelungsdifferenz ebenfalls invertiert ($u_e = u_x - u_w$). Der Reglerausgang weist damit die Spannung u_y mit der richtigen Polarität auf.

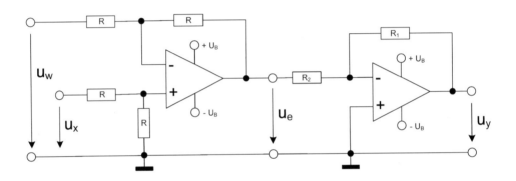

Bild 3-17 OPV als Vergleichsstelle zur Bildung der Regelungsdifferenz und als invertierender Propor-tionalverstärker

Die Schaltung zur Ermittlung der Regelungsdifferenz ist der Grundtyp einer Differenzverstär-kung. An den Eingang A wird die Spannung des Sollwertes u_w und an den Eingang B die Spannung des Istwertes u_x angelegt. Damit ergeben sich Regelungsdifferenz u_e und Regleraus-gangsgröße u_y zu:

$$u_e = -(u_w - u_x)$$

$$u_y = -u_e \cdot \frac{R_1}{R_2} = (u_w - u_x) \cdot \frac{R_1}{R_2}$$

(3.24)

$$G_R(s) = K_R = \frac{R_1}{R_2}$$

Durch Erweiterung der äußeren Beschaltung können I- und D-Anteil ergänzt werden. Eine Möglichkeit in invertierender Ausführung ist in Bild 3-18 dargestellt. Ein idealer PID-Regler ist aus Stabilitätsgründen nicht realisierbar, daher befindet sich ein Widerstand zur Einstellung einer Verzögerungszeit T_1 im D-Zweig.

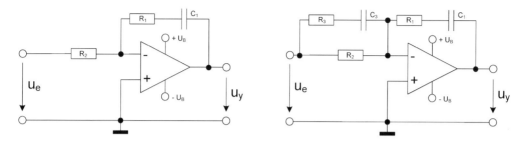

Bild 3-18   OPV-Beschaltung für einen PI-Regler (links) und einen PIDT$_1$-Regler (rechts)

Mit den zusätzlichen Bauelementen ergeben sich die nachfolgend aufgeführten Reglerparameter. Wegen der Verkopplung der Elemente sind bei der Beispielschaltung die einzelnen Werte nicht unabhängig voneinander einstellbar.

$$K_{PR} = \frac{R_1}{R_2}$$
$$T_n = R_1 \cdot C_1$$
$$T_v = (R_2 + R_3) \cdot C_3 \qquad\qquad (3.25)$$
$$T_1 = R_3 \cdot C_3$$

Eine sehr ausführliche Beschreibung der verschiedenen schaltungstechnischen Möglichkeiten mit OPVs findet sich in [Lut00]. Neben der Verwendung als Regler werden dort auch Beispiele zum Einsatz als Filter zur Signalglättung diskutiert.

3.6 Unstetige Regelung

Die bisher betrachteten Regler wiesen eine sich kontinuierlich ändernde Reaktion auf die Änderung der Eingangsgröße auf. Der eigentlich unstetig arbeitende D-Regler kann technisch auch nur in kontinuierlicher Form eines DT$_1$-Gliedes realisiert werden.

Demgegenüber gibt es Regler, die eine tatsächlich unstetige Reaktion erzeugen. Das einfachste Element ist ein Zweipunktregler, wie er beispielsweise zur Temperaturregelung in Bügeleisen oder Aquarien eingesetzt wird. Im Bild 3-19 ist die grundlegende Funktionalität dargestellt. Überschreitet die Regelungsdifferenz e den Wert des Schaltpunktes, beim Aquarium beispielsweise $\vartheta = 26\,°C$, dann wird der Reglerausgang auf Null gesetzt und die Heizung damit abgeschaltet. Unterhalb des Schaltpunktes ist die Heizung mit der durch die Reglerausgangsgröße bestimmten Leistung aktiv.

Der Vorteil solcher Regler ist die sehr hohe realisierbare Stellgröße, beispielsweise durch Ansteuerung von elektrischen Leistungsstufen mittels Relais. Bei kontinuierlichen Systemen liegen Aufwand und Kosten hierfür wesentlich höher. Allerdings führt die unstetige Regelung zu Einschränkungen in der Regelgüte, deren Akzeptanz beim Entwurf unbedingt betrachtet werden muss.

Besitzt der Regler eine Hysterese, dann hängt die Reaktion von der Änderungsrichtung der Regelungsdifferenz e ab. Der obere Schaltpunkt $+x_L$ ist aktiv, wenn sich die Regeldifferenz erhöht. Sinkt die Regeldifferenz hingegen ab, dann erfolgt ein Umschalten erst beim unteren Schaltpunkt $-x_L$.

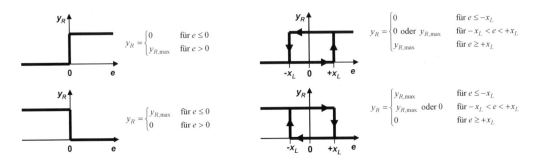

Bild 3-19 Statische Kennlinien eines Zweipunktreglers ohne Hysterese (links) und mit Hysterese (rechts)

Zur Verdeutlichung der Wirkungsweise von unstetigen Reglern und den funktionalen Einschränkungen gegenüber einer kontinuierlichen Ausführung wird ein Beispiel mit einer Strecke mit Ausgleich betrachtet. Ein Zweipunktregler mit Hysterese soll eine PT$_1$-Strecke regeln. Dies können die eingangs beschriebenen Systeme sein, ebenso verhält sich aber ein Fahrzeuginnenraum bezüglich der Aufheizung entsprechend dieser Dynamik. Der Regelkreis und die Ergebnisse einer Simulation sind in Bild 3-20 dargestellt. Es wird dabei vereinfachend angenommen, dass Erwärmung und Abkühlung des Systems derselben e-Funktion folgen.

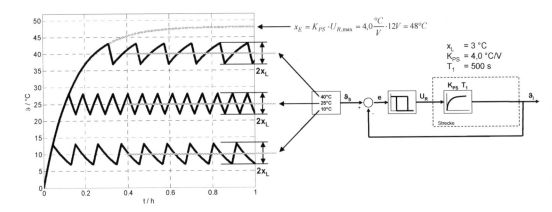

Bild 3-20 Regelkreis (rechts) und Verlauf der Regelgröße (links) für eine Zweipunktregelung **mit** Hysterese. Der Sollwert (10 °C, 25 °C oder 40 °C) wird genau eingestellt, die Schwankungsbreite $2x_L$ ist von diesem unabhängig.

Nach dem Einschalten der Regelung ist die Regeldifferenz e unterhalb des Schaltpunktes und der Zweipunktregler gibt eine Ausgangsgröße $y_R > 0$ aus. Dadurch ist die Heizung eingeschaltet und das System erwärmt sich. Überschreitet die Temperatur ϑ_I den Sollwert $\vartheta_S = 24\,°C$, dann erfolgt zunächst keine Änderung des Verhaltens, es wird weiter erwärmt. Erst wenn die Temperatur $\vartheta > (w + x_L)$ ist, stellt sich $y_R = 0$ ein und die Heizung wird abgeschaltet. Diese setzt erst wieder ein, wenn $\vartheta < (w - x_L)$ ist. Dieser Zyklus setzt sich danach weiter fort. Es entsteht eine Schwingung mit der Schwingungsdauer T_0. Diese ist die Summe aus Einschaltzeit t_e und Ausschaltzeit t_a und berechnet sich zu (Herleitung siehe [Reu08]):

$$x_E = K_{PS} \cdot y_{R,\max} \qquad \text{(Maximale Regelgröße)}$$

$$T_0 = \frac{1}{f_0} = t_e + t_a = T_1 \cdot \left(\ln \frac{x_E - w + x_L}{x_E - w - x_L} + \ln \frac{w + x_L}{w - x_L} \right) \qquad (3.26)$$

Aus diesem Zusammenhang ist auch die Notwendigkeit einer Hysterese für PT_n-Strecken abzuleiten. Geht die Schwankungsbreite $2 \cdot x_L$ gegen Null, dann wird auch die Schwingungsdauer $T_0 = 0$. Damit steigt die Schaltfrequenz des Reglers aber auf $f_0(x_L = 0) = 1/T_0 = \infty$ an. Diese unendlich hohe Schaltfrequenz kann aber von einem technischen System nicht realisiert werden, es wird hierdurch zerstört. Bild 3-21 zeigt die entsprechende Verbesserung des Regelungsverhaltens bei Verkleinerung der Schwankungsbreite an.

Weiterhin ist aus Bild 3-21 abzulesen, dass die Schwingungsdauer auch vom eingestellten Sollwert abhängig ist. Ein Minimum wird erreicht, wenn $w = x_E / 2$ ist. Aus der berechneten Schwingungsdauer T_0 kann bei Berücksichtigung der damit erzeugten Schaltzyklen eine Aussage über die Lebensdauer des Stellgliedes getroffen werden.

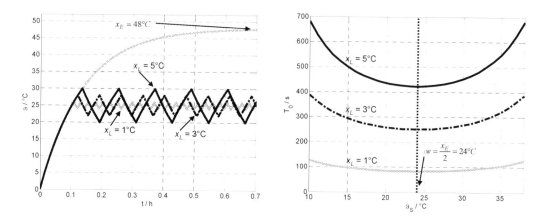

Bild 3-21 Abhängigkeit der Schwingungsdauer und der Schwankungsbreite von der Hysterese für eine Zweipunktregelung an einer PT_1-Strecke

Besitzt die Regelstrecke hingegen ein Totzeitelement, dann kann bei entsprechender Ausprägung auf eine Hysterese verzichtet werden (ob die Totzeit ausreichend ist, ergibt sich wieder durch Berechnung der Schaltfrequenz des Reglers f_0).

Die Schwingungsdauer T_0 berechnet sich in diesem Fall zu (Herleitung siehe [Reu08]):

$$T_0 = \frac{1}{f_0} = 2 \cdot T_t + T_1 \cdot \ln\left(\left(\frac{1}{1-\frac{w}{x_E}} - e^{-\frac{T_t}{T_1}}\right) \cdot \left(\frac{x_E}{w} - e^{-\frac{T_t}{T_1}}\right)\right) \tag{3.27}$$

Eine weitere charakteristische Eigenschaft der Zweipunktregelung ohne Hysterese an der be-schriebenen Strecke ist die Abhängigkeit des sich einstellenden Mittelwertes vom Sollwert. Dieser Zusammenhang kann aus Bild 3-22 abgeleitet werden.

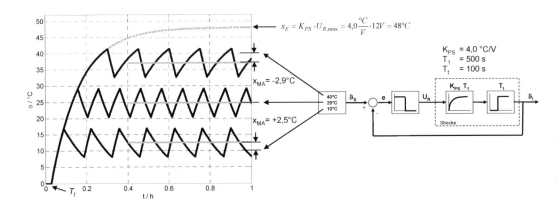

Bild 3-22 Abhängigkeit des Mittelwertes für eine Zweipunktregelung **ohne** Hysterese an einer PT$_1$T$_t$-Strecke. Die Sollwerte betragen wieder 10 °C, 25 °C oder 40 °C.

Nur für den Fall $w = x_E/2$ schwingt das System symmetrisch um den Sollwert. Wird dieser größer gewählt, dann ist der Mittelwert kleiner als der Sollwert, für einen geringeren ist es umgekehrt. Die Abweichung x_{MA} vom Mittelwert kann wie folgt berechnet werden:

$$x_{MA} = \left(w - \frac{x_E}{2}\right) \cdot \left(1 - e^{-\frac{T_t}{T_1}}\right) \tag{3.28}$$

Weiterhin ist zu erkennen, dass auch die Schaltfrequenz f_0 von der Lage des Sollwertes abhängig ist. Das Maximum ergibt sich auch hier für $w = x_E/2$, bei Abweichungen hiervon sinkt die Frequenz bis auf Null ab (dauerhaft Ein bzw. dauerhaft Aus).

Eine Erweiterung von Zweipunktreglern ist durch die Einführung einer Rückführgröße möglich. Diese leitet den Reglerausgang wieder dem Eingang zu und wird von der Regeldifferenz abgezogen. Eine verbreitete Variante ist die Nutzung eines PT$_1$-Gliedes mit den Parametern K_r und T_r.

Die Gesamtübertragungsfunktion des Reglers ergibt sich dann zu ($V = \infty$ für den Zweipunkt-regler):

$$G_r(s) = \frac{K_r}{1 + T_r \cdot s}$$

$$G_R(s) = \frac{y_R(s)}{e(s)} = \frac{V}{1 + V \cdot G_r(s)} = \frac{1}{G_r(s)} = \frac{1 + T_r \cdot s}{K_r} \qquad (3.29)$$

Damit entspricht diese Kombination einem PD-Regler. Wie in Bild 3-23 zu erkennen ist, tritt an einer Strecke mit Ausgleich auch die für diesen Reglertyp bekannte bleibende Regelungs-differenz auf. Das dynamische Verhalten ist jetzt durch die Änderung der beiden Parameter einstellbar. Gegenüber der ursprünglichen Regelung sind sowohl die Schwankungsbreite $2 \cdot x_L$ als auch die Schwingungsdauer T_0 verkleinert.

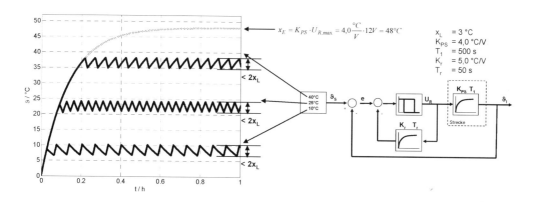

Bild 3-23 Wirkungsplan einer Zweipunktregelung mit Rückführung und Ergebnis der Regelung einer
PT$_1$T$_t$-Strecke. Die Sollwerte betragen wieder 10 °C, 25 °C oder 40 °C

Wird eine Strecke mit einem Motor angetrieben, dann ist ein Zweipunktregler ungeeignet, da eine Drehrichtungsänderung hiermit nicht erzeugt werden kann. Daher ist die Erweiterung zu einem Dreipunktregler notwendig. Ebenso wie beim Zweipunktregler ist eine Realisierung mit und ohne Hysterese möglich. Im Gegensatz zu diesem sind aber beim Dreipunktregler zwei Schaltpunkte vorhanden. Details und Anwendungsbeispiele zu diesem Reglertyp finden sich in [Reu08] und [Gass04].

3.7 Digitale Regelung

In modernen Fahrzeugen werden fast ausschließlich Steuergeräte zur Durchführung von Rege-lungen verwendet. Dies bedeutet, dass eine Anbindung zwischen der analogen Strecke und dem digital arbeitenden Steuergerät vorgenommen werden muss. Hierzu finden Ana-log/Digital-Wandler (A/D) und Digital/Analog-Wandler (D/A) Verwendung. Der grundsätzli-che Aufbau eines digitalen Regelkreises ist in Bild 3-24 dargestellt.

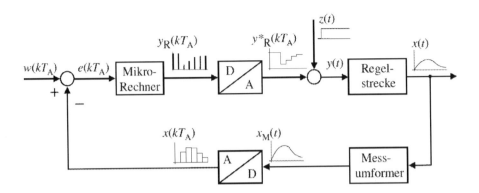

Bild 3-24 Aufbau eines digitalen Regelkreises [Reu08]

Durch einen A/D-Wandler wird das kontinuierliche Signal des Messumformers in eine sowohl zeit- als auch wertdiskrete Information $x(k \cdot T_A)$ umgewandelt. Statt von der Zeit t sind die Größen vom diskreten Abtastzeitpunkt $k \cdot T_A$ abhängig. Dabei stellt T_A die Abtast- und Umsetzungszeit der A/D-Wandlung dar und k das Vielfache der Abtastzeit (Zykluszeit der Abarbeitung). Ist diese Zeit zu groß, dann kann es durch die dabei entstehende Unterabtastung zu Fehlinterpretationen des Eingangssignals kommen. Damit wird eine Regelung deutlich erschwert oder gar nicht erst möglich. Der beschriebene Vorgang ist in Bild 3-25 illustriert. In der linken Grafik sind die Messwerte bei Abtastung zweier Signale ($x_1(t)$ und $x_2(t)$) dargestellt. Obwohl diese sich deutlich unterscheiden, werden in Folge der zu geringen Abtastung dieselben Messwerte erzeugt. Das ausgeprägte Maximum bei $x_2(t)$ geht dabei vollständig verloren.

In Bild 3-25 (rechts) ist der Vorgang einer A/D-Wandlung schematisiert. Mit einem Abtaster wird die anliegende Spannung kurz einem Halteelement (z. B. Kondensator) zugeschaltet, welches sich bis auf diese Spannung auflädt. Danach unterbricht der Abtaster den Kontakt und der nachfolgende Wandlerbaustein kann aus der konstanten Haltespannung einen digitalen Wert ermitteln. Je schneller dieser Wandler arbeitet, umso kürzer ist die notwendige Haltezeit.

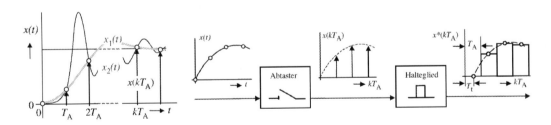

Bild 3-25 Entstehung von Fehlern bei der Signalabtastung (links) und Aufbau eines A/D-Wandlers (rechts) [Reu08]

Der zweite Einfluss auf die Regelung ergibt sich durch die begrenzte Anzahl an digitalen Werten, ausgedrückt durch die Anzahl an verfügbaren Bits. Besitzt das Sensorsignal beispielsweise einen Arbeitsbereich von $0\ V \le U_{Sensor} < 10\ V$, dann ergibt sich für einen 12-Bit A/D-Wandler ($N_{Bits} = 12$) die Auflösung ΔU zu:

$$\Delta U = \frac{U_{Sensor}}{N_{Bits}} = \frac{10V}{2^{12}} \approx 2,45mV \qquad (3.30)$$

Sollte diese Auflösung nicht ausreichen, dann ist ein anderer A/D-Wandler mit höherer Anzahl an Bits einzusetzen. Üblicherweise steigen mit der Anzahl der Wandlungsbits sowohl die Wandlungszeit als auch der Preis für den Baustein an. Die gleichen Berechnungen sind auch für den D/A-Wandler gültig und bei der Auslegung der Regelung mit zu berücksichtigen.

Für die Entwicklung einer digitalen Regelung können in Abhängigkeit der beschriebenen Parameter unterschiedliche Methoden verwendet werden.

- **Quasikontinuierliche Regelung:**

  Ist die Abtastzeit sehr kurz, dann kann der Regelkreis als kontinuierlich betrachtet werden. Die auftretenden Verzögerungen werden bei der Auslegung als zusätzliches Totzeitglied mit $T_t = T_A/2$ berücksichtigt. Als Grenze für diese Methode gilt in der Praxis $T_A \le 0,1 \cdot T_u$. Dabei stellt T_u die Verzugszeit bei Annäherung von PT_n-Regelstrecken nach dem Wendetangentenverfahren dar.

- **Diskretisierte Beschreibung im Zeitbereich:**

  Statt der Differentialelemente Integration und Ableitung werden die diskreten Entsprechungen Summe und Differenz als Funktion der Variable k zur Berechnung der Regelkreisgrößen verwendet. Die Lösung der entsprechenden Gleichung erfolgt durch Rekursion oder einen Ansatz.

- **Beschreibung im Bildbereich durch z-Transformation:**

  Dies entspricht der Vorgehensweise bei der Laplace-Transformation, abgeändert auf die speziellen Eigenschaften diskreter Systeme.

Auf einzelne Beispiele zu den verschiedenen Beschreibungsmethoden kann an dieser Stelle nicht mehr eingegangen werden. Dazu bietet sich die weiterführende Literatur an, besonders empfehlenswert sind dabei [Reu08] und [Schn08].

3.8 Nichtlineare Elemente

Der bisher vorausgesetzte lineare Zusammenhang ist in den wenigsten Fällen, insbesondere bei mechanischen Systemen, vorhanden. Ursachen für Nichtlinearitäten sind Effekte wie Reibung oder Sättigung.

In Bild 3-26 (links) sind die Sprungantworten eines I-Systems bestehend aus einem Elektromotor mit einer Schwungmasse aufgetragen. Durch ein zwischengeschaltetes Getriebe kommt es zu einer zusätzlichen Reibung. Da die Motorleistung sehr schwach ist, fallen die Reibungsverluste stark ins Gewicht.

Für ein ideales I-Glied sollte der Schnittpunkt von Anregung und Regelgröße immer bei derselben Zeit liegen. Wie aus der Grafik entnommen werden kann, ist diese lediglich für die sehr hohen Spannungen ($U > 4$ V) der Fall. Unterhalb von $U = 1$ V bewegt sich der Motor nicht, oberhalb erfolgt eine stetige Annäherung an die erwartete Zeitkonstante.

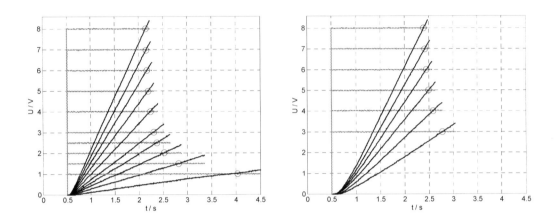

Bild 3-26 Sprungantworten für eine I-Strecke (links) und eine IT$_1$-Strecke mit geringer Verzögerung (rechts) für unterschiedliche Anregungsspannungen

Werden zur Strecke noch RC-Verzögerungsglieder hinzugefügt, sollte sich der Streckenparameter K_{IS} eigentlich nicht ändern. Dies ist jedoch ebenso nicht der Fall, auch hier kommt es bei sehr großen Verzögerungen zur Änderung der Kennlinie. Dies ist in Bild 3-26 (rechts) dargestellt.

Solche Arten von Nichtlinearitäten beeinflussen natürlich das Ergebnis der Regelung. Hier wurde immer von einem konstanten Streckenparameter ausgegangen. Für diesen sind die abgeleiteten Reglerparameter gültig. Zur Korrektur der Regelung muss mindestens eine entsprechende Anpassung erfolgen, z. B. durch Adaption der Reglerparameter in Abhängigkeit der Stellgröße.

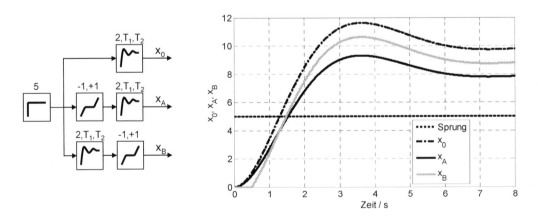

Bild 3-27 Vertauschung von nichtlinearen Elementen (Tote Zone von –1..+1) und Vergleich mit der Sprungantwort der PT$_2$-Regelstrecke ohne Tote Zone

Ein weiterer Effekt bei nichtlinearen Elementen ist die fehlende Vertauschbarkeit der Regel-kreisglieder. Während bei linearen Systemen die Reihenfolge der einzelnen Glieder das Ergeb-nis nicht beeinflusst, führt die Umpositionierung nichtlinearer Elemente zu anderen Ergebnis-sen. Dies wird in Bild 3-27 veranschaulicht.

Die exakte mathematische Behandlung des nichtlinearen Regelkreises ist sehr umfangreich und stellt ein eigenes Teilgebiet der Regelungstechnik dar. Wenn immer möglich wird versucht, die Regelung nur in einem linearen Teilbereich zu betreiben. Die Reglerauslegung hat allerdings dann auch nur für diesen Bereich Gültigkeit. Weiterhin ist es durch den Einsatz von Fuzzy-Logik (siehe Kapitel 4) oder Neuronalen Netzwerken möglich, nichtlineare Systeme mit ver-tretbarem mathematischen Aufwand zu regeln.

3.9 Weitere Regelungsarten

Kaskadenregelung

Oftmals ist es günstig, nicht einen einzelnen Regler zu entwerfen, sondern das Gesamtsystem in einzelne, zunächst unabhängige Regelkreise aufzuteilen. Wenn dies in der in Bild 3-28 dar-gestellten Form erfolgt, spricht man von einer Kaskadenregelung. Diese besteht in der ein-fachsten Form aus zwei Regelkreisen (innerer Regelkreis – Folgeregler, äußerer Regelkreis – Führungsregler). Dabei ist zu beachten, dass die Dynamik des Folgereglers höher sein muss als die des äußeren Regelkreises.

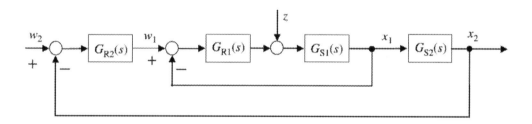

Bild 3-28   Grundstruktur einer Kaskadenregelung [Reu08]

Die Führungsübertragungsfunktion der Regelung lautet:

$$G_w(s) = \frac{G_{R2}(s) \cdot G_{R1}(s) \cdot G_{S1}(s) \cdot G_{S2}(s)}{1 + G_{R1}(s) \cdot G_{S1}(s) + G_{R2}(s) \cdot G_{R1}(s) \cdot G_{S1}(s) \cdot G_{S2}(s)} \qquad (3.31)$$

Durch die Wahl der Parameter des Folgereglers $G_{R1}(s)$ wird zunächst die Dynamik des inneren Kreises festgelegt. Danach erfolgt die Auslegung des Führungskreises, der Folgeregler stellt dabei einen Teil der Gesamtregelstrecke dar. Die Störübertragungsfunktion für das System leitet sich analog ab. Details hierzu finden sich in [Reu08].

Ein typisches Beispiel einer solchen Anordnung ist die Positionsregelung eines Elektromotors (Bild 3-29). Hier sind insgesamt drei Regelkreise miteinander als Kaskade verbunden. Durch diese Kombination stehen in der beschriebenen Ausprägung insgesamt 5 Reglerparameter zur Anpassung der Systemdynamik zur Verfügung.

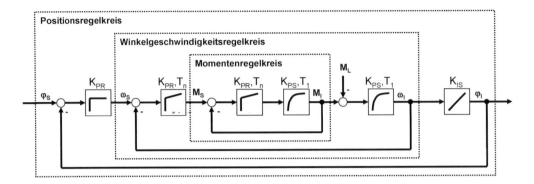

Bild 3-29 Beispiel für eine Kaskadenregelung (nach [Lunz07])

Ein weiteres Beispiel für eine solche Struktur ist die Fahrdynamikregelung (ESP). Hier stellt der (schnelle) ABS-Regler den inneren Regelkreis dar, während die übergeordnete Gierratenregelung den äußeren Regelkreis bildet. Details hierzu werden im Abschnitt 7.2 vorgestellt.

Mehrgrößenregelung

Neben den bisher behandelten Regelkreisen mit einer Führungs- und einer Regelgröße gibt es technische Systeme, bei denen jeweils mehrere Systemeigenschaften geregelt werden müssen. Zwei Beispiele mit unterschiedlicher Verkopplung sind in Bild 3-30 dargestellt.

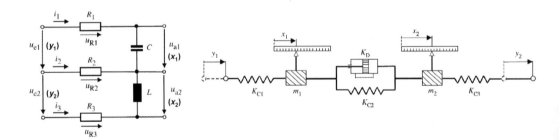

Bild 3-30 Regelstrecken mit zwei Eingangs- und zwei Ausgangsgrößen [Reu08]

Für den Fahrzeugtechniker von besonderem Interesse ist dabei Bild 3-30 (rechts). Solche Kopplungen treten im Fahrzeug häufig auf, da verschiedene Bauteile (Fahrwerk, Motor, Zusatzaggregate) über Feder-Dämpfer-Elemente miteinander verbunden sind. Für eine genaue Regelung des Fahrverhaltens (z. B. bei einer Wankstabilisierung) ist die Einbeziehung aller Einflüsse notwendig.

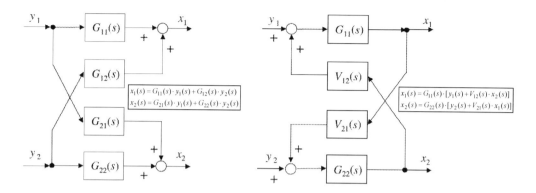

Bild 3-31 P-Struktur (links) und V-Struktur (rechts) zur Beschreibung der Mehrgrößenstrecken aus Bild 3-30 (nach [Reu08])

In Bild 3-31 ist die mathematische Beschreibung für die beiden Systeme dargestellt. Auf Basis der ermittelten Übertragungsfunktionen kann ein Mehrgrößenregler ausgelegt werden. Beispiele dazu finden sich in [Reu08].

Zustandsregelung

Ein wichtige, aber auch aufwändige Art der Regelung ist die Zustandsregelung. Dabei werden alle Größen, die den Zustand des Systems beschreiben, gemessen und nach einem Regler mit der Führungsgröße verglichen. Ein vereinfachter Signalflussplan ist in Bild 3-32 dargestellt.

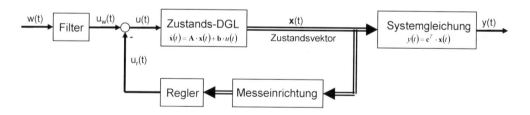

Bild 3-32 Vereinfachter Signalflussplan für eine Zustandsregelung (nach [Lut00])

Sind nicht alle Zustandsgrößen messbar, dann kann mit Hilfe eines Beobachters eine Schätzung der Zustandsgrößen erfolgen. Dazu ist ein ausreichend genaues mathematisches Modell der Regelstrecke notwendig. Dies führt zu einem sehr großen Aufwand für die Zustandsregelung und entsprechend hohen Anforderungen an die einzusetzende Rechentechnik. Details zu dieser Art der Regelung und Verweise auf weiterführende Literatur sind in [Lut00] zu finden.

4 Steuerungstechnik

Die klassischen Verfahren zur Steuerung und deren Realisierung in Form von Schaltnetzen werden im Fahrzeug immer stärker durch Algorithmen auf einem Steuergerät abgelöst. Für beide Ausprägungen werden die Grundlagen in diesem Kapitel erläutert, ebenso die Vor- und Nachteile der jeweiligen Realisierung. Im Vordergrund steht bei der Computerbasierten Steuerung die Vermittlung von Methoden zur Erstellung oder der Analyse von Programmabläufen. Sehr häufig finden die beschriebenen Verfahren in Patenten Verwendung.

4.1 Grundlagen

Im Unterschied zu einer Regelung fehlt bei einer Steuerung der permanente Vergleich zwischen Soll- und Istwert. Daraus leitet sich die **Definition** ab:

„Steuerung ist ein Vorgang in einem System, bei dem ein oder mehrere Größen als Eingangsgrößen, andere Größen als Ausgangsgrößen aufgrund der dem System eigentümlichen Gesetzmäßigkeiten beeinflussen." [DIN01]

Der grundsätzliche Aufbau einer Steuerung ist als Wirkschaltplan in Bild 4-1 aufgeführt. Dabei ist der offene Wirkungsweg in Form einer offenen Steuerkette charakteristisch. Es ist aber auch, wie bei einer Regelung, die Rückführung der Steuergröße in Form einer geschlossenen Steuerkette möglich. Im Gegensatz zur Regelung fehlt aber der permanente Vergleich durch die Differenzbildung.

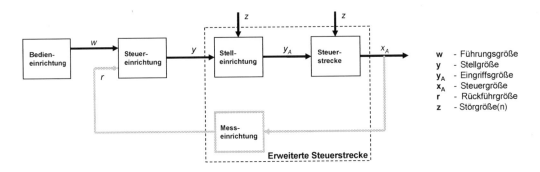

Bild 4-1 Aufbau einer geschlossenen Steuerkette (nach [Trö05]). Die grau gezeichneten Elemente sind nur bei einer geschlossenen Steuerkette vorhanden.

Nach der Art der Signale kann eine erste Unterscheidung erfolgen [Trö05]:

- **Analog:**   Verknüpfung analoger Ein und Ausgangssignale durch eine sich kontinuierlich ändernde Steuerungsvorschrift.

- **Binär:**   Verarbeitung vorwiegend zweiwertiger logischer Informationen durch die Boolesche Algebra.

- **Kombinatorisch:** Bei Verwendung mehrerer binärer Eingangssignale zur Realisierung der Steuerung.

- **Digital:** Verarbeitung diskreter numerischer Werte.

Zur weiteren Charakterisierung wird nach der Eindeutigkeit der Abarbeitung in Ablauf- und Verknüpfungssteuerung unterschieden. Bei einer **Ablaufsteuerung** ist die Abfolge einzelner Schritte festgelegt, der Wechsel erfolgt durch die Erfüllung einer Bedingung. Dies wird auch als prozessgeführte Ablaufsteuerung bezeichnet. Besteht die Bedingung hingegen nur aus der Überschreitung einer Wartezeit, dann handelt es sich um eine zeitgeführte Ablaufsteuerung.

Bei einer **Verknüpfungssteuerung** dagegen ist den Eingangssignalen E zu jedem Zeitpunkt ein eindeutiger Zustand $A = f(E)$ durch die logische Verknüpfung mittels Boolescher Algebra zugeordnet. Die zeitliche Abarbeitung kann dabei synchron zu einem Taktsignal oder auch asynchron durch die Signaländerungen der Eingangssignale erfolgen.

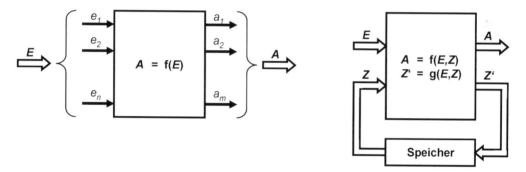

Bild 4-2 Blockschaltbild eines Schaltnetzes (links) und eines Schaltwerkes (rechts) (nach [Trö05]). Der Eingangsvektor Z ergibt sich aus der Speicherung des Ausgangsvektors Z'.

Es erfolgt bei dieser Art der Steuerung eine Unterscheidung in Schaltnetz und Schaltwerk. Letzteres zeichnet sich durch die Verwendung von Speicherelementen aus. Der grundlegende Aufbau beider Systeme und die ausgetauschten Informationen sind in Bild 4-2 dargestellt.

4.2 Elektronische Schaltnetze

Für die Realisierung der Logischen Funktionen sind 4 Grundelemente notwendig. Die ersten beiden sind die Identität und die Negation. Zur Beschreibung der Wirkung können die Wahrheitstabelle oder die Schaltfunktion verwendet werden. Beides ist gemeinsam mit der Visualisierung als Blocksymbol in Bild 4-3 zusammengestellt.

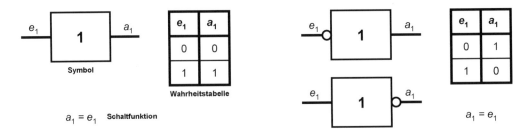

Bild 4-3 Symbol, Wahrheitstabelle und Schaltfunktion einer **Identität**-Verknüpfung (links) und einer **Negation**-Verknüpfung (rechts)

Die beiden Elemente besitzen nur einen Ein- und Ausgang, damit sind auch nur zwei unterschiedliche Ausprägungen (Ausgang negiert oder nicht negiert) technisch sinnvoll. Die beiden möglichen Varianten ohne Änderung des Ausgangssignals werden nicht betrachtet.

Demgegenüber sind bei zwei Eingängen und zwei Schaltzuständen insgesamt 16 Varianten möglich. Zwei der Grundelemente sind die UND-Verknüpfung sowie die ODER-Verknüpfung. Beide sind in Bild 4-4 dargestellt.

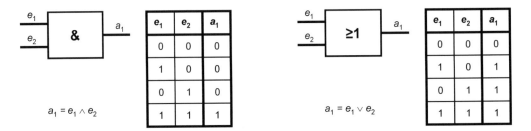

Bild 4-4 Symbol, Wahrheitstabelle und Schaltfunktion einer **UND**-Verknüpfung (Konjunktion, links) und einer **ODER**-Verknüpfung (Disjunktion, rechts)

Die weiteren prinzipiell möglichen Verknüpfungen (z. B. Exklusiv-ODER) sind aus einer Kombination der bisher beschriebenen Grundelemente zusammensetzbar.

Eine einfache technische Realisierung der Verknüpfungen kann für elektrische Systeme über eine Kombination von Spannungsquelle, Schaltelement und Wandler (z. B. Leuchte) erfolgen. Dabei müssen die Ein- und Ausgangssignale sowie die Zustände der Elemente eindeutig beschrieben werden. Für einen Taster als logisches Schaltelement ist das Eingangssignal die Schaltstellung und das Ausgangssignal ist die Spannung am Ausgang (den Anschluss einer Spannungsquelle vorausgesetzt). Die Tabelle 4.1 fasst die Eigenschaften zusammen.

Die vier beschriebenen Grundfunktionen sind exemplarisch in Bild 4-5 ausgeführt. Neben den dargestellten Grundfunktionen sind beliebige Kombinationen dieser Elemente möglich. Für weitere Informationen wird auf [Trö05] verwiesen.

Tabelle 4.1 Schaltzeichen und logische Zustände elektrischer Elemente (Symbole nach [DIN02])

Element	Symbol	Zustand	Eingang	Ausgang
Tastschalter (Öffner)		Nicht betätigt	$e_1 = 0$	$a_1 = 1$
		Betätigt	$e_1 = 1$	$a_1 = 0$
Tastschalter (Schließer)		Nicht betätigt	$e_1 = 0$	$a_1 = 0$
		Betätigt	$e_1 = 1$	$a_1 = 1$

Für den Einsatz im Fahrzeug sind insbesondere die elektronischen Ausführungen der Logik-elemente wichtig. Hier existiert eine große Anzahl an Schaltkreisen, die über eine oder mehre-re dieser Funktionalitäten verfügen. Dabei gibt es ein festgelegtes Spannungsniveau für die beiden logischen Zustände. Die Ausgänge der Schaltkreise sind meist nicht für eine Leistungs-ansteuerung geeignet, hierzu sind weitere Verstärkungsstufen notwendig. Im Bild 4-6 ist ein Beispiel dargestellt.

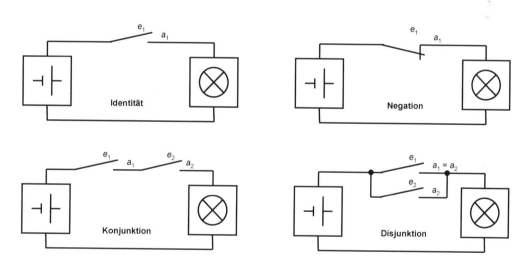

Bild 4-5   Technische Realisierung der logischen Grundfunktionen in einem einfachen elektrischen Netzwerk

Die mit Logikschaltkreisen realisierbaren Funktionalitäten können sehr umfangreich werden. Daher spielt der Entwurf einer angepassten und möglichst kostengünstigen Schaltung eine sehr große Rolle. Es existieren verschiedene Methoden zur Optimierung der Funktion. Die Vorge-hensweise soll an einem Beispiel aus dem Fahrzeugbereich erläutert werden. Vorher ist jedoch der Begriff einer Normalform der Schaltfunktion zu klären.

Pinbelegung   **Gatter**

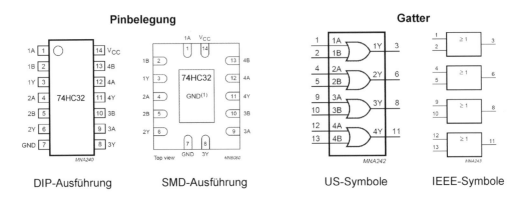

| DIP-Ausführung | SMD-Ausführung | US-Symbole | IEEE-Symbole |

Bild 4-6   Aufbau und Beschaltung eines Logikschaltkreises mit 4 ODER-Verknüpfungen [Phi01]. Häufig sind die Schaltkreise in unterschiedlichen Gehäuseausführungen erhältlich. Bei den Symbolen haben sich zwei unterschiedliche Notationen etabliert.

Die Normalform enthält alle Verknüpfungen der Eingangsvariablen, die zur vollständigen Realisierung der Schaltfunktion notwendig sind. Hierfür werden alle Zeilen der Wahrheitstabelle und die jeweiligen Zustände der Ein- und Ausgangsvariablen betrachtet. Es sind dabei zwei unterschiedliche Vorgehensweisen möglich:

1. Bei der disjunktiven Normalform (DNF, **ODER**-Verknüpfung) erfolgt die Betrachtung der Zeilen, bei denen die Ausgangsvariable gleich 1 ist.

2. Bei der konjunktiven Normalform (KNF, **UND**-Verknüpfung) erfolgt die Betrachtung der Zeilen, bei denen die Ausgangsvariable gleich 0 ist.

Üblicherweise erfolgt die Aufstellung der DNF, da die Verknüpfung mit dem Schaltzustand 1 der Ausgangsvariable sehr anschaulich ist. Die DNF ist dabei für Funktionen einfacher, bei denen weniger Einsen als Nullen auftreten. Für die KNF ist der umgekehrte Fall einfacher.

Vorgehensweise bei der Entwicklung:

1. Aufstellen der vollständigen Wahrheitstabelle für die Funktion.

2. Aufstellen der KNF oder DNF.

3. Erstellung des Funktionsplans mit Logik-Gattern.

4. Minimierung der Schaltfunktion (z. B. nach Karnaugh-Veitch).

Als Demonstrationsbeispiel soll die logische Funktionalität für eine abgesicherte Innenbeleuchtung entwickelt werden. Die normale Steuerung der Innenbeleuchtung erfolgt über den Türkontakt und den Schalter im Innenraum (Bild 4-7). Im Falle eines defekten Türkontaktes, z. B. bei eindringender Feuchtigkeit und daraus resultierendem Kurzschluss, kann es passieren, dass sich die Innenbeleuchtung nicht mehr ausschalten lässt (eigene Erfahrung des Autors, im verwendeten Fahrzeug war ein manuelles Ausschalten nicht mehr möglich). Die Steuerungslogik erkennt in diesem Fall fälschlicherweise eine geöffnete Tür und schaltet das Licht, für den geplanten Fall auch korrekt, für den Zeitraum der Öffnung ein.

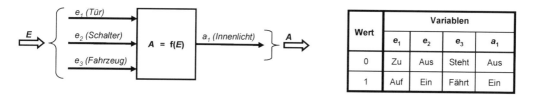

Wert	Variablen			
	e_1	e_2	e_3	a_1
0	Zu	Aus	Steht	Aus
1	Auf	Ein	Fährt	Ein

Bild 4-7 Blockschaltbild der Funktion und Zuweisung der logischen Werte zu den Zuständen

Besonders nachts kann dies wegen der durch das plötzliche Einschalten des Innenlichtes erfolgten Ablenkung zu einer gefährlichen Situation führen. Weiterhin beeinträchtigt die Innenleuchte nachts die Wahrnehmbarkeit der Umgebung deutlich. Um diesen Zustand zu verhindern, soll die aktuelle Fahrzeugbewegung in die Steuerung mit einbezogen werden. Dabei reicht es aus, den Stillstand des Fahrzeuges zu erkennen, eine vollständige Geschwindigkeitsinformation ist nicht notwendig.

Aus den besprochenen Anforderungen kann mit Hilfe der Wertezuordnung für die einzelnen Zustände die Wahrheitstabelle der Funktion aufgestellt werden (Bild 4-8). Zur Ableitung der DNF werden jetzt für alle Zeilen, in denen die Ausgangsgröße 1 ist, die Miniterme aufgestellt. Alle Eingangsvariablen, deren Wert in dieser Zeile 0 ist, werden negiert. Für alle anderen wird die Eingangsvariable direkt übernommen.

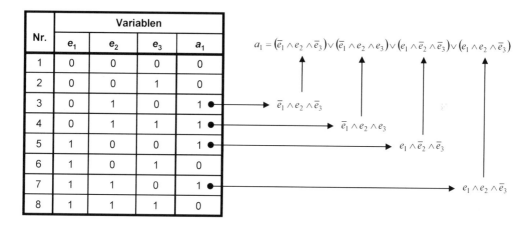

$$a_1 = (\overline{e_1} \wedge e_2 \wedge \overline{e_3}) \vee (\overline{e_1} \wedge e_2 \wedge e_3) \vee (e_1 \wedge \overline{e_2} \wedge \overline{e_3}) \vee (e_1 \wedge e_2 \wedge \overline{e_3})$$

Nr.	Variablen			
	e_1	e_2	e_3	a_1
1	0	0	0	0
2	0	0	1	0
3	0	1	0	1
4	0	1	1	1
5	1	0	0	1
6	1	0	1	0
7	1	1	0	1
8	1	1	1	0

$\overline{e_1} \wedge e_2 \wedge \overline{e_3}$

$\overline{e_1} \wedge e_2 \wedge e_3$

$e_1 \wedge \overline{e_2} \wedge \overline{e_3}$

$e_1 \wedge e_2 \wedge \overline{e_3}$

Bild 4-8 Wahrheitstabelle der Funktion und Ableitung der DNF aus den Minitermen

Die Verknüpfung innerhalb eines Miniterms erfolgt durch eine **UND**-Verknüpfung. Die Zusammensetzung der Schaltfunktion wird durch **ODER**-Verknüpfung (disjunktiv) der einzelnen Miniterme realisiert. Die Aufstellung eines Schaltplanes durch Logikelemente lässt sich nun einfach realisieren, indem die Verknüpfungen der Reihe nach umgesetzt werden (Bild 4-9).

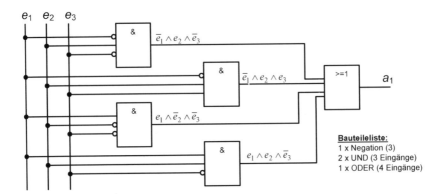

Bild 4-9   Aufbau der DNF mit Logik-Gattern

Aus der Anzahl der Terme ist schon ersichtlich, dass für die Realisierung der DNF ein ODER-Gatter mit 4 Eingängen (4 Minterme) und 4 UND-Gatter mit jeweils 3 Eingängen (3 Variablen) notwendig sind. Hinzu kommen noch die Negationselemente für einzelne Minterme.

Für die Realisierung der Negation sind nur 3 Elemente notwendig. Zwar werden laut DNF mehrere Signale negiert, dies kann aber für jede Eingangsvariable mit einem Element erfolgen, von dem aus dann alle **UND**-Gatter mit dem negiertem Eingangssignal angesteuert werden.

Da die DNF nicht die minimale Variante einer Realisierung darstellt, besteht zur Verringerung der Kosten die Möglichkeit einer systematischen Analyse. Verschiedene Verfahren sind hierzu geeignet, im Folgenden soll die Methode nach Karnaugh-Veitch vorgestellt werden. Diese eignet sich für Schaltnetze mit bis zu 6 Variablen, für eine größere Anzahl wird das Verfahren zu unübersichtlich.

Ausgangspunkt ist die tabellarische Darstellung nach Bild 4-10, eine Umformung der Wahrheitstabelle. Alle auftretenden Kombinationen müssen dabei vorhanden sein. Für alle Minterme der DNF wird in das entsprechende Feld eine 1 eingetragen. Im nächsten Schritt werden zusammenhängende Blöcke gesucht, die eine 1 enthalten. Dabei muss die Anzahl an Einsen eine Zweierpotenz sein (2,4,8..). Die Blockbildung muss auch über den Rand hinaus fortgesetzt werden.

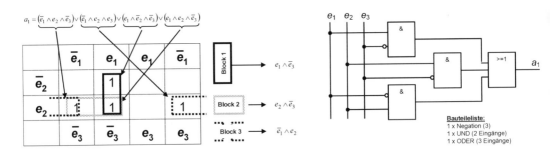

Bild 4-10   Diagramm nach Karnaugh-Veitch (links) und minimierte Schaltfunktion (rechts)

Für jeden Block ist eine der Eingangsvariablen sowohl negiert als auch nicht negiert vorhanden (beispielsweise e_2 für Block 1). Diese Variable hat daher keinen Einfluss auf das Ergebnis, sie kann für diesen Block wegfallen und es ergibt sich der reduzierte Term für den jeweiligen Block. Die beiden verbleibenden Eingangsvariablen werden mit einer **UND**-Verknüpfung verbunden. Zwischen den einzelnen Termen erfolgt wieder eine Verbindung mit einer **ODER**-Verknüpfung.

Die reduzierte Funktion ist ebenfalls in Bild 4-10 dargestellt. Neben dem geringeren Verdrahtungsaufwand ergibt sich eine Kostenreduktion durch die Verwendung von UND-Gattern mit jeweils nur zwei Eingängen. Für die Durchführung der Minimierung existiert eine Vielzahl von Programmen. Eine frei zugängliche Quelle findet sich unter [Link03].

Erweitert man das Beispiel auf alle 4 Türen, dann führt die besprochene Vorgehensweise zu 6 Eingangsgrößen und einer sehr umfangreichen Wahrheitstabelle. In einem solchen Fall hilft zur Vereinfachung in erster Linie die Erfahrung weiter. Es muss in diesem speziellen Fall nicht jede Tür einzeln betrachtet werden, sondern die Verbindung der Signale kann einfach über eine **ODER**-Verknüpfung mit 4 Eingängen erfolgen. Bild 4-11 zeigt die erweiterte Funktion.

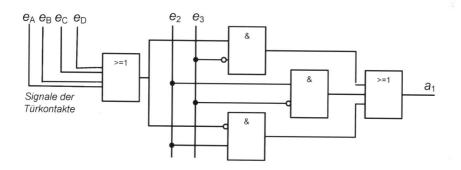

Bild 4-11   Erweiterung der Funktion für alle 4 Türen

Das Schaltwerk als sequentielle Steuerung ist eine Erweiterung des Schaltnetzes um eine Speichermöglichkeit. Damit ist der Wert des Ausgangs nicht nur von den aktuellen Werten der Eingangssignale abhängig, sondern auch von den gespeicherten Ausgangswerten. Grundelemente für solche Schaltwerke sind Flipflop-Schaltungen (bistabile Kippstufen). Hier sind zwei feste Ausgangswerte vorhanden (0 und 1), deren Einstellung neben den Eingangswerten auch vom Ausgang selbst abhängt.

Der Grundtyp dieser Schaltungen ist ein RS-Flipflop (Reset/Set). Es besteht aus einem Eingang zum Setzen (S) und einem weiteren Eingang zum Rücksetzen (R) des Zustandes am Ausgang (Q). Üblicherweise ist auch ein invertierender Ausgang vorhanden, ebenso kann für die taktgenaue Ausführung ein Takteingang zur Verfügung stehen.

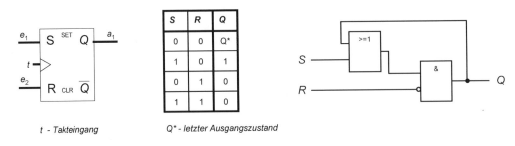

t - Takteingang   Q* - letzter Ausgangszustand

Bild 4-12 Schaltsymbol und Wahrheitstabelle für ein RS-Flipflop und Realisierung mit Grundfunktionen

Aus der Wahrheitstabelle sind die einzelnen Zustände abzulesen. In Bild 4-12 ist weiterhin eine Möglichkeit zur Realisierung der Funktion unter Verwendung von Grundelementen angegeben. Eine Übersicht zu weiteren Elementen und der Vorgehensweise beim Entwurf sequentieller Steuerungen findet sich in [Trö05] und [Pic00].

4.3 Computerbasierte Steuerung

4.3.1 Einführung

Die für den Fahrzeugeinsatz relevanten Steuerungen sind überwiegend nicht in der im vorherigen Abschnitt beschriebenen Weise als Hardware realisiert, sondern laufen als programmierte Algorithmen auf einem eingebetteten Prozessor (embedded Mikro-Controller, µC) in einem Steuergerät. Daher ist es wichtig, die Methoden zur effektiven Programmierung solcher Programmabläufe kennen zu lernen.

Der Vorteil dieser Realisierungsform ist die große Flexibilität. Erst durch die Software wird die eigentliche Funktion festgelegt und kann im Rahmen der durch die verwendete Hardware vorgegebenen Systemgrenzen beliebig angepasst werden. Dem steht, im Vergleich zur vorgestellten Hardwarerealisierung mittels Logikbausteinen, ein erhöhter Zeitaufwand in der Funktionsabarbeitung gegenüber.

Die Programmierung der Mikro-Controller erfolgt üblicherweise in der Hochsprache C, mit dem laut ANSI-Standard festgelegten Funktionsumfang. Dieser C-Code kann entweder direkt durch den Anwender programmiert werden, es sind aber auch automatische Codegeneratoren verfügbar, die beispielsweise aus einer grafischen Oberfläche heraus das Programm erzeugen. Diese Vorgehensweise bietet einige Vorteile:

- Der spezialisierte Funktionsentwickler kann direkt ein Programm erzeugen und testen und ist nicht auf einen Programmierexperten angewiesen, der sich um die Umsetzung auf den Mikro-Controller kümmert.

- Die Erzeugung des Programms erfolgt nach einem festgelegten Schema und ist daher sehr gut reproduzierbar, Fehler durch „individuellen Programmierstil" treten somit nicht auf.

- Die Produkthaftung geht zu einem großen Teil auf den Anbieter der Entwicklungswerkzeuge über, dieser muss die Garantie für eine sichere Umsetzung geben.

Dem steht ein erhöhter Prozessorleistungs- und Speicherbedarf im Vergleich zu „selbsterzeug-
tem" Code eines versierten Programmierers gegenüber. Es ist daher jeweils vor dem Einsatz
eine Kosten/Nutzenabschätzung durchzuführen. Das aber der Entwicklungstrend in diese Richtung weist, wird durch zahlreiche Publikationen und die weite Verbreitung der entsprechenden
Werkzeuge deutlich.

Von den verschiedenen Möglichkeiten der Beschreibung und Umsetzung werden nachfolgend
drei ausgewählte Methoden vorgestellt. Besonders Programmablaufpläne finden sehr häufig
auch bei Patentschriften Verwendung, um den zu Grunde liegenden Algorithmus zu verdeutlichen. Bei den einfachen Beispielen ist die Umsetzung in der Programmiersprache C zur Information mit angegeben. Dies stellt keineswegs eine Einführung in die Programmierung dar,
sondern soll lediglich den Zusammenhang zwischen einer abstrakten Beschreibung und einer
Realisierungsmöglichkeit verdeutlichen. Für eine grundlegende Einarbeitung in die Programmierung wird auf [Küv06] verwiesen.

4.3.2 Programmablaufplan

In einem Programmablaufplan (PAP) wird die sequenzielle Abarbeitung einzelner Befehle
oder Funktionen grafisch dargestellt. Dazu sind verschiedenen Grundelemente notwendig, die
in Bild 4-13 zusammengefasst sind.

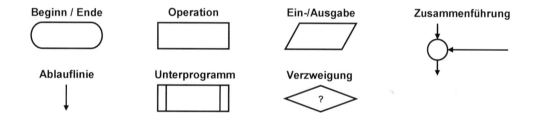

Bild 4-13   Strukturelemente eines Programmablaufplans [DIN03]

Dargestellt werden die einzelnen Blöcke senkrecht untereinander in Abarbeitungsreihenfolge,
beginnend beim Programmstart. Umfangreichere Algorithmen können in Unterprogramme
aufgeteilt werden, damit bleibt die Übersichtlichkeit erhalten und die notwendigen Übergabe-
parameter werden schon frühzeitig festgelegt. Ein einfaches Beispiel soll auch hier die Vorgehensweise verdeutlichen.

Es wird eine sehr einfache Variante der Steuerung eines Scheibenwischers vorgestellt (Bild
4-14). Dieses Softwaremodul läuft bei vielen Fahrzeugen als Komponente im Bordnetzsteuergerät und wird als Unterprogramm zyklisch oder auf Anforderung hin aufgerufen. Das entsprechende Rahmenprogramm wird ebenfalls zyklisch durchlaufen. Im einfachsten Fall ist es
durch eine Endlosschleife realisiert. Dies bedeutet, dass die Bedingung zum Durchlaufen der
Schleife immer erfüllt ist. In der C-Programmierung kann dies durch Eintragen einer ganzen
Zahl ungleich Null in der Prüfungsbedingung geschehen. Mittlerweile haben aber auch bei
Mikro-Controllern Echtzeitbetriebssysteme Einzug gehalten. Statt einer Endlosschleife erfolgt
dann der Aufruf der einzelnen Unterprogramme aus dem Betriebssystem heraus als unabhängige Task.

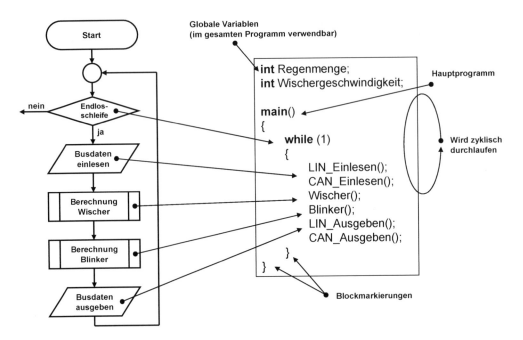

Bild 4-14   Beispiel zur Verwendung eines Programmablaufplans für ein Rahmenprogramm und Realisierung in C

Wie in Abschnitt 5.1 näher erläutert wird, erfolgt die Übertragung der Sensor- und Aktorinformationen über ein Bussystem. Dies ist durch die entsprechenden Unterprogramme angedeutet. Die einzelnen Informationen werden zwar zentral eingelesen, beim Funktionsaufruf erfolgt aber nur für die notwendigen Größen eine Weiterleitung. Im dargestellten Beispiel werden bei den Aufrufen keine Daten übergeben, da die notwendigen Variablen (Regenmenge, Wischergeschwindigkeit) global definiert wurden und damit allen Funktionen zur Verfügung stehen. Diese Variante ist zwar speicherintensiver, sie hat aber den Vorteil einer statischen Speicherzuweisung. Fehler durch dynamische Verlegung von Variablen werden somit reduziert. Auf Alternativen der Werteübergabe wird an dieser Stelle wegen der sehr großen Vielfalt nicht eingegangen. Falls es für die Funktion einen Rückgabewert gibt, kann dort statt eines Berechnungsergebnisses auch ein Statutswert über die erfolgreiche Abarbeitung stehen.

Die angegeben Form des Dateneinlesens nennt sich „Polling", es wird in jedem Fall nach neuen Werten durch Aufruf der Funktion angefragt. Diese Vorgehensweise kostet Prozessorleistung, besser ist die Steuerung des Dateneinlesens über eine Unterbrechungsanforderung (Interrupt). Im Abschnitt 5.3 (Steuergeräte) wird dies näher erläutert.

Der Algorithmus, in einer sehr vereinfachten Form, für die Ansteuerung des Wischers ist im Bild 4-15 dargestellt. Es erfolgt eine Auswertung der Regenmenge des Regensensors, daraus ergibt sich der Vorgabewert für eine Wischerdrehzahl. Diese kann wegen der globalen Definition im Rahmenprogramm ohne Rückgabe weiter verwendet werden.

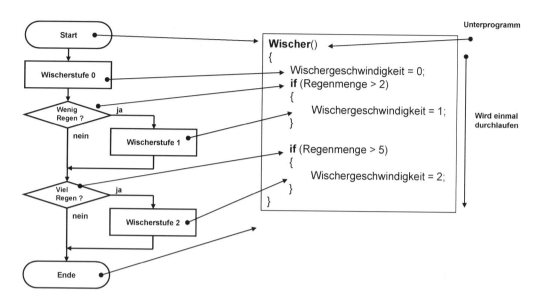

Bild 4-15   Beispiel zur Verwendung eines Programmablaufplans für eine Funktion und Realisierung in
der Programmiersprache C

Wegen des Fehlens einer Schleife erfolgt nur eine einmalige Abarbeitung des Algorithmus,
danach wird zum Rahmenprogramm zurückgekehrt und erst im nächsten Zyklus wird die
Funktion erneut aufgerufen.

Die angegebenen Werte für Regenmenge und Wischergeschwindigkeit entsprechen nicht den
physikalischen Werten ($[l/(m^2\ s)]$ und $[min^{-1}]$). Um mit diesen Werten zu arbeiten, wäre möglicherweise eine Umrechnung auf einen Datentyp mit Kommaarithmetik notwendig. Dies führt
für das Steuergerät zu einem erhöhten Leistungs- und Speicherbedarf, der einen höheren Preis
nach sich zieht. Daher sollte lediglich mit der notwendigen Information gearbeitet werden. Da
sowohl Regenmenge als auch Wischergeschwindigkeit über ein Bussystem übertragen werden,
erfolgt schon zu diesem Zweck die Umformung in ein möglichst ressourcenschonendes For-
mat. Wenn, wie in diesem Fall möglich, mit dieser reduzierten Information weitergearbeitet
werden, stellt dies den effektivsten Weg für die funktionale Realisierung dar. Das beschriebene
Beispiel und die entsprechenden Umrechnungen werden im Abschnitt 6.4 unter dem Gesichtspunkt der Datenübertragung auf dem LIN-Bus nochmals besprochen.

Eine Alternative zum Programmablaufplan stellt das Struktogramm dar. Diese Darstellung ist
noch stärker programmorientiert, die verwendeten Elemente sind in [DIN03] zusammengestellt.

Für Systeme, die eine Vielzahl von Bedingungen aufweisen, von denen jeweils nur eine erfüllt
ist, erweist sich der Programmablaufplan wegen seines sequenziellen Aufbaus als weniger
geeignet. Eine angepasste Beschreibungsform kann mit der Verwendung von Zustandsautomaten realisiert werden. Diese sind ebenfalls entweder in einen Programmablaufplan überführbar
oder auch direkt zur Erzeugung von Programmcode geeignet.

4.3.3 Zustandsautomaten

Ein Automat ist eine Einrichtung, die nach einer Eingabe **E** eine bestimmte Ausgabe **A** erzeugt. Ein bekanntes Beispiel ist der Getränkeautomat, der nach Getränkeanforderung (Eingabe **E**) und passender Geldeingabe das gewünschte Getränk ausgibt (Ausgabe **A**). Ein Beispiel aus dem Kraftfahrzeug ist die schon besprochene Wischersteuerung. Wird der Wischerhebel (Eingabe **E**) betätigt, erfolgt die Ausgabe eines Steuerungssignals für den Scheibenwischer. Für einfache Systeme ist eine Realisierung in kombinatorischer Logik möglich, doch sobald umfangreichere und flexible Steuerungsaufgaben zu lösen sind, stößt diese Vorgehensweise an ihre Grenze.

Eine alternative mathematische Beschreibung kann durch die Unterscheidung der verschiedenen Systemzustände Z und der für den Wechsel dieser Zustände notwendigen Bedingungen erfolgen. Eine allgemeine Übersicht gibt Bild 4-16. Dabei sind nicht alle vorhandenen, sondern nur die beiden zum aktuellen Zeitpunkt relevanten Zustände dargestellt. Dies sind der Ausgangszustand z und der nach dem Übergang eingenommene Zustand z'.

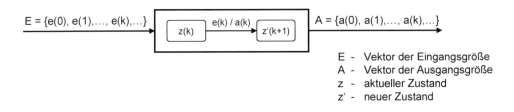

Bild 4-16   Grundprinzip eines Zustandsautomaten

Bei den betrachteten Anwendungen handelt es sich um ereignisdiskrete Systeme. Die Übergänge finden nicht zeitgesteuert statt, sondern je nach Erfüllung der Übergangsbedingungen. Statt der Zeit wird daher die Variable k verwendet. Diese ändert sich nur, wenn sich der Wert der aktuellen Eingangsgröße $e(k)$ verändert. Alle Eingangsgrößen werden im Vektor E zusammengefasst. Im Bild 4-17 ist ein Beispiel für einen Automaten mit 4 Zuständen dargestellt, diese sind jeweils mit einem Buchstaben (A–D) gekennzeichnet.

An den Verbindungspfeilen zwischen den Zuständen sind links neben dem Schrägstrich die Vergleichswerte für die Erfüllung der Übergangsbedingung angegeben. Stimmt die Eingangsgröße $e(k)$ mit diesem Wert überein, dann findet der Übergang statt. Die entsprechende Ausgabe $a(k)$ ist rechts neben dem Schrägstrich angegeben. Der Wert wurde willkürlich gewählt und hat keine physikalische Bedeutung. Er soll lediglich demonstrieren, dass auch für unterschiedliche Übergänge dieselbe Ausgabe möglich sein kann.

Für einen Zustandsautomaten ist es notwendig, eine Initialisierung festzulegen. Dies erfolgt im Bild durch den INIT-Pfeil auf den Zustand A. Dieser Zustand wird dann beim Start des Programms auf dem Steuergerät eingenommen. Im Beispiel sind nicht alle Übergänge vorgesehen, aus dem Zustand A können die Zustände C und D nur über den Zustand B erreicht werden. Die anderen Einschränkungen ergeben sich aus dem Bild. Welche Übergänge möglich sind, ist entweder vom System bereits vorgegeben oder der Entwickler legt dies explizit fest. Weiterhin sind im Bild 4-17 die Verläufe der Eingangsgröße und die Einstellung der entsprechenden

Zustände dargestellt. Die Verläufe sind ebenfalls nur ein mögliches Beispiel, es kann prinzipiell eine beliebige Abfolge eintreten.

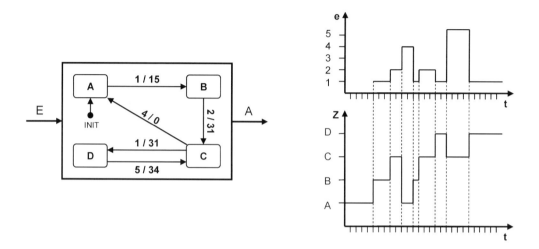

Bild 4-17 Beispiel eines Zustandsautomaten mit 4 Zuständen und zeitlicher Verlauf der Übergänge

Mit der Einschränkung der Anzahl an Übergängen oder der Definition von nicht erfüllbaren Übergangsbedingungen kann es dazu kommen, dass der Automat in einem nicht gewollten Zustand verharrt. Für das Beispiel kann dies auftreten, wenn im Zustand B dauerhaft die Eingangsgröße $e(k) \neq 2$ ist. Ein solcher Fall ist explizit auszuschließen, denn bei der Realisierung auf dem Steuergerät führte das zu einer Endlosschleife. Da es keine mathematisch eindeutige Beschreibung zur Vermeidung dieser Probleme gibt, existieren Vorschläge für eine strukturierte Entwicklung. Laut [Lunz07] wird die folgende Methodik vorgeschlagen:

- Aufstellung aller möglichen Systemzustände,
- Streichung der unerlaubten/unerwünschten Übergänge,
- Streichung nicht erreichbarer Zustände.

Die Vorgehensweise soll an einem Beispiel aus dem Fahrzeugbereich demonstriert werden. Es wird die Steuerung eines Scheibenwischers betrachtet, der 4 verschiedene Zustände aufweist. Diese sind im Bild 4-18 mit ihrer Bezeichnung dargestellt.

Die gestrichelt gezeichneten Übergänge sind zwar prinzipiell möglich, im Falle eines Scheibenwischers durch den verwendeten Schalter aber ausgeschlossen. Die einzelnen Kontakte können, bedingt durch die **mechanische** Ausführung als Drehschalter, nur in der angegebenen Reihenfolge betätigt werden. Die entsprechende Information erhält das Steuergerät durch einen direkten Kontakt mit dem Schalter oder in Form einer Botschaft über das Bussystem (siehe hierzu auch Kap. 6.1). Die Ausgaben werden ebenso in modernen Fahrzeugen als Businformation an den jeweiligen Aktor weitergegeben. Für die Wischerfunktion **Intervall** wurde keine weitere Unterteilung vorgenommen. Diese kann als untergelagerter Automat für den Zustand I ebenfalls realisiert werden.

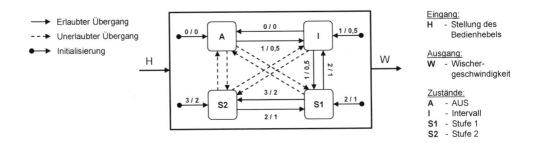

Bild 4-18   Zustandsautomat mit 4 Zuständen zur Steuerung eines Scheibenwischers

Eine weitere Besonderheit stellt die Initialisierung des Systems dar. Da der Zustand direkt von der Hebelposition abhängt, ist bei Start des Steuergerätes (z. B. nach Öffnen des Fahrzeuges oder Zündungsstart) jeder Systemzustand möglich (je nachdem, wie der Hebel beim Verlassen des Fahrzeuges eingestellt war). Dies ist auch bei der Initialisierung zu berücksichtigen, an die Initialisierungspfeile sind daher auch die notwendigen Bedingungen einzutragen. Berücksichtigt man dies nicht, entweder bei der Initialisierung oder durch zusätzliche Übergangsbedingungen, dann kann es zu unplausiblen Systemreaktionen kommen.

Die dargestellte Funktion ist ohne weiteres auch mit einer direkten Verschaltung realisierbar, der Zustandsautomat würde für einen solchen Fall lediglich zum Entwurf und zur Veranschaulichung der Funktion dienen. Der große Vorteil der programmtechnischen Realisierung auf einem Steuergerät zeigt sich, wenn weitere Informationen für die Steuerung berücksichtigt werden sollen.

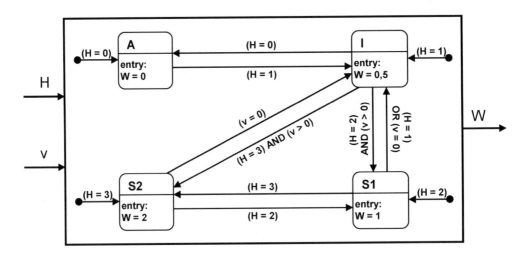

Bild 4-19   Erweiterter Zustandsautomat mit 4 Zuständen zur geschwindigkeitsabhängigen Steuerung eines Scheibenwischers. Als weitere Eingangsgröße wird die Fahrzeuggeschwindigkeit v mit berücksichtigt.

Im Falle des Scheibenwischers kann dies die Fahrgeschwindigkeit sein. Steht das Fahrzeug, dann ist meist nicht die vom Fahrer eingestellte Wischerstufe notwendig, sondern es reicht die geringere Stufe oder auch nur der Intervallbetrieb aus. In diesem Fall besitzt der Automat zwei Eingangssignale, die in sinnvoller Weise über logische Operatoren miteinander verknüpft werden müssen. Der Zustand des Systems ist damit auch nicht mehr direkt von der Schalterstellung abhängig, sondern den möglichen Kombinationen der Eingangssignale. Die Erweiterung ist in Bild 4-19 zu sehen.

In der dargestellten Realisierung wird bei Stufe 1 und Stufe 2 im Stillstand ($v = 0$) immer in den Intervallbetrieb umgeschaltet. Setzt sich das Fahrzeug in Bewegung, dann wird wieder der laut Wahlhebel eingestellte Zustand aktiviert. Wegen der verschiedenen Möglichkeiten zur Auslösung desselben Ausgangssignals ist die Kopplung der Ausgabe W an den Übergang eine unübersichtliche Variante. Stattdessen sollte, wie in der technischen Realisierung dann auch vorgesehen, die Ausgabe an den jeweils aktivierten Zustand gebunden werden. Dabei erfolgt eine Unterscheidung, ob die Ausgabe einmalig beim Eintritt (entry) in oder Austritt (exit) aus dem Zustand oder permanent während der Aktivität des Zustandes (during) erfolgen soll. Diese erweiterten Automaten werden auch als Harel-Statecharts bezeichnet. Die Auswahl der Ausgabebedingung hängt wieder entscheidend von der zu realisierenden Funktionalität ab und kann nicht generalisiert werden.

Die programmtechnische Umsetzung eines Zustandsautomaten kann durch automatische Codegenerierung mit dem Programm StateFlow erfolgen. Dieses stellt eine Erweiterung von Mat-Lab/Simulink dar und kann in die entsprechenden Modelle mit einbezogen werden. In Bild 4-20 ist ein einfacher Zustandsautomat dargestellt, daneben befindet sich die automatisch erzeugte Realisierung als C-Programm. Da die automatisch vergebenen Variablennamen sehr unübersichtlich sind, wurden diese zur Verbesserung der Lesbarkeit auf die im Automaten verwendeten Namen umgeschrieben.

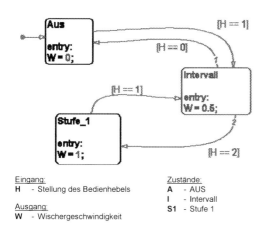

```
void Wischer_step(void)
{
  if (INIT)
    { Zustand = Aus; W = 0.0; }
  else
    {
    switch (Zustand)
      {
      case Aus:
      if (H == 1)
        { Zustand = (Intervall; W = 0.5; }  break;

      case Intervall:
      if (H == 0)
        { Zustand = Aus; W = 0.0; }
      else if (H == 2)
        { Zustand = Stufe_1; W = 1.0; }      break;

      case Stufe_1:
      if(H == 1)
        { Zustand = Intervall; W = 0.5; }    break;

      default:
        { Zustand = Aus; W = 0.0; }          break;
      }
    }
}
```

Eingang:
H   - Stellung des Bedienhebels

Ausgang:
W   - Wischergeschwindigkeit

Zustände:
A   - AUS
I   - Intervall
S1   - Stufe 1

Bild 4-20   Zustandsautomat einer Wischersteuerung in StateFlow (links, reduziert auf 3 Zustände) und daraus automatisch erzeugter C-Code (rechts, Variablennamen ersetzt)

Aus dem Automaten wird eine C-Funktion generiert. Diese Funktion ist mit den notwendigen Parametern aus einem Rahmenprogramm heraus aufzurufen. Da in der verwendeten Einstellung globale Variablen erzeugt wurden, fehlen im Funktionsaufruf wiederum die ansonsten notwendigen Übergabeargumente.

Bei der Einbindung der Funktion in ein Rahmenprogramm ist zu beachten, dass sich bei jedem Aufruf nur ein Zustandsübergang realisieren lässt. Damit ist aber auch der Aufruf des Automaten nur dann notwendig, wenn sich die Eingangsparameter geändert haben. Sind diese konstant, dann muss die Funktion nicht aktiviert werden und der Prozessor kann andere Aufgaben bearbeiten.

Anders verhält es sich, wenn eine Zeitabhängigkeit implementiert wurde. Dies kann der Fall sein, wenn nach Ablauf eines festgelegten Intervalls ein neuer Zustand eintreten soll. Am Beispiel eines Blinklichts wird die prinzipielle Vorgehensweise vorgestellt. Notwendig für eine exakte Berechnung ist dabei die Kenntnis der Zykluszeit, mit der die Funktion des Zustandsautomaten aufgerufen wird. Der in StateFlow realisierte Automat und der simulierte Signalverlauf sind in Bild 4-21 dargestellt.

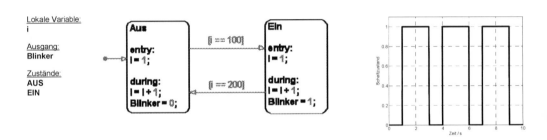

Bild 4-21 Zeitgesteuerter Zustandsautomat in StateFlow zur Ansteuerung eines Blinkers und Verlauf des Ausgangssignals

Es existiert eine lokale Variable i, die beim Eintritt in den Zustand (Ein oder Aus) auf den Wert $i = 1$ gesetzt wird. Bei jedem erneuten Funktionsaufruf wird diese Variable um 1 erhöht (inkrementiert). Ist der Wert zur Erfüllung der Übergangsbedingung erreicht, dann findet der Zustandswechsel statt. Bei einer Zykluszeit von $t_Z = 10$ ms betragen Blinkfrequenz f_{BL} und Hell-Dunkel-Verhältnis V_{HD}:

$$f_{BL} = (100 + 200) \cdot t_z = 3s$$

$$V_{HD} = \frac{t_{Ein}}{t_{Aus}} = \frac{200 \cdot t_z}{100 \cdot t_z} = 2 \tag{4.1}$$

Das Verfahren funktioniert für die vorgegebenen Werte nur bei konstanter Zykluszeit. Wechselt diese, dann ändern sich die beiden Größen entsprechend. Für zeitkritische Anwendungen sollte daher eine Steuerung des Aufrufs über timergesteuerte Interrupts erfolgen.

Zustandsautomaten können auch zur Beschreibung parallel ablaufender Prozesse genutzt werden. Dazu ist eine Hierarchisierung der Zustände notwendig. Eine sehr verbreitete Anwendung ist die parallele Beobachtung eines Fehlerwertes. Ein entsprechendes Beispiel aus dem Automobilbereich ist für das Programm MatLab/Simulink als Demonstration verfügbar (Bild 4-22).

Fehlererkennung der 4 Sensoren **Fehlerzähler**

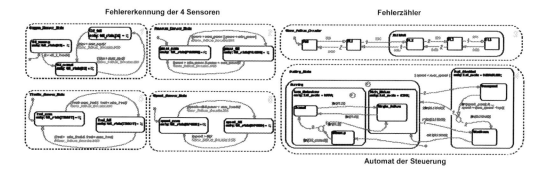

Automat der Steuerung

Bild 4-22 Zustandsautomat in StateFlow zur Realisierung eines fehlertoleranten Kraftstoffsystems

Jeder gestrichelt gezeichnete Automat wird unabhängig abgearbeitet. Die vier Automaten zur Fehlererkennung liefern jeweils einen Wert, der im Fehlerzähler akkumuliert wird. Tritt mehr als ein Fehler gleichzeitig auf, dann erfolgt eine gezielte Abschaltung der Kraftstoffversorgung. Weitere Beispiele zum Einsatz von Zustandsautomaten finden sich in den Abschnitten 7.3.2 und 8.2.3.

4.3.4 Fuzzy-Logik

Bei den bisherigen Betrachtungen wurde davon ausgegangen, dass die Beziehungen zwischen den physikalischen Größen bekannt sind und daher eine Berechnung daraus abgeleiteter Größen direkt erfolgen kann. Dies ist jedoch nicht immer der Fall, statt einer direkten mathematischen Beziehung ist aber oftmals eine verbale Beschreibung des Systemverhaltens möglich. Aus diesem Sachverhalt heraus wurde die unscharfe Logik (Fuzzy-Logik) entwickelt.

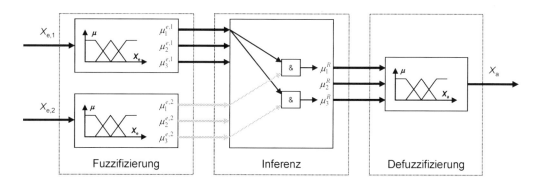

Bild 4-23 Vorgehensweise bei der Berechnung mit Fuzzy-Logik

Ein weiterer Vorteil der Methodik tritt bei der Realisierung von Algorithmen für Steuergeräte hervor. Durch den Einsatz der Fuzzy-Logik werden nichtlineare Systemzusammenhänge, die sich nur schwer mit beschränkter Rechenleistung behandeln lassen, auf eine leicht zu implementierende Form zurückgeführt.

Ein weiterer Grund für die Einführung war die Beschränkung der binären Logik. Viele diskrete Systeme lassen sich nur durch starke Vereinfachung auf zwei Zustände reduzieren, hier bietet die unscharfe Logik eine Alternative.

Das Grundkonzept der Fuzzy-Logik umfasst 3 Schritte, die in Bild 4-23 dargestellt sind. Es ist dabei zu beachten, dass mindestens zwei unabhängige Eingangsgrößen vorhanden sein müssen.

Im Fuzzy-Bereich wird mit linguistischen Variablen gearbeitet, auf die eine analoge Eingangsgröße in verschiedene Sets aufgeteilt wird. Die Wertigkeit in jedem Set wird als Erfüllungsgrad bezeichnet. Über Regeln sind die einzelnen Sets der Eingangsgrößen miteinander verbunden. Hieraus wird die Zugehörigkeit zu einem Ergebnisset berechnet und eine analoge Ausgangsgröße abgeleitet. Die einzelnen Schritte werden jetzt anhand eines einfachen Beispiels zur adaptiven Ansteuerung des Bremslichtes besprochen (Bild 4-24).

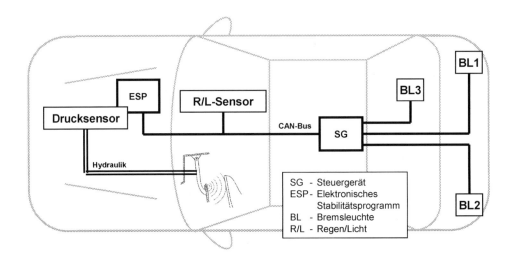

Bild 4-24   Beispiel für ein Systemkonzept eines adaptiven Bremslichtes (siehe z. B. Produkte
               der Fa. Hella KGaA)

Bei einem solchen System werden Bremspedalposition (s_{Ped}) und -geschwindigkeit (v_{Ped}) gemessen. Aus der Betätigungsstärke wird ein Gefahrenwert ermittelt, in dessen Abhängigkeit die Leuchtfläche oder die Leuchtintensität erhöht werden. Zusätzlich kann bei einem sehr hohen Gefahrenwert eine weitere Information an die nachfolgenden Fahrzeuge gegeben werden, beispielsweise durch die Ansteuerung des Warnblinkers. Die verschiedenen Fahrzeughersteller haben hier unterschiedliche Warnstrategien entwickelt. Weiterhin kann die so ermittelte Information für die Ansteuerung eines Bremsassistenten verwendet werden. Als weiteres Beispiel zum Einsatz der Fuzzy-Logik wird im Abschnitt 8.2.5 die schnelle Erkennung eines einscherenden Fahrzeuges besprochen.

Fuzzifizierung

In diesem Schritt werden die analogen Eingangsgrößen den Zugehörigkeitsfunktionen, so
genannten Fuzzy-Sets, zugeordnet. Die Vorgehensweise ist aus Bild 4-25 zu entnehmen. Für
die Skalierung der y-Achse existiert keine verbindliche Vorschrift, jedoch wird häufig die
Normierung auf das Intervall [0,1] verwendet. Ebenso ist die Form der Kurven beliebig frei
wählbar, aber auch hier eignen sich besonders für Steuergeräteanwendungen die einfachen
Trapez- oder Dreiecksfunktionen. Damit ergeben sich für das Beispiel zwei Fuzzy-Mengen,
die auch noch mittels linguistischer Terme ("gering", "mittel", "hoch") charakterisiert werden
können.

$$\mu^A\left(s_{Ped}\right) = \left\{\mu_1^A\left(s_{Ped}\right); \mu_2^A\left(s_{Ped}\right); \mu_3^A\left(s_{Ped}\right)\right\}$$
$$\mu^B\left(s_{Ped}\right) = \left\{\mu_1^B\left(s_{Ped}\right); \mu_2^B\left(s_{Ped}\right); \mu_3^B\left(s_{Ped}\right)\right\}$$

$$(4.2)$$

In der dargestellten Form sind immer maximal 2 Zugehörigkeitsfunktionen größer als Null.
Die Summe aus beiden Zugehörigkeiten ist ebenfalls für jeden Eingangswert immer 1. Dies ist
keine notwendige Bedingung, erzeugt aber automatisch eine gleiche Wichtung der Eingangs-
werte.

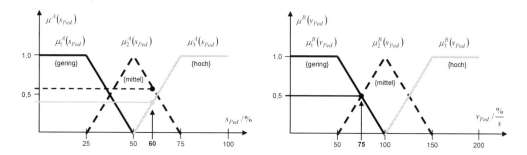

Bild 4-25   Fuzzifizierung der Eingangsgrößen für die dargestellten Werte

Für die physikalischen Werte des Betätigungsweges s_{Ped} werden die relativen Werte verwendet, d. h. es wird der Weg im Intervall nicht betätigt (0 %) bis voll betätigt (100 %) betrachtet.
Als Einheit für die Betätigungsgeschwindigkeit v_{Ped} ergibt sich damit [%/s]. Der Wert von
v_{Ped} = 100 %/s bedeutet dabei, dass die Betätigung des gesamten Weges innerhalb einer Sekunde durchgeführt wurde. Bei v_{Ped} = 200 %/s wurde der gesamte Weg innerhalb von t = 0,5 s
überwunden. Das Intervall für diese Größe ist nicht beschränkt, da prinzipiell beliebige Werte
auftreten können. Da nur die Geschwindigkeit des Anbremsens von Interesse ist, wurde die
negative Geschwindigkeit beim Loslassen des Pedals (v_{Ped} < 0) nicht berücksichtigt.

Als aktuelle Werte werden s_{Ped} = 60 % und v_{Ped} = 75 %/s verwendet. Für den Weg sind damit
die Sets $\mu_2^A\left(s_{Ped}\right)$ und $\mu_3^A\left(s_{Ped}\right)$ erfüllt, für die Geschwindigkeit $\mu_1^B\left(v_{Ped}\right)$ und $\mu_2^B\left(v_{Ped}\right)$.
Die Zugehörigkeit berechnet sich entsprechend der zu Grunde liegenden Funktionen für die
einzelnen Teilbereiche (Geradengleichungen). In Tabelle 4.2 ist dies für die Eingangsgröße
Bremspedalposition demonstriert.

Tabelle 4.2   Berechnung der Zugehörigkeit für die Größe Bremspedalposition s_{Ped}.

	$s_{Ped} < 25\%$	$25\% \leq s_{Ped} \leq 50\%$	$50\% \leq s_{Ped} \leq 75\%$	$s_{Ped} > 75\%$
$\mu_1^A(s_{Ped})$	1	$\dfrac{50\% - s_{Ped}}{50\% - 25\%}$	0	0
$\mu_2^A(s_{Ped})$	0	$\dfrac{s_{Ped} - 25\%}{50\% - 25\%}$	$\dfrac{75\% - s_{Ped}}{75\% - 50\%}$	0
$\mu_3^A(s_{Ped})$	0	0	$\dfrac{s_{Ped} - 50\%}{75\% - 50\%}$	1

Eine analoge Berechnung wie in Tabelle 4.2 muss auch für die Größe Betätigungsgeschwindigkeit v_{Ped} erfolgen. Im Beispiel mit den analogen Eingangswerten $s_{Ped} = 60\,\%$ und $v_{Ped} = 75\,\%/s$ ergeben sich die folgenden Werte für die Zugehörigkeiten:

$$\mu_1^A(s_{Ped}) = 0,0; \quad \mu_2^A(s_{Ped}) = 0,6; \quad \mu_3^A(s_{Ped}) = 0,4;$$
$$\mu_1^B(v_{Ped}) = 0,5; \quad \mu_2^B(v_{Ped}) = 0,5; \quad \mu_3^B(v_{Ped}) = 0,0; \tag{4.3}$$

Die allgemeinen Formen für die Berechnung der gebräuchlichsten Zugehörigkeitsfunktion sind in [Trö05] zusammengestellt.

Auch für das Ergebnis, den Gefahrenwert G_{Ped}, muss eine Fuzzy-Menge existieren. Die Anzahl der Zugehörigkeitsfunktionen ist nicht vorgegeben, sie sollte aber ähnlich der Anzahl der Eingangsfunktionen ausgewählt werden. Eine Möglichkeit der Realisierung ist in Bild 4-26 angegeben.

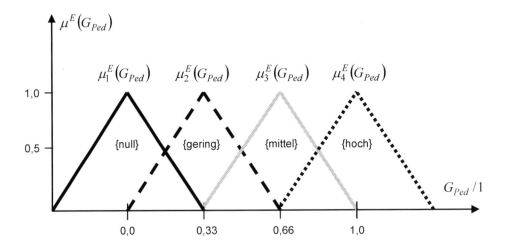

Bild 4-26   Zugehörigkeitsfunktionen der Ausgangsgröße G_{Ped}. Die Wahl der beiden Grenzfunktionen mit dem Schwerpunkt bei 0 bzw. 1 stellt sicher, dass diese beiden Werte erreicht werden.

Die im Beispiel verwendete Konfiguration, die über den möglichen Wertebereich von G_{Ped} hinausgeht, stellt sicher, dass beide Grenzwerte ($G_{Ped} = 0$ oder $G_{Ped} = 1$) auch tatsächlich erreicht werden können. Dies hängt mit der später beschriebenen Defuzzifizierung zusammen, bei der vom Zugehörigkeitsgrad auf die Ergebnisgröße geschlossen wird.

Im nächsten Auslegungsschritt des Systems erfolgt die Zuordnung der Eingangsmengen $\mu^A(s_{Ped})$ und $\mu^B(v_{Ped})$ zur Ergebnismenge $\mu^E(G_{Ped})$. Hierzu ist eine Sammlung von Regeln notwendig, deren Gesamtheit als Regelbasis bezeichnet wird.

Regelbasis

Die Regeln sind in Form von Bedingungen und daraus abgeleiteten Schlussfolgerungen zusammengestellt. Die Bedingungen stellen die notwendige Verknüpfung der Eingangsvariablen her während in der Schlussfolgerung festgelegt wird, welche Zugehörigkeitsfunktion der Ergebnismenge zugeordnet ist. Die Tabelle 4.3 zeigt einen Ausschnitt der Regelbasis für das Beispielsystem. Da es pro Fuzzy-Menge 3 Zugehörigkeitsfunktionen gibt, sind zu vollständigen Beschreibung aller Kombinationen 9 Regeln notwendig. In der Tabelle sind nur die im Beispiel aktiven Regeln eingetragen.

Tabelle 4.3 Ausschnitt der Regelbasis für das Beispiel Gefahrwertberechnung

Regel	WENN	DANN
...	...	...
4	$\mu_2^A(s_{Ped}) \,\&\, \mu_1^B(v_{Ped})$	$\mu_2^E(G_{Ped})$
5	$\mu_2^A(s_{Ped}) \,\&\, \mu_2^B(v_{Ped})$	$\mu_3^E(G_{Ped})$
6	$\mu_3^A(s_{Ped}) \,\&\, \mu_1^B(v_{Ped})$	$\mu_2^E(G_{Ped})$
7	$\mu_3^A(s_{Ped}) \,\&\, \mu_2^B(v_{Ped})$	$\mu_3^E(G_{Ped})$
...	...	...

Sind weitere Eingangsvariablen vorhanden, müssen diese Größen ebenfalls durch weitere UND-Verknüpfungen berücksichtigt werden. Je nach Anzahl der einzelnen Zugehörigkeitsfunktionen ergeben sich sehr schnell viele relevante Regeln. Die damit verbundene Unübersichtlichkeit kann als ein Nachteil der Methode angesehen werden. Die programmtechnische Realisierung ist hingegen weiterhin sehr einfach, damit kommt insbesondere dem nachvollziehbaren Entwurfsprozess eine besondere Bedeutung zu.

Inferenz

Der dritte Schritt ist die Berechnung der Zugehörigkeit zur Ergebnismenge aus den einzelnen aktiven Regeln. Als aktiv werden die Regeln bezeichnet, deren Ergebnis größer als Null ist. Üblicherweise wird wie im Beispiel angegeben eine UND-Verknüpfung zwischen den einzelnen Termen verwendet. Dies führt dazu, dass im Ergebnis der geringere Erfüllungsgrad der beiden Terme für den Ergebnisterm verwendet wird (Minimum-Operator).

Damit folgen für das Beispiel:

$$\mu_2^E (G_{Ped}) = Min \left(\mu_2^A (s_{Ped}); \mu_1^B (s_{Ped}) \right) = Min (0,6;0,5) = 0,5$$
$$\mu_2^E (G_{Ped}) = Min \left(\mu_3^A (s_{Ped}); \mu_1^B (s_{Ped}) \right) = Min (0,4;0,5) = 0,4$$
$$\mu_3^E (G_{Ped}) = Min \left(\mu_2^A (s_{Ped}); \mu_2^B (s_{Ped}) \right) = Min (0,6;0,5) = 0,5 \qquad (4.4)$$
$$\mu_3^E (G_{Ped}) = Min \left(\mu_3^A (s_{Ped}); \mu_2^B (s_{Ped}) \right) = Min (0,4;0,5) = 0,4$$

Mehrere Kombinationen der Eingangsgrößen können zum selben Term der Ergebnismenge, im Beispiel zu $\mu_2^E (G_{Ped})$, führen. Diese Ergebnisse sind alle notwendig, sie werden über den ODER-Operator miteinander verknüpft (Maximum-Operator). Wurde die Inferenz für alle aktiven Regeln durchgeführt, dann stehen die Erfüllungsgrade für das Ergebnisset fest. Hieraus muss nun die analoge Ausgangsgröße berechnet werden.

Defuzzifizierung

Es existieren verschiedene Methoden, um die analoge Ausgangsgröße zu erhalten. Interpretiert man die ODER-Verknüpfung der Erfüllungsgrade als Fläche, dann liefert der Flächenschwerpunkt ein gutes Ergebnis. Eine Näherungsformel zur Berechnung lautet:

$$G_{Ped} = \frac{\sum_{i=1}^{n} \mu_i^E \cdot G_{Ped,i}}{\sum_{i=1}^{n} \mu_i^E} = 0,495 \qquad (4.5)$$

Dabei stellen die Werte $G_{Ped,i}$ die Positionen der Flächenschwerpunkte der Zugehörigkeitsfunktionen dar. Mit dem Ergebnis kann nun eine spezifische Auslösung der einzelnen Funktionen erfolgen, z. B. durch den Vergleich mit Schwellwerten.

Eine Möglichkeit wäre:

$$0,0 < G_{Ped} \leq 0,5 \; \mapsto \qquad \text{Bremsleuchte mit 50 \% Leistung,}$$
$$0,5 < G_{Ped} \leq 0,8 \; \mapsto \qquad \text{Bremsleuchte mit 100 \% Leistung,}$$
$$0,8 < G_{Ped} \leq 1,0 \; \mapsto \qquad \text{Bremsleuchte mit 100 \% Leistung \& Warnblinker.}$$

Die dargestellte Funktion wäre auch direkt über Schwellwerte realisierbar gewesen. Der große Vorteil der Fuzzy-Logik kommt erst zum Tragen, wenn weitere Eingangsgrößen berücksichtigt werden müssen und die funktionalen Zusammenhänge unbekannt sind. Im Falle des Bremslichtes könnte dies eine Information über die Umgebungsbedingungen sein. Bei nasser Fahrbahn verlängert sich der Bremsweg, entsprechend früher sollte der nachfolgende Verkehr gewarnt werden. Über die vom Regensensor gelieferten Informationen wäre durch Erstellung einer entsprechenden Fuzzy-Menge diese Funktionserweiterung sehr einfach möglich. Ebenso kann die über den Regen-/Lichtsensor ermittelte Helligkeit für die Auswahl der Beleuchtungsstärke mit einbezogen werden.

Optimierung

Die Form der Zugehörigkeitsfunktionen und die Werte für die einzelnen Grenzen der Funktionen wurden im Beispiel vorgegeben. Diese orientierten sich an der Aufgabe, stellen aber eine willkürliche Auswahl dar. Eine Möglichkeit, genau passende Werte zu ermitteln, ist durch eine Optimierung gegeben.

Dazu ist es notwendig, eine repräsentative Anzahl von Messungen aufzunehmen und das gewünschte Ergebnis festzuhalten. Durch einen Optimierungsalgorithmus werden einzelne Parameter, in diesem Fall die Lage der Funktionsgrenzen, geändert. Das Ergebnis wird mit dem gewünschten Ergebnis verglichen. Ausgewählt wird schließlich die Kombination an Parametern, die für alle Messungen die beste Übereinstimmung mit dem Ergebnis liefert.

5 Komponenten und Methoden

Ausgehend von den verschiedenen Systemebenen in Kraftfahrzeugen werden die einzelnen Komponenten mechatronischer Systeme vorgestellt. Dabei stehen Anwendungsgesichtspunkte im Vordergrund, weniger die physikalischen Prinzipien. Abgerundet wird das Kapitel mit der Vorstellung von Methoden zur Fehlererkennung.

5.1 Übersicht

Die Vielzahl an Sicherheits- und Komfortfunktionen sowie die gestiegenen Anforderungen an einen geringen Kraftstoffverbrauch bedingen eine sehr große Anzahl an elektronisch ansteuerbaren Komponenten. Diese sind klassifizierbar nach ihrem Einsatzzweck:

Sensoren: Messung einer physikalischen Größe und Umwandlung in ein elektrisches Signal.

Aktoren: Eingriff in den technischen Prozesses durch gezielte Beeinflussung einzelner Prozessgrößen.

Steuergerät: Verarbeitung der elektrischen Informationen der Sensoren und Ausgabe von Steuerungsimpulsen für die Aktoren.

Kommunikationssystem: Übertragung der Informationen zwischen den einzelnen Elementen.

Die grundlegende Verbindung zwischen diesen 4 Elementen ist in Bild 5-1 dargestellt. Dabei werden neben einem Bussystem auch noch analoge oder digitale Direktverbindungen eingesetzt.

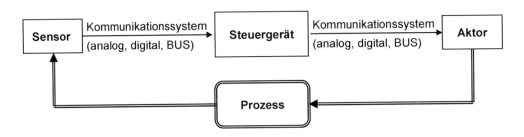

Bild 5-1   Grundstruktur vernetzter Systeme in Kraftfahrzeugen

Die im Fahrzeug eingesetzten Systeme sind häufig aus einer Vielzahl dieser Grundelemente aufgebaut. Für den Entwurf und auch die Analyse ist es daher von Vorteil, wenn unterschiedliche Systemebenen eingeführt und betrachtet werden. Der Grad der notwendigen Abstraktion ist dabei von der Aufgabenstellung abhängig. Während für den grundsätzlichen Entwurf der Fahrzeugvernetzung nur die oberste Systemebene ohne Detailkenntnis der implementierten

Funktionen relevant ist, muss für die Entwicklung einer Softwarekomponente zur Signalfilterung in einem Steuergerät die genaue Information über dieses eine Element vorliegen. Die anderen Steuergeräte spielen in diesem Fall keine oder nur eine untergeordnete Rolle.

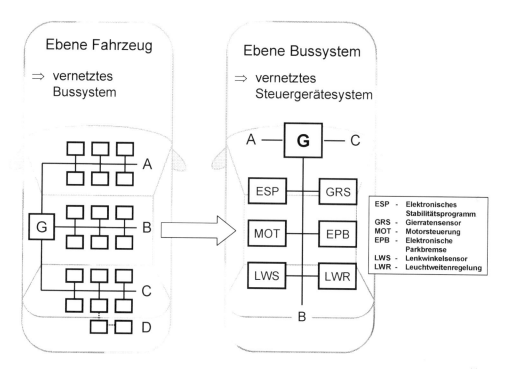

Bild 5-2   Systemebenen in Kraftfahrzeugen. Im Bild links sind verschiedene Bussysteme dargestellt, z. B. der CAN-Bus Infotainment (A), der CAN-Bus Antrieb (B) und der CAN-Bus Komfort (C). Weiterhin wird mit D ein Unterbussystem wie LIN angedeutet. Für den CAN-Bus B sind einige der häufig auf diesem Bus befindlichen Steuergeräte dargestellt.

Auf der Fahrzeugebene wird das Netzwerk als Gesamtheit betrachtet (Bild 5-2). Die Einteilung erfolgt nach grundlegenden Funktionen, beispielsweise Antrieb, Fahrwerk, Komfort und Multimedia. Je nach Fahrzeugklasse kann eine weitere Unterteilung erfolgen. Die bisher umfangreichste Form der Vernetzung ist in der S-Klasse von Daimler-Benz mit 8 CAN-Systemen vorhanden (Baujahr 2007, [ATZ01]). Insgesamt sind in Oberklassefahrzeugen mittlerweile über 70 Steuergeräte verbaut. Die Einzelbusse sind dabei über spezielle Steuergeräte, so genannte Gateways, miteinander verbunden. Diese stellen den Informationsaustausch sicher und passen die möglicherweise vorhandenen Unterschiede von Übertragungsgeschwindigkeit, Übertragungsmedium (elektrisch oder optisch) und Pegel zwischen den Einzelbussystemen an.

Auf der Ebene eines einzelnen Bussystems werden Sensoren, Steuergeräte und Aktoren zusammengefasst, die funktional eng verknüpft sind und daher größere Mengen an Informationen austauschen müssen. In Bild 5-2 sind dies beispielsweise der Lenkwinkel- und der Gierratensensor, die beide essentielle Daten für das elektronische Stabilitätsprogramm (ESP) liefern. Die vom ESP berechnete Fahrzeuggeschwindigkeit ist wiederum wichtig für andere Funktionen wie die elektrische Parkbremse oder die Motorsteuerung. Für eine sichere Kommunikation ist ein umfangreicher Entwurfsprozess notwendig, in dem alle Beziehungen zwischen den Komponenten berücksichtigt werden. Dies ist eine der Hauptaufgaben des Fahrzeugherstellers (OEM), denn er vergibt die Anforderungen an die einzelnen Steuergeräte, die von einer Vielzahl an Zulieferern entwickelt und gefertigt werden.

Auf der Ebene eines Steuergerätes sind die Module Eingänge, Prozessoren und Ausgänge unterscheidbar (Bild 5-3). Als ein Eingang ist auf jeden Fall die Busankopplung vorhanden, über diese können neben anderen Informationen auch Sensordaten eingelesen werden. Darüber hinaus können Sensoren auch im Steuergerät verbaut sein, z. B. die Drucksensoren für das ESP. Weiterhin sind auch analoge oder digitale Eingänge zu finden, mit denen entsprechende Sensoren angesteuert werden. Die Anbindung der Aktorik kann sowohl direkt am Steuergerät über Endstufen oder über das Bussystem erfolgen. Die jeweilige Ausprägung richtet sich nach dem Wirkprinzip des Aktors und der Notwendigkeit oder Möglichkeit der Integration in einen mechatronischen Verbund. Konkrete Beispiele für solche Systeme finden sich in Kapitel 7 und Kapitel 8.

Die Anzahl der in einem Steuergerät vorhandenen Prozessoren (µC) richtet sich nach dem Umfang der Aufgabe und der funktionalen Sicherstellung. Während der Ausfall einer Komfortkomponente wie der elektrischen Sitzheizung während der Fahrt nicht erkannt werden muss, ist eine Einschränkung im Regelverhalten der Bremsanlage unverzüglich dem Fahrer mitzuteilen. Deshalb sind hierfür Sicherheitsarchitekturen erforderlich, die auftretende Fehler sofort erkennen und eine möglichst umfangreiche Restfunktionalität (Backup) sicherstellen.

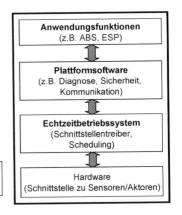

Bild 5-3   Systemebenen des Steuergerätes (links) und der Prozessorsoftware (rechts) mit den grundsätzlichen Komponenten. Die analoge Signalübertragung (A/D und D/A) ist wegen der geringeren Störsicherheit häufig nur innerhalb des Steuergerätes anzutreffen. Für entfernte Sensoren und Aktoren bieten sich digitale Signale (DIG) wie Pulsweitenmodulation oder ein Bussystem (CAN) an.

Auf den einzelnen Prozessoren laufen verschiedene Programme zur Realisierung der geforderten Funktionalität. Auch hier hat sich eine weitere Untergliederung bewährt. Die Grundfunktion wird von einem Echtzeitbetriebssystem oder einem äquivalenten Rahmenprogramm bereitgestellt. Dieses legt die Abarbeitungsreihenfolge der einzelnen Softwaremodule fest und verwaltet die Ausführung, es regelt die Reaktion auf Eingabeereignisse (z. B. durch Interrupts) und die Ansteuerung der Peripherie durch Schnittstellentreiber. Die hierauf folgende Schicht wird als Plattformsoftware bezeichnet. Diese stellt beispielsweise Sicherheitsüberwachungen zur Verfügung, koordiniert den Datenaustausch über die Busschnittstellen (CAN, LIN usw.) und führt eine Vorverarbeitung der Sensorsignale durch. Da hier schon modell- oder fahrzeugspezifische Unterschiede auftreten können, sind unterschiedliche Versionen der Software für dieselbe Funktionalität erforderlich. Auf oberster Ebene sind die einzelnen Anwendungsfunktionen angeordnet, beispielsweise die unterschiedlichen Regelstrategien für ein ESP oder die Steuerung der Betriebszustände des Verbrennungsmotors. Teilweise werden auf einem Steuergerät auch unterschiedliche Funktionen zusammengefasst. So ist das Steuergerät Bordnetz vielfach sowohl für die Licht- als auch die Ansteuerung der Scheibenwischer zuständig. Entsprechend müssen die einzelnen Softwaremodule problemlos miteinander auf dem Steuergerät laufen.

5.2 Sensoren

Als Sensoren werden im Fahrzeugbereich Geräte bezeichnet, die eine physikalische Größe in ein elektrisches Signal umwandeln und dieses unverstärkt, verstärkt oder aufbereitet einem Steuergerät zur Verfügung stellen. Der prinzipielle Aufbau ist aus Bild 5-4 ersichtlich.

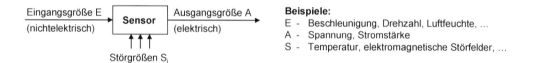

Bild 5-4 Prinzip eines Sensors

Die Ausgangsgröße steht dabei in einer mathematischen Beziehung zur Eingangsgröße und den Störgrößen. Ist ein linearer Zusammenhang ohne Störgrößen vorhanden, ergibt sich die Beschreibung zu:

$$A(E) = x_1 \cdot E + x_0$$

$$E(A) = \frac{1}{x_1} \cdot (A - x_0)$$

$$(5.1)$$

Dabei sind x_0 die Nullpunktverschiebung und x_1 die Sensorempfindlichkeit. Für die Auswertung im Steuergerät ist die zweite Gleichung wichtig, denn damit kann aus dem übertragenen elektrischen Signal der Wert der physikalischen Größe ermittelt werden.

Für den Anwender eines Sensors ist das physikalische Messprinzip, die Messumformung, weniger von Interesse. Der häufig vorhandene nichtlineare Zusammenhang sollte schon im Sensor ausgeglichen werden, damit ein definiertes und reproduzierbares Signal für die Weiterverarbeitung zur Verfügung steht. Diese Informationen werden im Datenblatt des Sensors zusammengefasst. Die dort beschriebenen Größen müssen dem Anwender bekannt sein, denn hierdurch werden die Einsatzgrenzen des Sensors bestimmt.

Häufig erfolgt die Anpassung der Ausgangsgrößen auf ein einheitliches Intervall, z. B. auf den Spannungsbereich $0\,\mathrm{V} \le U_A \le 5\,\mathrm{V}$. Der Zusammenhang zur Messgröße ist dann aus der entsprechenden Kennlinie entnehmbar. Ein Beispiel hierzu ist in Bild 5-5 dargestellt. Mit dem Zusammenhang aus Gleichung (5.1) und den Werten für x_0 und x_1 aus der Kennlinie ergibt sich:

$$U_A(a) = x_1 \cdot a + x_0 = 1\frac{\mathrm{V}}{\mathrm{g}} \cdot a + 2,5\,\mathrm{V} = 1\frac{\mathrm{V}}{9,81\frac{\mathrm{m}}{\mathrm{s}^2}} \cdot a + 2,5\,\mathrm{V} = 0,1019\frac{\mathrm{V} \cdot \mathrm{s}^2}{\mathrm{m}} \cdot a + 2,5\,\mathrm{V}$$

$$a(U) = 9,81\frac{\mathrm{m}}{\mathrm{s}^2 \cdot \mathrm{V}} \cdot (U - 2,5\,\mathrm{V})$$

(5.2)

Aus der Kennlinie ist weiterhin ersichtlich, dass nicht der gesamte Spannungsbereich genutzt wurde, sondern im ungestörten Fall die Spannung im Intervall $0,65\,\mathrm{V} \le U_A \le 4,35\,\mathrm{V}$ liegt. An diese beiden Werte schließt sich eine verbotene Zone an, die von jeweils einem Fehlerband begrenzt wird. Dadurch besitzt dieser analoge Sensor die Möglichkeit, durch interne Prüfung erkannte Fehler dem Steuergerät durch gezieltes Aufschalten einer Spannung im Fehlerband anzuzeigen. Das Steuergerät kann daraufhin reagieren und entweder mit eingeschränkter Funktionalität weiterarbeiten oder sich vollständig nach Information des Fahrers zu deaktivieren.

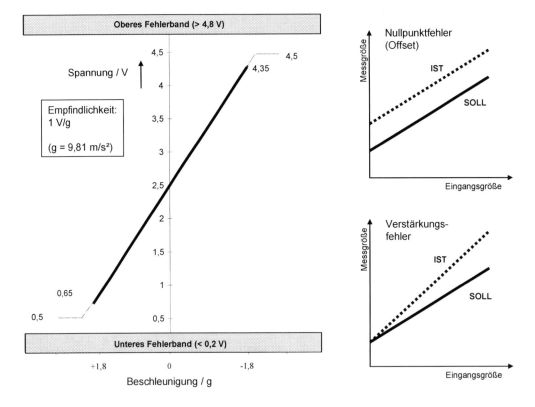

Bild 5-5 Kennlinie eines Beschleunigungssensors (links) und typische Fehler (rechts)

Neben der Angabe der Kennlinie sind die Grenzen der auftretenden Fehler entscheidend für die Auswahl eines geeigneten Sensors. Typische Fehler sind in Bild 5-5 angegeben. Im Datenblatt des Sensors sind diese anzugeben, damit bei der Systemauslegung die auftretenden Grenzfälle betrachtet werden können. Für den Beschleunigungssensor werden laut Tabelle 5.1 vom Hersteller folgende Werte garantiert:

Tabelle 5.1 Spezifikation eines Beschleunigungssensors (Auszug)

Kennwert	Minimal	Maximal	Einheit
Verstärkungsfehler (bei Raumtemperatur)	−5,0	5,0	%
Verstärkungsfehler (bei Arbeitstemperatur)	−7,0	7,0	%
Nullpunktfehler (bei Raumtemperatur)	−0,06	+0,06	g (9,81 m/s²)
Nullpunktfehler (bei Arbeitstemperatur)	−0,08	+0,08	g (9,81 m/s²)
Nichtlinearität (bezogen auf Maximalwert)	−4,0	4,0	%
Einschalttest (Dauer)	300	900	ms
Einschalttest (Spannung)	0,35	0,65	V

Werden mit diesen Werten die beiden Extremfälle berechnet, so ergibt sich der funktionale Zusammenhang aus Bild 5-6. Für ausgewählte Sollwerte sind die auftretenden Istwerte in der nebenstehenden Tabelle aufgeführt.

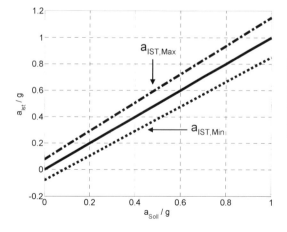

a_{Soll}/g	$a_{IST,Min}/g$	$a_{IST,Max}/g$
0,00	-0,08	0,08
0,50	0,39	0,62
1,00	0,85	1,15

Bild 5-6 Berechnung der Grenzwerte für die Sensorkennlinie. Die auftretenden Abweichungen innerhalb der Grenzwerte (Min, Max) sind laut Spezifikation möglich und müssen daher durch die Applikation tolerierbar sein. Eine Korrektur kann für ausgewählte physikalische Größen mit modellgestützten Methoden erfolgen.

Sind die Grenzen für die Anwendung zu hoch, müssen entsprechend angepasste Sensoren eingesetzt werden. Dies bedeutet üblicherweise einen deutlichen Mehrpreis, der sich besonders bei hohen Stückzahlen des Endproduktes negativ auswirkt. Als Alternative kann eine Korrektur der tatsächlich auftretenden Fehler erfolgen, besonders einfach ist in diesem Zusammenhang eine Nullpunktkorrektur möglich. Steht das Fahrzeug auf einer nicht geneigten Fläche, so muss der Beschleunigungssensor in Fahrzeugquerrichtung den Wert von $a_{Quer} = 0$ m/s² anzeigen. Ist diese nicht der Fall, kann der tatsächlich angezeigte Wert als Nullpunktkorrektur verwendet werden. Dieses Verfahren kann für diese Messgröße allerdings nur unter den angegebenen Bedingungen bei der Produktion oder einer Werkstattdurchsicht angewendet werden. Im Fahrbetrieb besteht bei Stillstand des Fahrzeuges die Möglichkeit, dass sich das Fahrzeug tatsächlich auf einer geneigten Fahrbahn befindet und der Sensor daher auch bei Stillstand oder Geradeausfahrt einen von Null abweichenden Wert ausgibt.

Im Gegensatz dazu ist für die Sensierung der Drehung um die Hochachse (Gierrate) ein solcher Abgleich im Stillstand möglich, denn eine solche Bewegung kann dann nicht auftreten. Weitere Fehler sind noch wesentlich schwerer zu ermitteln, üblicherweise erfolgt hierfür der Abgleich mit einem mathematischen Modell für verschiedene Bewegungszustände.

Ein weiteres sehr wichtiges Charakteristikum von Sensoren ist das Verhältnis von Nutzsignal zu (zufälligen) Störungen, das so genannte Signal/Rausch-Verhältnis. Je höher dieser Wert ist, umso besser ist das Signal verarbeitbar, desto teurer ist aber meist auch der entsprechende Sensor. In Bild 5-7 sind zwei Messungen von Beschleunigungssensoren zur Bestimmung des statischen Nickwinkels eines Fahrzeugs gegenübergestellt. Dabei zeigt der Sensor 2 ein deutlich höheres Signal/Rausch-Verhältnis.

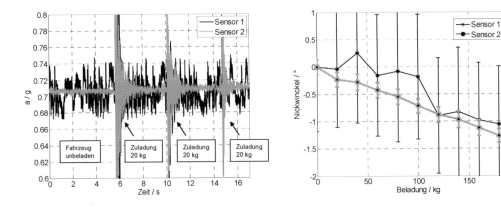

Bild 5-7   Vergleich der Signale von zwei Beschleunigungssensoren bei Beladung eines Fahrzeugs (links) und Berechnung des statischen Nickwinkels (rechts) mit der Angabe der Fehlergrenzen für 95 % Sicherheit. Durch das Einlegen der Gewichte im Kofferraum kommt es zu einer kurzzeitigen Nickbewegung, die als abklingende Schwingung im Beschleunigungsverlauf sichtbar ist [Eng07].

Werden die statischen Signale gefiltert, ergeben sich die beiden Graphen aus Bild 5-7 (rechts). Für den Sensor 2 ist der erwartete lineare Zusammenhang zwischen Zuladung und Nickwinkel gut erkennbar, der durch die eingezeichneten Fehlerbalken auch statistisch signifikant ist. Für den Sensor 1 hingegen liegen die Toleranzbereiche für 200 kg und 20 kg statistisch nicht signifikant getrennt vor, eine Anwendung für die Nickwinkeldetektion ist daher mit diesem deutlich preiswerteren Sensor (nur ca. 20 % des Preises von Sensor 2 !) nicht möglich.

Die angegebene Vorgehensweise der Signalfilterung zur Verbesserung des Signal/Rausch-Ver-
hältnisses ist nicht in jedem Falle möglich bzw. führt zu funktionalen Einschränkungen. Diese
treten aber erst bei dynamischen Signalverläufen als Dämpfung und Phasenverschiebung auf.
Im vorab betrachteten Fall des statischen Nickwinkels spielte dies keine Rolle, denn hier än-
derte sich der Zustand während der Messung nicht.

Im Bild 5-8 ist beispielhaft der Signalverlauf eines Nutzsignals den Ergebnissen der Filterung
des gestörten Nutzsignals gegenübergestellt. Es ist zu erkennen, dass eine zunehmende Filterung den tatsächlichen Signalverlauf deutlich besser und harmonischer wiedergibt. Allerdings
geht dies zu Lasten des Zeitbezugs. Die Extremwerte der Kurve werden deutlich später erreicht, es findet eine Phasenverschiebung statt (abgeleitet vom Verhalten bei periodischen
Funktionen). Weiterhin werden die maximalen Amplituden nicht mehr erreicht, das Signal ist
demnach gedämpft. Es hängt vom jeweiligen Einsatz ab, ob die entsprechende Filterung möglich ist oder ob doch ein alternativer Sensor notwendig wird. Auf Details zur Filterberechnung
kann an dieser Stelle nicht eingegangen werden, es wir hierzu besonders auf [Mey06] verwiesen.

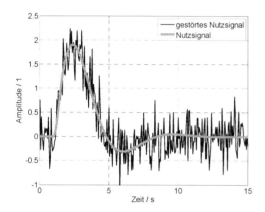 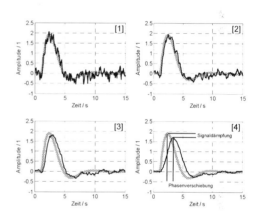

Bild 5-8   Filterung von Signalen. Im linken Bild ist das Nutzsignal (grau) und dasselbe Signal mit einer
Störung dargestellt. Im rechten Bild ist das Nutzsignal (grau) und das aus dem gestörten Signal gefilterte Nutzsignal (schwarz) dargestellt. Die Stärke der Filterung nimmt von [1] nach
[4] stetig zu.

Die von Sensoren gelieferten Signale können unterschiedliche Charakteristika aufweisen. Eine
entsprechende Unterteilung bezüglich der Quantisierung von Zeit (z. B. durch Abtastung) oder
Messgröße (z. B. durch A/D-Wandlung) ist in Bild 5-9 vorgenommen worden.

Die eigentliche analoge und kontinuierliche Information steht nur im Messumformer und nach
analoger Verstärkung zur Verfügung. Im Steuergerät, welches die Informationen verarbeiten
soll, kann aber nur ein digitales und diskontinuierliches Signal verarbeitet werden, denn das
Steuergerät arbeitet nach einem festen Takt (Zeit quantisiert) und ein Prozessor kann nur digitale Werte verarbeiten (Information quantisiert). Dabei spielt es keine Rolle, ob Zahlen in
Integerformat (ohne Kommastelle) oder als Fließkommazahlen auftreten, die Recheneinheit
des Steuergerätes kann nur binäre Operationen durchführen. Die entsprechenden Umwandlun-
gen müssen daher an einer Stelle in der Messkette durchgeführt werden. Eine Übersicht zur
Klassifizierung der Sensoren ist in Bild 5-10 dargestellt.

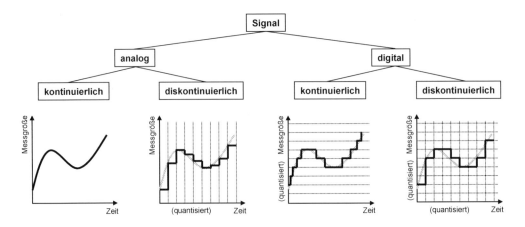

Bild 5-9   Einteilung eines Signals nach der Quantisierung. Die im Steuergerät übliche Quantisierung
von Zeit und Messgröße führt zu einem Informationsverlust.

Im einfachsten Fall liefert der Sensor ein unverstärktes Analogsignal an das Steuergerät. Dieser Fall ist wegen der hohen Störempfindlichkeit des Übertragungsweges nur innerhalb von
abgeschlossenen Baugruppen sinnvoll. Weiterhin steht das Signal wegen des unverstärkten
Pegels nur einem Abnehmer zur Verfügung. Durch eine integrierte Verstärkung können diese
Nachteile teilweise aufgehoben werden.

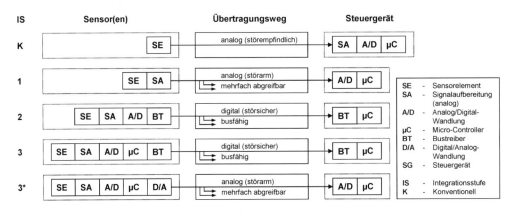

Bild 5-10   Integrationsstufen von Sensoren (Überarbeitung nach [RB02])

Die Fähigkeit zur Busankopplung, wie sie mittlerweile in Kraftfahrzeugen Standard ist, setzt
eine A/D-Wandlung im Sensor voraus. Ist zusätzlich noch ein Prozessor integriert, kann auch
eine autonome Fehlererkennung durch Selbsttests durchgeführt werden. Beispiele hierzu werden im Kapitel Anwendungen vorgestellt. Bei einem Bussystem ist auf beiden Seiten ein entsprechender Buskoppler notwendig.

Eine Zwischenstufe stellt die analoge Übertragung trotz integriertem µC dar (3* in Bild 5-10). Damit kann beispielsweise die Kompatibilität zu Geräten mit analogem Eingang gesichert werden. Auf der anderen Seite besteht zusätzlich durch die schon vorher beschriebene Einstellung von spezifischen Spannungen in einem Fehlerband eine Möglichkeit, dem Steuergerät Sensorfehler zu signalisieren. In Bild 5-11 sind einige Beispiele für Sensoren der Fahrdynamikregelung dargestellt.

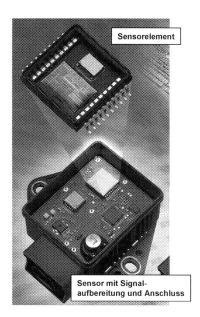

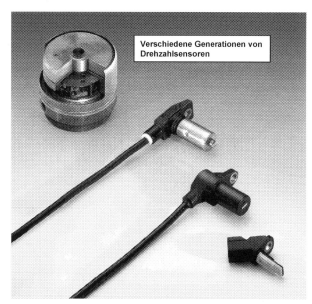

Bild 5-11   Beispiele für Sensoren zur Fahrdynamikregelung (Fotos: Bosch)

Der kombinierte Gierraten/Querbeschleunigungssensor (Bild 5-11, links) umfasst neben dem Messumformer (Sensorelement) eine umfangreiche Zusatzbeschaltung zur Signalaufbereitung und Fehlererkennung. Die Raddrehzahlsensoren des ABS (Bild 5-11, rechts) wurden im Laufe der Zeit immer kleiner und leistungsfähiger. Neue Modelle messen neben der Geschwindigkeit auch die Drehrichtung und lassen sich ins Radlager integrieren. Eine ausführliche Beschreibung aller fahrzeugrelevanten Sensoren findet sich in [RB02].

5.3 Steuergeräte

Das Steuergerät stellt die zentrale Einheit zur Informationsverarbeitung dar. Es besteht aus einem oder mehreren Prozessoren, die über interne Bussysteme miteinander und mit den Sensoren/Aktoren verbunden sind, sofern diese sich direkt am Steuergerät befinden. Da der mechatronische Entwurf eine enge Verflechtung dieser Komponenten nahelegt, ergeben sich durch die teilweise rauen Umgebungsbedingungen sehr hohe Anforderungen an die verwendeten Bauelemente.

Beispiele für die auftretenden Belastungen sind:

- extreme Umgebungstemperaturen (–40°C..+125°C),

- hohe Feuchtigkeit und teilweise aggressive Medien,

- starke mechanische Belastungen durch Vibrationen.

Den Hauptbestandteil des Steuergerätes bilden die Prozessoren. Diese bestehen im Wesentlichen aus drei Komponenten:

Rechenwerk (ALU): Dieses Element führt die mit dem Prozessor möglichen Operationen aus. Das können Addition, Subtraktion oder logische Verknüpfungen von mehreren Operanden sein. Das Ergebnis der Operation wird in einem Register zur Weiterverarbeitung abgelegt.

Steuerwerk: Hierdurch wird die Abarbeitungsreihenfolge der einzelnen Operationen (Befehle) festgelegt. Dies erfolgt auf Basis des programmierten Algorithmus. Weiterhin werden Unterbrechungsanforderungen (Interrupts) bearbeitet.

Speicherwerk: In diesem Element werden sowohl die Befehle (Programm) als auch die notwendigen Daten zur Weiterverarbeitung abgelegt. Es bestehen unterschiedliche Möglichkeiten der Zusammenschaltung mit den beiden anderen Komponenten.

Es haben sich bei der Beschaltung dieser Elemente zwei grundlegende Anordnungen etabliert, die in Bild 5-12 (links) dargestellt sind. Der Informationsaustausch erfolgt über drei interne Bussysteme getrennt nach Daten, Adressen (der Daten) und Steuerbefehlen.

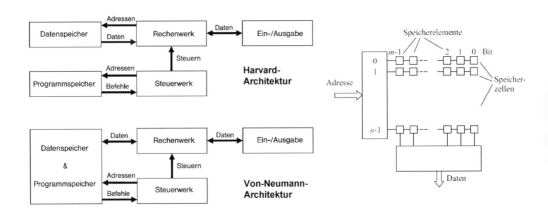

Bild 5-12 Architekturen von Prozessoren (links, [Wall06]) und Adressierung von Speicherzellen (rechts, [Ise01])

Die Architektur nach **Von-Neumann** wird üblicherweise in Standard-Prozessoren verwendet. Das Speicherwerk umfasst sowohl die Programme als auch die Daten, der Zentralprozessor hat direkten Zugriff. Bei der **Harvard-Architektur** erfolgt eine Trennung des Speichers in Programme und Daten und folglich ein eingeschränkter Zugriff der einzelnen Komponenten. Der Vorteil besteht in der dadurch möglichen parallelen Übertragung von Befehlen und Daten. Diese Architektur wird bei Digitalen Signalprozessoren (DSP) eingesetzt, die sehr effektiv komplexe arithmetische Berechnungen ausführen können.

Die Verwaltung der Daten und Programme erfolgt über Adressen. Das sind Bereiche im Speicherwerk, die eine feste Anzahl an einzelnen (binären) Speicherelementen enthalten. Das Prinzip ist in Bild 5-12 (rechts) dargestellt. Über die Adressleitung wird die Adresse des interessierenden Elementes übertragen. Daraufhin liest das Speicherwerk die Speicherelemente aus und legt diese auf den Datenbus. Damit stehen Sie für eine Weiterverarbeitung zur Verfügung. Im umgekehrten Fall erhält das Speicherwerk durch die Steuerleitung den Auftrag, die auf dem Datenbus anliegenden Daten auf der Adresse abzulegen, die über den Adressbus geschickt wird.

Bei der Programmierung in C ist das direkte Auslesen der Speicherelemente über eine Zeigeroperation (Pointer) möglich. Diese Art des Zugriffs ist zwar sehr effektiv, birgt aber bei einer Fehlberechnung der Adresse (des Zeigers) die Gefahr des Programmabsturzes. Daher ist der Einsatz von Zeigern bei sicherheitskritischen Anwendungen nicht zu empfehlen.

In Bild 5-13 sind die einzelnen Elemente eines Prozessors und ihre Verbindungen detailliert dargestellt. Zur Zwischenspeicherung der Daten, zur Übergabe von Statusinformationen und zur Konfiguration der verschiedenen Elemente werden Register (definierte Speicherbereiche) eingesetzt.

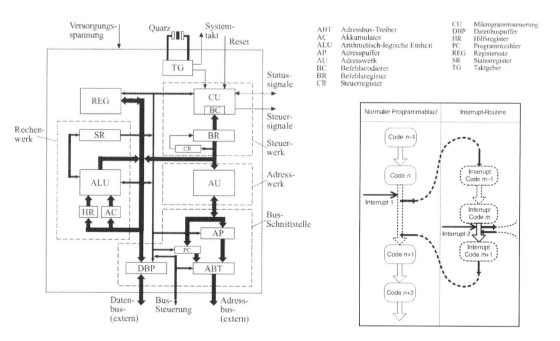

Bild 5-13   Aufbau eines Mikroprozessors [Ise01] und Programmabarbeitung bei Verwendung von Unterbrechungsanforderungen [Wall06]

Um effektiv auf äußere Ereignisse reagieren zu können, besitzen viele Peripherieelemente (AD-Wandler, Bustreiber, Timer usw.) ein eindeutiges Steuerungssignal (Unterbrechungsanforderung – Interrupt) zur Information des Prozessors über neue Daten oder das Ende einer Programmabarbeitung. Dies kann dann im Programmablauf so berücksichtigt werden, dass zunächst eine Verarbeitung der neuen Daten stattfindet bevor die sequentielle Programmabarbeitung weiterläuft. Die entsprechenden Programmteile werden als Interrupt Service Routine (ISR) bezeichnet und sollten so ausgeführt sein, dass eine schnelle Abarbeitung gewährleistet wird. Das Prinzip ist in Bild 5-13 illustriert.

Zur Anbindung der externen Komponenten (Sensoren/Aktoren) sind verschiedene Prozessschritte notwendig (Bild 5-14). Je nach Integrationsgrad des Sensors/Aktors werden bereits Dualzahlen übertragen. Diese können prinzipiell direkt im Steuergerät weiterverarbeitet werden. Häufig findet aber auch bei diesen Daten noch eine Vorverarbeitung oder eine Nachbereitung statt. Das kann beispielsweise die Umrechnung auf eine physikalische Größe sein (siehe dazu auch Abschnitt 6.3.4) oder auch die situationsbedingte Korrektur von Sensorabweichungen. Ein entsprechendes Beispiel zur Nullpunktkorrektur wurde im Abschnitt 5.2 vorgestellt.

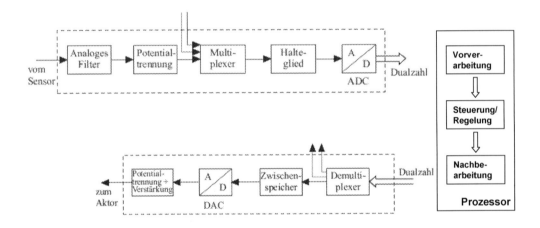

Bild 5-14 Schnittstellen zur Prozessanbindung (nach [Ise01])

Werden mehrere Sensorinformationen analog in das Steuergerät eingekoppelt, findet häufig eine Mehrfachnutzung des AD-Wandlers statt. Dieser wird zyklisch durch einen Multiplexer (Umschalter) mit den unterschiedlichen Eingänge verbunden. Diese Ausführung ist preisgünstiger, allerdings auch langsamer als eine separate Verarbeitung.

In Bild 5-15 ist als ein Beispiel das ESP-Steuergerät dargestellt. Die beiden Prozessoren sowie die weiteren Bauelemente sind auf einer Hybrid-Leiterplatte aufgebracht. Diese spezielle Technik gewährleistet sehr gut die Einhaltung der eingangs vorgestellten Anforderungen. Neben den Sensoren sind auch die Endstufen zur Ansteuerung der Magnetventile im selben Gehäuse untergebracht. Die Verbindung mit den nicht auf der Leiterplatte angebrachten Elementen erfolgt über Bonddrähte.

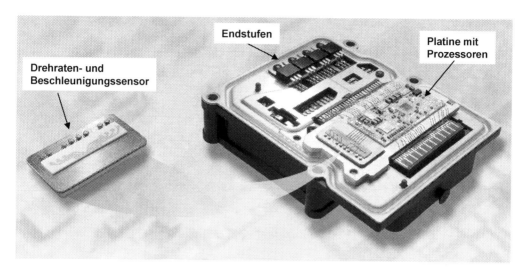

Bild 5-15   ESP-Steuergerät mit integriertem Sensormodul (Foto: Bosch)

In den ESP-Systemen der neuesten Generation ist neben den Drucksensoren auch ein Gierraten-/Beschleunigungssensor integriert. Damit entfällt dessen Einbau in der Nähe des Fahrzeugschwerpunktes sowie die zur Anbindung notwendige Verkabelung. Eine Korrektur der Sensorwerte ist wegen des schwerpunktfernen Einbaus des ESP-Aggregates notwendig.

5.4 Aktoren

Zur Beeinflussung der Prozessgrößen ist ein Eingriff über Stelleinrichtungen notwendig. Diese wandeln die Steuerungssignale der Informationsverarbeitungseinheit (Steuergerät) in leistungsbehaftete Signale für den Energiewandler um. Für diese Einrichtungen hat sich der Begriff „Aktor" verbreitet.

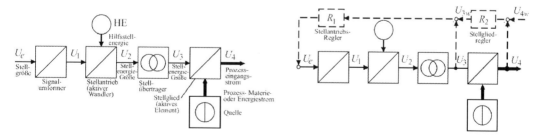

Bild 5-16   Grundstruktur eines gesteuerten Aktors (links) und eines geregelten Aktors (rechts) [Ise01]

Der Grundaufbau ist in Bild 5-16 dargestellt. Dabei kann im Aktor selbst bereits eine Regelung vorhanden sein, die für den Anwender nicht ersichtlich ist. Die Zuordnung eines Elementes als

Aktor ist auch von der betrachteten Systemebene abhängig. So stellt die Einspritzdüse einen Aktor des mechatronischen Systems Verbrennungsmotor mit einer definierten Spannungs-schnittstelle dar, es handelt sich um einen gesteuerten Aktor.

Betrachtet man aber einen Tempomat, dann ist für dieses System der gesamte Verbrennungs-motor (oder sogar der Antriebsstrang) ein Aktor, der über eine definierte Schnittstelle (z. B. Beschleunigung) zur Ansteuerung verfügt. Die technischen Details im Motor interessieren für diese Anwendung nicht, ebenso nicht die dort stattfindenden Steuerungen und Regelungen.

Zur Klassifizierung unterschiedlicher Aktoren kann in Bezug auf eine Regelung die Unter-scheidung nach dem Übertragungsverhalten erfolgen. Dies wurde für typische Vertreter in Bild 5-17 vorgenommen. Wie zu erkennen ist, weisen viele der Stelleinrichtungen ein nichtlineares oder mit Hysterese behaftetes Verhalten auf. Dies erfordert entsprechend angepasste und auf-wändige Regelungen.

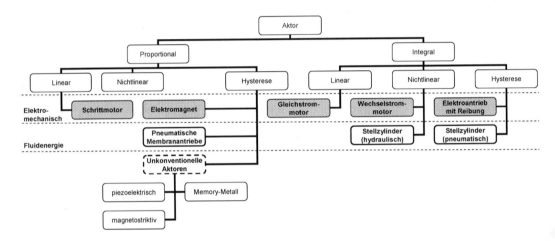

Bild 5-17   Einteilung von Aktoren nach dem Übertragungsverhalten (nach [Ise01])

Bei der Auswahl des Aktors sind neben dem gewünschten Übertragungsverhalten meist andere Anforderungen dominierend. Daher kommen die sehr gut regelbaren Schrittmotoren in deutlich weniger Anwendungen zum Einsatz als die preiswerteren Elektromotoren. Weiterhin sind bei der Auswahl neben dem Preis die verschiedenen physikalischen Eigenschaften der unterschied-lichen Aktorprinzipien zu berücksichtigen. Eine Übersicht hierzu geben die beiden Grafiken in Bild 5-18.

Danach ermöglicht ein Piezoaktor sehr hohe Stellkräfte bei sehr geringer Stellzeit. Allerdings können mit diesem Aktor nur sehr geringe Stellwege (< 1 mm) realisiert werden. Sehr univer-sell einsetzbar sind dagegen Gleichstrommotoren, während sich hydraulische Systeme beson-ders für hohe Stellkräfte bei gleichzeitig langen Stellwegen eignen. Eine ausführliche Vorstel-lung und Diskussion der verschiedenen Prinzipien findet sich in [Ise01].

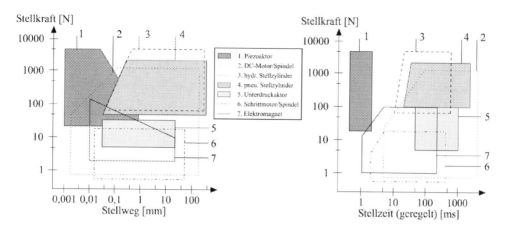

Bild 5-18 Gegenüberstellung verschiedener Aktorprinzipien [Ise01]

Im Fahrzeugeinsatz können weitere Gesichtspunkte für einen bestimmten Aktor sprechen. So ist für Bremssysteme aus Sicherheitsaspekten heraus eine mechanische Verbindung zwischen Fahrer und Bremse erwünscht. Damit werden die gleichermaßen geeigneten elektromechanischen Aktoren derzeit noch nicht eingesetzt, stattdessen erfolgt die Übertragung der verstärkten Fahrerbremskraft hydraulisch. Auf die Vor- und Nachteile der beiden Ausführungen wird im Abschnitt 7.4 im Detail eingegangen.

5.5 Methoden der Fehlererkennung

Zur Gewährleistung der vollen Funktionalität und der schnellen Reaktion zur Einnahme eines sicheren Systemzustandes bei Fehlfunktionen sind Maßnahmen zur eindeutigen Feststellung von Fehlern notwendig. Hierzu kommen je nach Zielstellung und Gerät verschiedene Vorgehensweisen und Verfahren zum Einsatz. Die Grundlagen werden in diesem Abschnitt erläutert, vertiefende Betrachtungen erfolgen im Kapitel 7 am Beispiel des Elektronischen Stabilitätsprogramms (ESP).

Den Ausgangspunkt zur Ableitung der notwendigen Überwachungsmaßnahmen bilden die Fehlermöglichkeits- und Einflussanalyse (FMEA) und die Fehlerbaumanalyse (FTA). Beide Methoden unterscheiden sich in der Vorgehensweise. Während bei der FMEA von jedem Bauelement auf mögliche Systemausfälle geschlossen wird, steht bei der FTA der sicherheitskritische Systemzustand am Anfang. Von diesem aus wird über die Wirkungskette auf die Fehlerursache geschlossen. Der Zusammenhang zwischen diesen Verfahren ergibt sich aus Bild 5-19. Eine vertiefende Vorstellung mit mehreren Beispielen sowie die Einordnung in den gesamten Fahrzeugentwicklungsprozess findet sich in [Bor08].

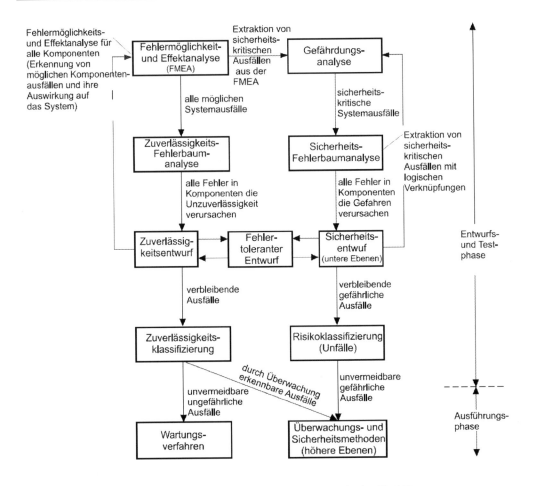

Bild 5-19 Zusammenhang zwischen den verschiedenen Analysemethoden [Ise01]

Es erfolgt bei der Analyse weiterhin eine getrennte Betrachtung der Zuverlässigkeit und der Sicherheit. Gefährliche Ausfälle müssen durch eine sichere Detektion erkannt werden, weiterhin sind für diese Fälle abgesicherte Systemzustände vorzusehen. Bei ungefährlichen Ausfällen sind hingegen die entsprechenden Fahrerinformationen abzuleiten sowie Diagnose- und Wartungsverfahren für den Werkstattservice zu entwickeln.

Für die Auslegung von fehlertoleranter Elektronik werden zwei Prinzipien eingesetzt. Es kann eine statische oder dynamische Redundanz vorhanden sein, bei letzterer wird in kontinuierliche (dauerhaft aktiv, „hot standby") oder diskontinuierliche (nur im Fehlerfall aktiv, „cold standby") Redundanz unterschieden. Auch für Softwaresysteme kommen solche Strukturen zum Einsatz, beispielsweise durch redundante Berechnung mit unterschiedlichen Algorithmen auf getrennten Prozessoren. Signalflusspläne der beschriebenen Verfahren sind in Bild 5-20 aufgeführt.

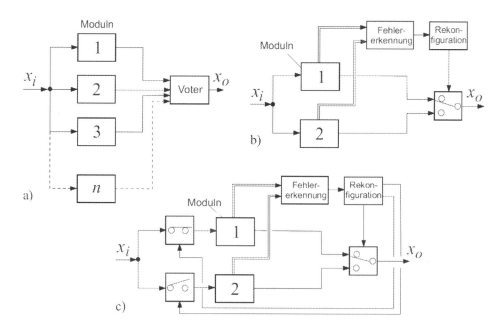

Bild 5-20 Statische (a) und dynamische Redundanz (b – „hot standby", c – „cold standby") [Ise01]

Da in Fahrzeugen, im Gegensatz zum Flugzeug, in den meisten Fällen eine Minderung der Systemleistung akzeptabel ist, wird das rekonfigurierte System zwar einen sicheren Zustand ermöglichen, aber die ursprüngliche Funktionalität nicht vollständig ersetzen. Dadurch werden die Systemkosten begrenzt und der Entwicklungsaufwand deutlich reduziert. Die in einem Fehlerfall erfolgte Degradation des Systems wird in die folgenden Stufen eingeteilt [Ise01]:

- *Fail-operational (Fehleroperativ)* (FO):

    Ein Fehler wird toleriert, d. h. die Komponente bleibt betriebsfähig nach einem Fehler. Dies ist erforderlich, wenn kein sicherer Zustand unmittelbar nach dem Ausfall einer Komponente existiert.

- *Fail-safe (Fehlersicher)* (FS):

    Nach einem (oder mehreren) Fehler(n) besitzt die Komponente direkt einen sicheren Zustand (passives fail-safe, ohne externe Energie) oder wird durch eine besondere Aktion (aktives fail-safe, mit externer Energie) in einen sicheren Zustand gebracht.

- *Fail-silent (Fehlerpassiv)* (FSIL):

    Nach einem (oder mehreren) Fehler(n) verhält sich die Komponente nach außen hin ruhig, d. h. sie bleibt passiv durch Ausschalten und beeinflusst deshalb nicht die anderen Komponenten in einer möglicherweise falschen Art.

Der Aufwand für die Realisierung fehlertoleranter Systeme ist sehr hoch, aber beim Einsatz eines x-by-wire Systems unumgänglich. Ein Beispiel für die Auslegung ist in Bild 5-21 dargestellt.

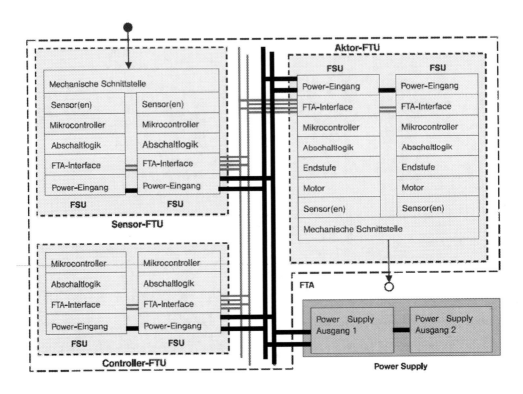

Bild 5-21   Architektur eines fehlertoleranten Systems ((FTA: Fault Tolerant Architecture,
             FTU: Fault Tolerant Unit, FSU: Fail Silent Unit)) [Wall06]

Sowohl die Einzelkomponente (Sensor, Aktor, Steuergerät) muss dabei redundant ausgelegt
werden als auch die Übertragung von Energie (Bordnetz) und Information (Bussystem). Die
gegenwärtig eingesetzten Systeme verfügen immer über eine mechanische Rückfallebene,
daher kann die Architektur deutlich einfacher ausfallen.

Für die Überwachung eines Gesamtsystems wie einer Fahrdynamikregelung hat sich dabei ein
Dreiebenenkonzept bewährt. Auf unterster Ebene findet die Überwachung der Sensorsignale
mit verschiedenen Methoden statt (signal- oder modellbasiert). In der darüberliegenden Ebene
erfolgt durch den Vergleich mit dem bekannten Verhalten im Normalzustand die Ableitung
von Fehlersymptomen. Aus diesen wird durch Kenntnis der Zusammenhänge zwischen den
einzelnen Symptomen die genaue Ursache diagnostiziert. Mit dieser Information kann dann in
der obersten Ebene eine Reaktion zur Einnahme eines sicheren Zustandes eingeleitet werden.
Aus Bild 5-22 wird das Prinzip deutlich.

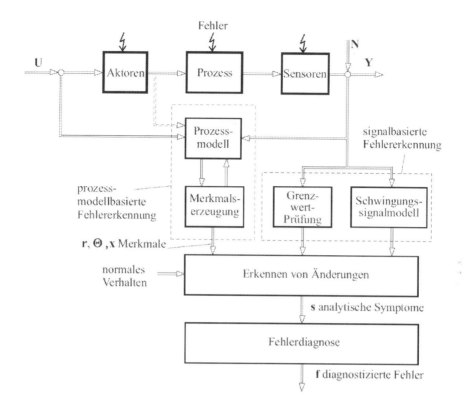

Bild 5-22 Übersicht verschiedener Methoden zur Fehlerermittlung [Ise01]

Bei der Beschreibung der verschiedenen Möglichkeiten für eine Fehlererkennung in Abschnitt 7.3 am Beispiel des ESP-Systems erfolgt eine Beschränkung auf die programmtechnisch in einem Steuergerät realisierbaren Methoden. Es werden daher keine Hardwaretests von Sensoren besprochen, sondern lediglich die typische Informationsweitergabe bei Erkennung der Fehler im Sensor selbst. Eine ausführliche Übersicht zu diesem Thema bietet [Ise02].

6 Bussysteme

Dieses Kapitel beschäftigt sich mit den in modernen Fahrzeugen eingesetzten Bussystemen zur Sicherstellung der Kommunikation zwischen den vernetzten Komponenten. Nach einer allgemeinen Einführung in die Beschreibungskonzepte von Kommunikationssystemen werden die wichtigsten technischen Realisierungen vorgestellt. Den Schwerpunkt bildet wegen seiner starken Verbreitung dabei der CAN-Bus, aber auch zeitgesteuerte Systeme wie LIN und Flex-Ray werden künftig an Bedeutung gewinnen und daher ausführlich vorgestellt. Auf die optische und drahtlose Kommunikation im Fahrzeug kann im Rahmen der Einführung allerdings nicht eingegangen werden.

6.1 Notwendigkeit und Einteilung von Bussystemen

Die immer weiter steigende Nachfrage nach neuen Sicherheits- und Komfortfunktionen in modernen Kraftfahrzeugen erfordert den Austausch erheblicher Datenmengen zwischen den Steuergeräten. Wie aus Bild 6-1 ersichtlich wird, führt schon die direkte Vernetzung von wenigen Steuergeräten zu einer Vielzahl von Verbindungen.

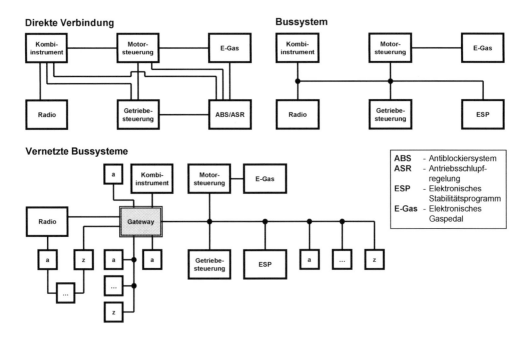

Bild 6-1   Entwicklung der Vernetzung im Kfz (nach [Mou07] und [ATZ06]). Die kleinen Kästchen symbolisieren weitere Steuergeräte. Die Funktionen ABS/ASR sind mittlerweile Bestandteil des ESP.

Es liegt daher nahe, ein Bussystem für den Datenaustausch einzusetzen. Dies erfolgte verstärkt in den 90er-Jahren des letzten Jahrhunderts. Dieser Trend hat sich weiter verstärkt und führte zu einer Vielzahl neuer Funktionen, die mittels elektronischer Steuerungen realisiert wurden. Dadurch war ein einzelnes Bussystem nicht mehr ausreichend, es entstand ein Netzwerk mit unterschiedlich ausgeprägten Übertragungseigenschaften. Am Beispiel eines Fahrzeuges der Oberen Mittelklasse (Audi A6, Baujahr 2006) ist die komplette Vernetzung in Bild 6-1 dargestellt. Dabei wurden nur die in den beiden anderen Beispielen verwendeten Steuergeräte direkt aufgeführt. Zusätzliche Steuergeräte sind lediglich als kleine Kästchen symbolisiert. Ein neues Element ist das Gateway-Steuergerät. Dieses realisiert den Datenaustausch zwischen den einzelnen Bussystemen. Die vollständige Vernetzung mit allen Steuergeräten sowie ein weiteres Beispiel befinden sich im Anhang.

Auch künftig wird diese Entwicklung weiter voranschreiten, es sind für die sicherheitskritischen x-by-wire Applikationen zeitgesteuerte Bussysteme wie FlexRay in der Planung. Eine noch weitergehende Vernetzung werden Car2x-Funktionen (Car-to-Car, Car-to-Infrastructure) bedingen, hier stellt das gesamte Fahrzeug „nur" einen Knoten in einem globalen Netzwerk aus Fahrzeugen und Infrastruktur dar. Um die Unterschiede zwischen den einzelnen Anwendungen und den dafür eingesetzten Bussystemen klar herauszuarbeiten, erfolgt zunächst eine Klassifizierung nach unterschiedlichen Kriterien.

Da nicht alle im Fahrzeug übertragenen Daten dieselbe Relevanz besitzen, kommen sowohl aus Sicherheitsgesichtspunkten als auch aus Kostengründen unterschiedliche Übertragungssysteme zum Einsatz. Eine erste Unterscheidung der Systeme ist anhand des Zugriffs auf das Bussystem möglich, in Bild 6-2 sind verschiedene im Fahrzeug befindliche Kommunikationsvarianten aufgeführt.

Bei einem zentral gesteuerten System existiert ein Master, der den gesamten Datenaustausch steuert. Alle anderen Steuergeräte arbeiten nur auf Anfrage. Im Gegensatz dazu besitzt ein dezentral gesteuertes System eine vorab definierte Kommunikationsreihenfolge, die aber von keiner der beteiligten Komponenten exklusiv verwaltet wird. Für die Einhaltung der Sendezeitpunkte muss eine für alle Steuergeräte einheitliche Zeitbasis bestehen.

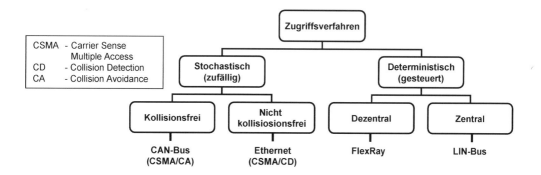

Bild 6-2   Einteilung der Bussysteme nach dem Zugriffsverfahren

Bei den stochastischen Verfahren gibt es keine zeitliche Abfolge des Sendebetriebes, alle Steuergeräte können zu jeder Zeit Daten auf den Bus schreiben. Damit kann es bei gleichzeitigem Sendewunsch zu Überschneidungen (Kollisionen) kommen. Um diese aufzulösen werden zwei unterschiedliche Verfahren eingesetzt, einerseits die Vermeidung durch Vergabe einer Priorität (Kollisionsvermeidung), andererseits durch Unterbrechung des Sendebetriebes aller Steuergeräte bei Überschneidung (Kollisionserkennung).

Die einzelnen Daten werden dabei bei allen Verfahren in Form von Paketen, den so genannten Botschaften, übertragen. Diese bestehen in der Regel aus einem Header (Kopf), dem eigentlichen Nutzdatenbereich sowie einem Kontroll- und Abschlussfeld. Bei Betrachtung der zeitlichen Abfolge der Übertragung werden die Unterschiede zwischen den einzelnen Verfahren deutlich.

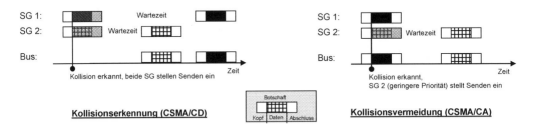

Bild 6-3   Unterschiede der Kollisionsauflösung

Aus Bild 6-3 ist erkennbar, dass für das Verfahren der Kollisionsvermeidung, wie es beim CAN-Bus verwendet wird, im Kopf der Botschaft eine Priorität vorhanden sein muss. Der genaue Ablauf dieser Arbitrierung genannten Vorgehensweise wird im Abschnitt 6.3.3 behandelt. Der Vorteil gegenüber der Kollisionsdetektion liegt bei der bevorzugten Übermittlung der Botschaft mit höherer Priorität. Diese wird auf jeden Fall gesendet, während es beim anderen Verfahren für beide (oder alle, wenn weitere Steuergeräte senden) Botschaften zu Verzugszeiten kommt.

Bei einer zeitgesteuerten Kommunikation hingegen sind die Buszugriffe festgelegt. Dies kann entweder durch ein Master-Steuergerät wie beim LIN-Bus erfolgen oder eine für alle Steuergeräte verbindliche Sendetabelle wie beim Bussystem FlexRay. Die Unterschiede zwischen diesen beiden Verfahren sind aus Bild 6-4 ersichtlich.

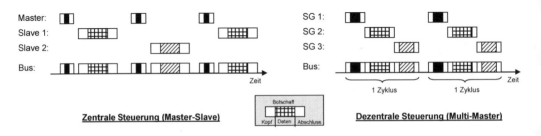

Bild 6-4   Unterschiede bei den zeitgesteuerten Verfahren

Der Vorteil einer zentralen Steuerung ist die höhere Flexibilität bei Änderungen oder Erweiterungen, denn es muss lediglich die Software des Masters angepasst werden. Wie später noch diskutiert wird, besitzt auch das Bussystem FlexRay die Möglichkeit, von der starren Zuteilung durch Verwendung dynamischer Abschnitte abzuweichen.

Eine weitere Möglichkeit der Unterscheidung der verschiedenen Bussysteme ist durch die Betrachtung der Empfängerseite möglich. Für die grafische Darstellung der Zusammenhänge bieten sich Sequenzdiagramme an, die für die beiden Varianten in Bild 6-5 dargstellt sind. Bei einem solchen Diagramm ist die Zeitachse senkrecht als gestrichelte Linie dargestellt, beginnend beim Steuergerät. Eine Aktivität wird durch einen Balken symbolisiert.

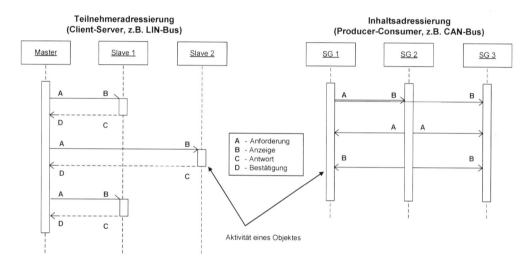

Bild 6-5   Unterscheidung der Verfahren nach der Adressierung

Mit Pfeilen werden die Abfolge und die Richtung des Datenaustausches verdeutlicht. Bei Teilnehmeradressierung erfolgt die direkte Ansprache einzelner Steuergeräte während bei einer Inhaltsadressierung die Information zunächst von allen Steuergeräten gelesen wird. Eine Prüfung auf Verwendbarkeit wird hier erst in einer übergeordneten Systemebene vorgenommen.

Mit einem Anteil von ca. 70 % dominiert der CAN-Bus, ca. 10 % entfallen jeweils auf LIN und das optische System MOST. Die Hauptgründe für die weite Verbreitung des CAN-Bus sind die hohe Übertragungssicherheit und die flexible Erweiterbarkeit des Systems. Allerdings kann dieser Bus die harten Echtzeitanforderungen von sicherheitskritischen Systemen wie steer-by-wire oder brake-by-wire nicht erfüllen, damit wird es hier künftig eine Substitution durch zeitgesteuerte Alternativen wie FlexRay geben.

Auf der anderen Seite benötigen viele Anwendungen keine hohe Übertragungsrate, damit finden preisgünstigere Systeme wie LIN mittlerweile eine weitere Verbreitung. Besonders in abgeschlossenen Teilbereichen wie z. B. Türen sind dadurch deutliche Kostenvorteile erreichbar.

Ein einführendes Beispiel soll die in modernen Kraftfahrzeugen stattfindende Kommunikation illustrieren und die Unterschiede zu einer konventionellen Steuerung verdeutlichen. Im Bild 6-7 sind alle Steuergeräte abgebildet, die für die Wischerfunktion notwendig sind. Der Lenkstockhebel ist an einem Steuergerät (SG1) angeschlossen, das über einen LIN-Bus mit dem

Zentralsteuergerät des Lenkrades (SG2) verbunden ist. Wird der Hebel (funktional betrachtet ein Sensor) betätigt, erfolgt die Sendung der entsprechenden Botschaft (A).

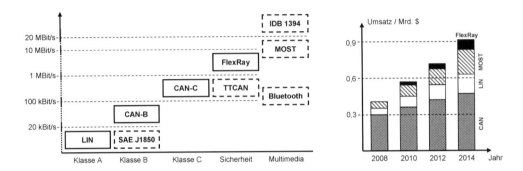

Bild 6-6   Einteilung der Bussysteme (links, nach [Wall06]) und Umsatzerwartungen für verschiedene Bussysteme im Fahrzeug (rechts, nach [Link07]). Die gestrichelt markierten Bussysteme im linken Bild werden in diesem Buch nicht näher vorgestellt.

Vom Lenkradsteuergerät wird diese Information eingelesen und in eine CAN-Botschaft (B) verpackt. Es erfolgt die Sendung auf den CAN-Bus, wo die Botschaft vom Bordnetzsteuergerät (SG3) eingelesen und weiterverarbeitet wird. Auf diesem Steuergerät läuft unter anderem auch das Softwaremodul der Wischersteuerung. Ist die Anforderung plausibel und stehen der Ausführung des Befehls keine anderen Gründe entgegen (z. B. Motorhaube geöffnet), wird über den LIN-Bus die Botschaft zum Einschalten des Wischermotors (C) mit einer angepassten Wischfrequenz ausgegeben.

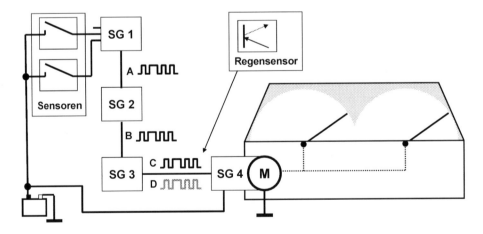

Bild 6-7   Technologieschema einer Wischersteuerung und Ablauf der Datenübertragung. Durch die Vernetzung ist eine einfache Integration eines zusätzlichen Sensors (Regensensor) möglich.

Das Steuergerät des Wischermotors (SG4) kann nun seinerseits an der Kommunikation teilnehmen und Informationen über die tatsächliche Lage der Wischerblätter oder funktionale Einschränkungen liefern (D). Daraus können vom Funktionssteuergerät weitere Aktionen (Parameteradaption, Fahrerwarnung) abgeleitet werden.

Das Konzept erlaubt sehr einfach funktionale Änderungen und fahrzeugspezifische Ausprägungen. So stellen weitere Schaltkontakte neue Sensoren dar, deren Schaltinformation mit berücksichtigt wird. Weiterhin können Zusatzmodule wie die automatische Steuerung durch einen Regensensor implementiert werden. Indem dieser an den Bus angekoppelt wird, z. B. an den LIN-Bus des Wischermotors, kann die Software im SG3 wahlweise auf die Tastersteuerung oder den Sensor reagieren. Im Falle eines Sensorausfalls ist die automatische Aktivierung der manuellen Ansteuerung möglich.

6.2 Schichtenmodell der Kommunikation

Für eine allgemeine und vergleichbare Beschreibung von Bussystemen hat sich das ISO/OSI-Schichtenmodell als sehr günstig erwiesen (Bild 6-8). Es besteht aus sieben verschiedenen Abstraktionsebenen, die jeweils für eine Teilaufgabe der Kommunikation zuständig sind.

Schicht	Name	Aufgabe	Funktionen
7	Anwendung	Schnittstelle zur übergelagerten Applikation	Lesen/Schreiben/Status der übertragenen Daten
6	Darstellung	Datenanpassung	Verschlüsselung/Komprimierung/Formatierung der Daten
5	Sitzung	Zuordnung zu Applikationen	Synchronisation von Tasks, Aufbau und Überwachung der Verbindung
4	Transport	Datenintegrität überwachen	Umwandlung in Botschaften, Aufteilung in Pakete
3	Vermittlung	Weiterleitung an Teilnehmer	Lenkung von Botschaften in einem verzweigten Netzwerk
2	Link	Datenübermittlung	Buszugriff, Synchronisation, Fehlererkennung
1	Physik	Physikalische Netzwerkschnittstelle	Eigenschaften des Übertragungsmediums und der Signale (elektrisch, optisch, mechanisch)

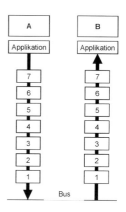

Bild 6-8   ISO/OSI-Schichtenmodell (nach [ISO01])

Die Übertragung der Nutzerdaten erfolgt dabei beginnend mit der Applikation durch alle Schichten hindurch. Diese allgemeingültige Darstellung ist für die Bussysteme im Fahrzeug zu umfangreich. Hier reichen für die Beschreibung der Kommunikation die Schichten 1, 2 und 7 aus.

Verschiedene Elemente werden eingesetzt, um die Kommunikation in einem Bussystem zu verbessern oder eine Verbindung zu anderen Bussystemen herzustellen. Drei dieser Elemente sind in Bild 6-9 zusammen mit ihren Wirkungsebenen dargestellt.

Ein Repeater dient der Signalverstärkung in der physikalischen Schicht. Dies kann notwendig werden, wenn die Signalamplitude durch eine lange Übertragungsstrecke so geschwächt wird, dass mögliche Erkennungsschwellen nicht mehr erreicht werden. Im Fahrzeug ist dies wegen der begrenzten Entfernungen meist nicht notwendig, für den CAN-Bus ergeben sich zusätzlich aus der für die Arbitrierung benötigten überschneidenden Impulsintervalle ohnehin räumliche Einschränkungen.

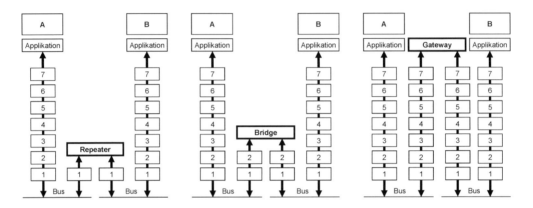

Bild 6-9   Systembausteine in Bussystemen (nach [Rei06])

Mit einer Bridge können die Signale der zu übertragenden Botschaft kurzzeitig gespeichert und dann zeitverschoben weitergeleitet werden. Das Element wird in der Übermittlungsschicht eingesetzt, daher findet keine weitere Änderung der Botschaft statt.

Ein Gateway wird dagegen auf oberster Systemebene eingesetzt, um verschiedene Bussysteme miteinander zu verbinden. Dabei werden sowohl unterschiedliche Übertragungsgeschwindigkeiten angepasst (z. B. zwischen Low- und Highspeed-Can) als auch physikalisch unterschiedliche Übertragungsmedien miteinander gekoppelt. Dies ist beispielsweise zwischen Can-Bus (elektrisch) und Most-Bus (optisch) der Fall. Ein Gateway muss dabei nicht immer ein eigenständiges Steuergerät sein, teilweise übernehmen auch die Steuergeräte einzelner Funktionen wie beim LIN-Bus diese Aufgabe.

Darüber hinaus werden sie auch bei identischen Bussystemen eingesetzt, um eine bessere Übersichtlichkeit und Erweiterbarkeit zu gewährleisten. Durch die große Anzahl an Steuergeräten und der damit verbundenen Notwendigkeit der Schaffung einer handhabbaren Topologie hat die Anzahl an Einzelbussystemen deutlich zugenommen. Aktuell sind in der Mercedes-Benz S-Klasse 8 CAN-Bussysteme vorhanden, die über mindestens 6 Gateways verbunden sind. Für zukünftige Systeme ist sogar ein zentraler Gateway-Bus in der Entwicklung (siehe auch Bild 6-12), der wegen der dafür notwendigen hohen Übertragungsgeschwindigkeit durch FlexRay realisiert werden könnte [Mou07].

In Bild 6-10 ist die Funktionsweise eines Gateways für die Kopplung zwischen zwei CAN-Bussystemen illustriert. Der jeweilige Transceiverbaustein (kombiniertes Sende- und Empfangsmodul) liest die zu übermittelnde Botschaft ein und setzt diese in eine neue Botschaft um. Es muss dabei nicht der gesamte Botschaftsinhalt weitergegeben werden, die auszutauschenden Informationen können sich aus den Daten mehrerer Botschaften zusammensetzen. Die hierfür notwendige Paketierung (Einpassung in den Datenbereich der Botschaft) der Informationen richtet sich nach dem Einsatzzweck.

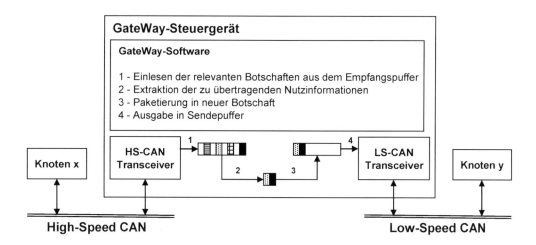

Bild 6-10 Funktionsweise eines Gateways. Der dargestellte Informationsaustausch funktioniert üblicherweise in beiden Richtungen.

Unter der Topologie werden im Bezug auf die Vernetzung im Kraftfahrzeug die Anordnung
und die Verbindung der einzelnen Steuergeräte und Zusatzkomponenten verstanden. Es existieren prinzipiell viele Möglichkeiten, den gewünschten Datenaustausch zu realisieren. Einerseits begrenzt die Übertragungsart die Auswahl, andererseits sind Sicherheitsaspekte besonders
für die Funktionen mit teilautonomem Eingriff in das Führungsverhalten des Fahrzeuges zu
beachten. Über allem wird bei unterschiedlichen Möglichkeiten die kostengünstigste Variante
favorisiert werden. Entsprechend der Anordnung der Steuergeräte unterscheidet man die in
Bild 6-11 aufgeführten Topologien.

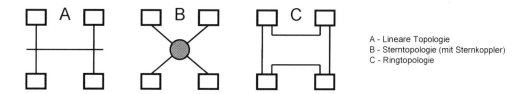

A - Lineare Topologie
B - Sterntopologie (mit Sternkoppler)
C - Ringtopologie

Bild 6-11 Möglichkeiten der Vernetzung von Steuergeräten (Topologien)

Bei einer linearen Bustopologie sind alle Teilnehmer an einer einzigen „logischen" Datenleitung parallel angeschlossen (es wird der logische Austausch betrachtet, darunter fallen auch
Mehrleitungssysteme wie der CAN-Bus). Bei Ausfall eines einzelnen Teilnehmers bleibt der
verbleibende Datenaustausch davon unberührt. Allerdings ist bei diesem System der Zugriff
auf den Bus zu regeln.

Die Sternstruktur hingegen besitzt ein zentrales Element, den Buskoppler (Repeater). Durch
diese Anordnung sind hohe Übertragungsraten realisierbar. Ein Ausfall eines Steuergerätes hat
ebenfalls keine Auswirkung auf den restlichen Datenverkehr, allerdings führt der Ausfall des

Kopplers zur Unterbrechung der gesamten Kommunikation. Das Kopplungselement kann sowohl passiv (nur physikalische Zusammenführung der Busleitungen) als auch aktiv (Steuergerät zur Bearbeitung und Weiterleitung der Daten, Signalverstärkung) den Datentransfer realisieren.

Innerhalb einer Ringtopologie ist jedes Steuergerät nur mit seinen beiden Nachbarn über jeweils einen Kanal verbunden. Die Datenweiterleitung kann dabei nur von einem Steuergerät zum Nächsten erfolgen. Im ungünstigsten Fall muss die Botschaft alle angeschlossenen Steuergeräte passieren, ehe sie beim Empfänger angekommen ist. Besonders kritisch ist hierbei der Ausfall eines einzelnen Steuergerätes, dies kann zur vollständigen Unterbrechung des Datentransfers führen.

In Kraftfahrzeugen hat sich für das Gesamtsystem eine Mischung dieser Formen bewährt. Dabei wird oft ein zentrales Gateway eingesetzt, um die Einzelsysteme miteinander zu verbinden. Eine typische Struktur zeigt Bild 6-12 (links) auf. Darüber hinaus können verschiedene Steuergeräte auf zwei Bussysteme zugreifen, damit ist ein direkter Austausch wichtiger Informationen möglich. Ein Beispiel hierzu ist im Anhang aufgeführt.

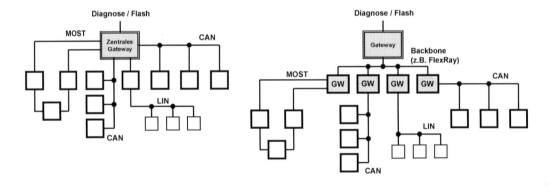

Bild 6-12   Alternative Möglichkeiten der Verbindung von Bussystemen im Fahrzeug (nach [Mou07])

Besonders beim Einsatz eines Bussystems mit hoher Übertragungsrate, wie z. B. FlexRay, ist auch die Topologie mit einem eigenständigen Gateway-Bus (Backbone) möglich. Obwohl diese Variante kostenintensiver ist, bietet sie eine höhere Flexibilität. Das kann insbesondere aus der durch den Kundenwunsch nach Individualisierung resultierenden Variantenvielfalt von Vorteil sein.

6.3 CAN-Bus

6.3.1 Grundprinzip der Datenübertragung

Der CAN-Bus ist ein Multi-Master-System. Dies bedeutet, dass alle Steuergeräte gleichberechtigt senden und empfangen können. Das Grundprinzip des Datenaustausches ist in Bild 6-13 dargestellt.

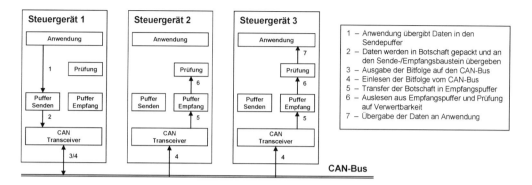

Bild 6-13 Prinzip der Datenübertragung auf dem CAN-Bus. Die von Steuergerät 1 gesendete Botschaft wird von den beiden anderen Steuergeräten zwar eingelesen, aber nur bei Steuergerät 3 der Anwendung zur Verfügung gestellt. Für Steuergerät 2 ist die Botschaft nicht relevant, der Eingangspuffer wird daher mit der nächsten Botschaft überschrieben.

Eine Anwendung auf dem Steuergerät möchte über den CAN-Bus Daten austauschen. Diese Informationen werden dem CAN-Baustein zur Verfügung gestellt, indem die Daten in einen vordefinierten Sendepuffer geschrieben werden. Jetzt werden diese Nutzdaten in einen Rahmen verpackt (Botschaft) und als Bitfolge in Form von Rechteckimpulsen auf die CAN-Leitungen gegeben. Der Transceiverbaustein ist dabei in der Lage, sowohl zu senden als auch zu empfangen. Auch das aussendende Steuergerät liest die Impulsfolge ein und vergleicht diese mit der gesendeten Folge. Auftretende Unterschiede signalisieren dabei entweder eine geringere Priorität (Prinzip der Arbitrierung, Erläuterung in Abschnitt 6.3.3) oder einen Fehler.

Bei allen anderen Steuergeräten wird die Botschaft in den Empfangspuffer weitergeleitet und dann von einem Modul auf Verwertbarkeit geprüft. Handelt es sich für das Steuergerät um eine relevante Botschaft, dann werden die Nutzdaten weitergeleitet. Ist die Botschaft für das Steuergerät irrelevant, dann werden die Daten ohne Weiterleitung überschrieben. Diese grundsätzliche Übertragung ist für die beiden eingesetzten CAN-Bussysteme identisch. Unterschiede ergeben sich aber bei den Signalpegeln und den Übertragungsraten.

6.3.2 Hardware

Die Datenübertragung auf dem CAN-Bus erfolgt durch Spannungsimpulse in Form eines Rechtecks. Bei den Anwendungen im Fahrzeugbereich werden dabei zwei unterschiedliche Spannungspegel verwendet, ebenso unterscheiden sich das Bezugspotential und damit die Störfestigkeit. Der grundsätzliche Aufbau ist in Bild 6-14 dargestellt.

Beim High-Speed CAN sind die einzelnen Knoten über die beiden Signalleitungen (CAN-High, CAN-Low) parallel geschaltet. Jeweils an den Busenden befinden sich Widerstände, die eine Signalreflexion an den ansonsten offenen Leitungsenden unterdrücken. Im Fahrzeug sind diese Widerstände direkt in den am weitesten voneinander entfernten Steuergeräten integriert. Für die Signalverarbeitung wird das Differenzsignal U_{Diff} zwischen diesen beiden Leitungen gemessen. Da die Leitungen zusätzlich noch verdrillt geführt werden, wirken sich elektromagnetische Störungen nicht auf den Differenzpegel aus. Das System ist damit für solche Einflüsse weniger störanfällig. Die Fahrzeugmasse wird nicht als Bezugspotential verwendet, sie liegt aber als Schirmung ebenfalls am Steuergerät an. Im Falle der Unterbrechung einer der beiden Signalleitungen ist die gesamte Kommunikation unterbrochen.

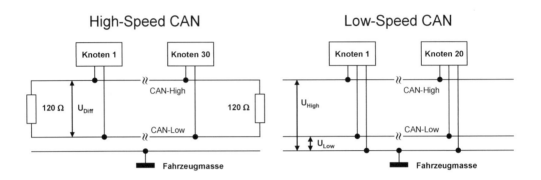

Bild 6-14   Anschlusspläne der unterschiedlichen CAN-Netzwerke

Im Gegensatz dazu werden beim Low-Speed CAN die beiden Signalspannungen U_{High} und U_{Low} einzeln gegenüber der Fahrzeugmasse gemessen und auch separat ausgewertet. Im Falle einer Leitungsunterbrechung kann der Datenaustausch auf der intakten Leitung ohne Einschränkung fortgesetzt werden (Eindrahtbetrieb), dieser Fall wird durch eine Fehlerlogik auch detektiert und als Information im Fehlerspeicher abgelegt. Bedingt durch diese Signalauswertung steht eine geringere Bandbreite für die Signalübertragung zur Verfügung.

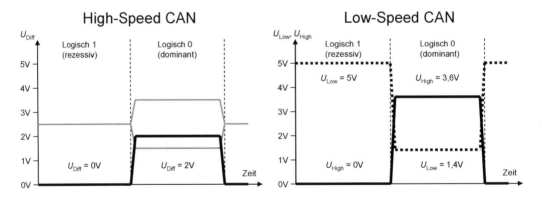

Bild 6-15   Signalpegel auf dem CAN-Bus. Beim High-Speed CAN sind die Einzelpegel der Leitungen (gemessen gegen Masse) als dünne graue Linien eingezeichnet.

Durch die elektronische Realisierung wird der jeweilige Spannungspegel der logischen „0" dominant auf den Bus gesendet (Bild 6-15). Dies bedeutet, dass der von anderen Steuergeräten gesendete Spannungspegel für eine logische „1" immer überschrieben wird. Diese Festlegung führt zur Kollisionsvermeidung durch Arbitrierung und wird später besprochen. Die in Tabelle 6.1 aufgeführten Unterschiede bestehen zwischen den beiden Ausführungen.

Tabelle 6.1 Gegenüberstellung der Ausprägungsformen des CAN-Bus

Eigenschaft	Low-Speed	High-Speed
Datenübertragungs-rate	Bis 125 kBit/s	125 kBit/s – 1000 kBit/s (typisch 500 kBit/s)
Maximalzahl an Knoten	20	30
Maximale Buslänge (abhängig von der Übertragungsrate)	ca. 1000 m bei 40 kBit/s ca. 630 m bei 125 kBit/s	ca. 630 m bei 125 kBit/s ca. 112 m bei 500 kBit/s ca. 35 m bei 1000 kBit/s

Damit können die Einsatzbereiche im Fahrzeug klar abgegrenzt werden. Der High-Speed CAN wird bei hohen Übertragungsraten im Bereich Motorsteuerung und Fahrwerkregelung eingesetzt. Der Low-Speed CAN findet dagegen im Bereich der weniger kritischen Applikationen wie Licht- und Wischersteuerung und bei Komfortfunktionen Verwendung. Darüber hinaus ist er durch die Möglichkeit der Leitungsbruchdetektion auch geeignet, bei beweglichen Leitungen ein solches Ereignis zu detektieren und trotzdem die Funktion aufrecht zu erhalten. Ein Beispiel hierfür ist die Anbindung der Lenkradtasten an das Fahrzeugbussystem.

Zu beachten ist dabei, dass eine Mischung der beiden Bussysteme wegen der unterschiedlichen Pegel und der verschiedenen Übertragungsraten nicht möglich ist. Sollen Nachrichten von einem Low-Speed CAN zu einem High-Speed CAN übertragen werden, ist immer ein Gateway notwendig.

6.3.3 Botschaftsaufbau

Eine Botschaft besteht aus den Nutzdaten und dem zugehörigen Rahmen, der für eine sichere und zielgerichtete Übertragung notwendig ist. Der Rahmen ist in einzelne Bereiche unterteilt, die für unterschiedliche Aufgaben während der Übertragung notwendig sind. Der grundsätzliche Aufbau ist in Bild 6-16 zu sehen.

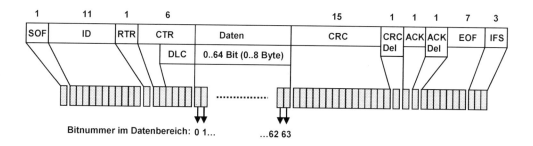

Bild 6-16 Aufbau einer CAN-Botschaft. Über dem jeweiligen Feld ist die Anzahl der Bits angetragen, diese sind zur Veranschaulichung als graue Rechtecke dargestellt. Zu beachten ist für die Auswertung der Nutzdaten die Nummerierung der Bits des Datenbereiches beginnend mit Nr. 0.

Im freien Zustand liegt auf dem Bus keine Differenzspannung an, d. h. es wird eine „1" über-tragen. Der Beginn einer Botschaft ist deshalb immer eine „0", der dominante Buspegel. Die-ses Bit wird SOF genannt („Start of Frame"). Daran schließen sich die 11 Bit des Identifiers (ID) an. Die hierin codierte Zahl spiegelt auch die Priorität der Botschaft wieder. Je kleiner der dezimale Wert ist, umso höher ist die Priorität und desto eher setzt sich die Botschaft bei **gleichzeitigem** Sendeversuch mehrerer Steuergeräte durch. Dieses Verfahren wird Arbitrie-rung genannt und später genauer erläutert.

Das sich anschließende RTR-Bit („Remote Transition Frame") kennzeichnet die Anforderung an ein anderes Steuergerät, eine Nachricht mit derselben ID und entsprechenden Nutzdaten zu senden. Die Anforderungsbotschaft selbst enthält dabei kein Datenfeld. Im Automobilbereich wird diese Art der Kommunikation jedoch kaum eingesetzt.

Im Control-Feld geben die letzten 4 Bits die Anzahl der nachfolgenden Daten in Bytes an. Es können 0..64 Bits gesendet werden, dies entspricht 0..8 Bytes. Eine Botschaft muss demnach keine Nutzdaten enthalten (DLC = 0). Das nachfolgende Datenfeld ist entsprechend numme-riert von Bit 0 bis zu Bit 63. Dies bedeutet weiterhin, dass eine CAN-Botschaft unterschiedli-che Längen besitzen kann.

Im Sicherungsfeld CRC („Cyclic Redundancy Check") wird eine Prüfsumme übertragen, mit deren Hilfe Störungen im Bitmuster erkannt werden können. In einem solchen Fall wird die Botschaft als fehlerhaft markiert und von den Steuergeräten nicht verwendet. Die beiden Ack-Bits („Acknowledgement") dienen der Bestätigung des korrekten Empfangs der Botschaft durch mindestens ein Steuergerät. Ist dies nicht der Fall, wird vom Sendesteuergerät die Bot-schaft als fehlerhaft markiert und ebenfalls nicht weiterverwendet. Mit den sieben rezessiven Bits des EOF-Bereiches („End of Frame") wird das Ende der Botschaft markiert, daran schließt sich ein mindestens 3 Takte dauernder rezessiver Pegel an. Erst dann ist eine erneute Sendetätigkeit der Steuergeräte möglich.

Zur korrekten Übertragung ist ein weiterer Sicherungsmechanismus eingebaut, der eine Fehlin-terpretation infolge schlechter Synchronisation oder auch einen Kurzschluss erkennen lässt. Der Vorgang wird mit „Bitstuffing" bezeichnet und automatisch durch den CAN-Controller ausgeführt. Es wird nach jeweils 5 identischen Bits ein entgegen gesetztes Bit vom Sendesteu-ergerät in die Botschaft eingefügt. Beim Empfang wird dieses Bit automatisch wieder entfernt. Der Vorgang ist auf den Bereich zwischen SOF und dem Ende des CRC-Feldes beschränkt. In diesem Bereich dürfen damit niemals 6 gleiche Bits aufeinander folgen. Tritt dieser Fall auf, wird die Botschaft als fehlerhaft markiert und verworfen.

Das Bitstuffing hat auch eine Auswirkung auf die Länge der Botschaft, es besteht hierdurch eine Abhängigkeit vom Wert der Nutzdaten. Sind in den 8 Bytes jeweils nur Nullen oder nur Einsen vorhanden, so erfolgt die Einsetzung der maximalen Anzahl an Stuffbits (in diesem Fall 12). Wechseln die Binärwerte hingegen so, dass keine Stuffbits notwendig werden, fallen diese 12 Bits weg. Für eine detailliertere Erläuterung der weiteren Maßnahmen zur Fehlerdetektion und -behandlung wird auf [Link01] verwiesen.

Analysiert man die Spannungspegel der Botschaft mit einem Oszilloskop, so sind die einzel-nen Bits als Rechteckimpulse zu erkennen. Für eine korrekte Interpretation ist die Kenntnis der Übertragungszeit für ein Bit (t_{Bit}) notwendig, nur so können Blöcke aus mehreren identischen Bits aufgelöst werden.

Diese Zeit ergibt sich für eine Übertragungsrate von R_T = 500 kBit/s zu:

$$t_{Bit} = \frac{1\,Bit}{R_T} = \frac{1}{500\,\dfrac{kBit}{s}} = \frac{1\,Bit}{500000\,\dfrac{Bit}{s}} = 0{,}000002s = 2\,\mu s \qquad (6.1)$$

Im Bild 6-17 sind die Spannungspegel einer CAN-Botschaften mit der eben angegebenen Übertragungsrate dargestellt. Der Ruhepegel (rezessiv) entspricht einer logischen „1", der hohe Spannungspegel einer logischen „0" (dominant). Neben dem Bild ist die Zuordnung zu den Teilen der Botschaft angegeben, ebenso wurden die für die Auswertung nicht berücksichtigten Stuffbits markiert.

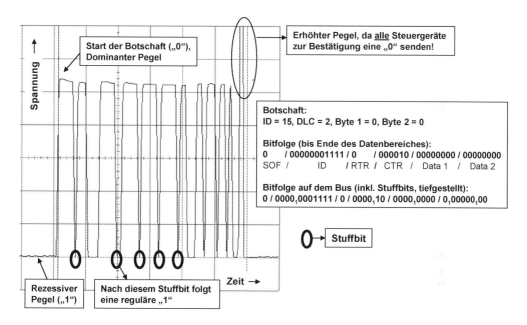

Bild 6-17 Signalpegel einer CAN-Botschaft. Die auf der Leitung anliegenden Signale für die Stuffbits werden vom Empfangscontroller wieder herausgefiltert. Kommt es beim Empfang zu Unstimmigkeiten (mehr als 5 gleiche Bits im Bitstuffing-Bereich), dann wird dies als Fehler erkannt und die Botschaft entsprechend markiert.

Der Zugriff auf den Bus erfolgt bei gleichzeitigem Sendeversuch mehrerer Steuergeräte durch den bitweisen Vergleich des Identifiers. Dieser Vorgang wird Arbitrierung genannt (Bild 6-18). Da ein Steuergerät, welches eine dominante „0" sendet, sich gegen alle rezessiven „1"-Pegel durchsetzt, ist auf dem Bus in jedem Fall die dominante „0" vorhanden. Da alle Steuergeräte weiterhin einen Vergleich zwischen gesendetem und empfangenem Bit durchführen, wird eine Abweichung erkannt. Das Steuergerät, das eine solche Diskrepanz feststellt, zieht sich aus dem Sendebetrieb zurück und liest die anstehende Botschaft ein.

Im dargestellten Beispiel erkennen Teilnehmer 2 bei Bit Nr. 5 und Teilnehmer 1 bei Bit Nr. 2 die Unterschiede zwischen gesendetem und empfangenem Pegel. Daraufhin stellen die CAN-Controller den Sendebetrieb ein und legen die Botschaft in den Empfangspuffer. Durch dieses

Verfahren setzt sich bei gleichzeitigem Sendeversuch immer die Botschaft mit dem niedrigsten Wert des Identifiers durch. Damit ist eine Priorisierung der Botschaften möglich.

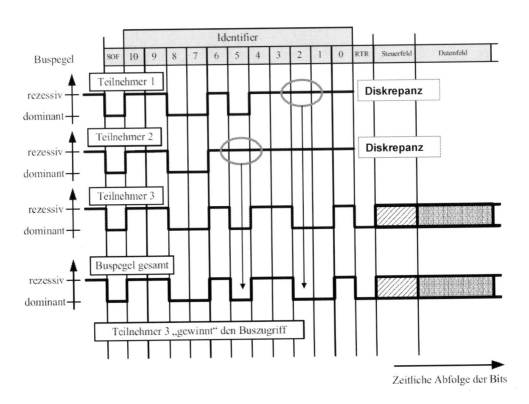

Bild 6-18 Prinzip der Arbitrierung beim CAN-Bus (nach [Rei06]). Bei Erkennung einer Diskrepanz stellt das entsprechende Steuergerät den Sendeversuch ein.

Das Arbitrierungsverfahren führt allerdings zu einer räumlichen Einschränkung, die direkt von der Übertragungsrate abhängig ist. Um den bitweisen Vergleich durchführen zu können, muss das Signal zwischen den beiden entferntesten Steuergeräten innerhalb der Bitübertragungszeit ausgetauscht und mit der Antwort des jeweiligen Steuergerätes verglichen werden. Die dabei auftretenden Probleme sind in Bild 6-19 illustriert. Die Zeitspanne zwischen den Zeitpunkten t_1 und t_2 ist die Bitübertragungszeit t_{Bit}, bei 500 kBit/s sind dies die schon berechneten 2 µs.

Das Steuergerät 1 schaltet zum Zeitpunkt t_1 einen rezessiven Pegel auf den Bus. Dieser benötigt in Abhängigkeit der Leitungslänge ein Intervall, ehe er am Steuergerät 2 anliegt. Da zwischen beiden Steuergeräten keine Synchronisation durchgeführt wird, besitzen beide ihre eigenen internen Zeitgeber. Die Sendezeitpunkte müssen daher nicht identisch sein.

Schaltet Steuergerät 2 für dieses Bit einen dominanten Pegel, so muss dieser Impuls innerhalb der Bitzeit von **Steuergerät 1** dort für den Arbitrierungsvorgang vorliegen. Der Abstand muss daher so gering sein, dass ein Impuls innerhalb der Bitübertragungszeit t_{Bit} hin und zurücklaufen kann und zusätzlich noch Zeit für die Signalauswertung bleibt.

Aus Kostengründen findet im CAN-Controller keine vollständige Messung des Signals sondern lediglich eine grobe Abtastung statt. Damit es nicht zu Fehlinterpretationen kommt, muss der Messzeitpunkt innerhalb der Bitzeit sehr spät liegen. Dies ist in Bild 6-19 ebenfalls für Steuergerät 1 angedeutet. Bei zu früher Messung wäre der Impuls von Steuergerät 2 nicht berücksichtigt worden und damit eine falsche Rückmeldung an den CAN-Controller erfolgt.

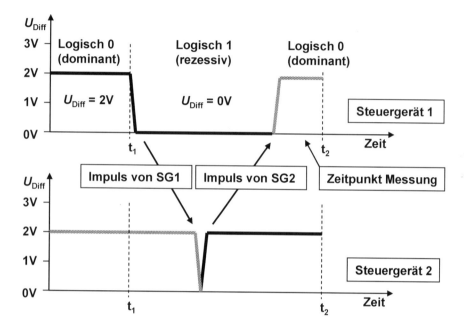

Bild 6-19   Beschränkung der Buslänge durch die Signallaufzeiten

Die Maximale Gesamtlänge L_{max} berechnet sich damit zu:

$$L_{max} = c \cdot \left(\frac{T_{Bit,min}}{2} - T_{Trans} - T_{Cont} \right)$$ (6.2)

Dabei sind $T_{Bit,min}$ die maximale Signallaufzeit für einen Impuls (Hin- und Rückweg), T_{Trans} und T_{Cont} die Verarbeitungszeiten in Transceiver und Controller. Mit den typischen Werten ergibt sich für die Übertragungsrate von $R_T = 500$ kBit/s eine maximale Ausdehnung von $L_{max} = 112$ m. Dies ist für den normalen Fahrzeugeinsatz unkritisch, lediglich im Nutzfahrzeugbereich könnte es bei langen Aufliegern und ungünstiger Leitungsführung zu Problemen kommen. In einem solchen Fall ist eine geringere Übertragungsrate einzusetzen. Weiterführende Informationen und Details zu den Berechnungen finden sich in [Eng02].

Eine weitere wichtige Größe zur Charakterisierung der Systemleistung ist die Buslast. Mit dieser Größe wird angegeben, zu welchem Anteil der Bus mit der Datenübertragung beschäftigt ist. Um hier Grenzen berechnen zu können, ist die Kenntnis der Übertragungszeit jeder einzelnen Botschaft notwendig. Die Länge einer Botschaft ist allerdings nicht fest, sondern hängt neben der feststehenden Anzahl an Datenbytes dynamisch von der Anzahl der Stuffbits ab. Deren Anzahl ändert sich aber mit dem Inhalt der Datenbytes, daher kann für eine Berechnung nur der ungünstigste Fall (maximale Anzahl an Stuffbits) herangezogen werden. Nach [Tin94] ergibt sich die Übertragungszeit T_{Frame} für eine Botschaft zu:

$$T_{Frame} = \left(\underbrace{\frac{34 + 8 \cdot n_{Data}}{4}}_{Stuffbits} + \underbrace{47}_{Rahmen} + \underbrace{8 \cdot n_{Data}}_{Daten} \right) \cdot t_{Bit}$$

(6.3)

Die Größe n_{Data} gibt die Anzahl an Datenbytes in der Botschaft an. Es ist hieran gut zu erkennen, dass auch bei der maximalen Anzahl an Datenbytes etwa die Hälfte der Zeit für die Übertragung des Rahmens benötigt wird. Die Nettodatenrate, d. h. die Rate, mit der die Nutzinformationen übertragen werden, ist damit deutlich geringer als die laut Spezifikation angegebene Übertragungsgeschwindigkeit.

Für die auf dem Antriebsstrang übliche Übertragungsrate von $R_T = 500$ kBit/s ($t_{Bit} = 2\,\mu s$) ergibt sich damit bei voller Ausnutzung des Datenbereiches ($n_{Data} = 8$) eine Übertragungszeit von $T_{Frame} = 272\,\mu s = 0.272$ ms. Wird die Nachricht als einzige zyklisch im Intervall $t_{Send} = 20$ ms gesendet, ergibt sich die Buslast B_{Bus} zu:

$$B_{Bus} = \frac{T_{Frame}}{t_{Send}} = \frac{0.272 ms}{20 ms} = 0{,}0136 \quad (1{,}36\%)$$

$$n_{Frame} = \frac{1}{B_{Bus}} = 73{,}5 \approx 73$$

(6.4)

Der Kehrwert der theoretischen Buslast gibt an, wie viele unterschiedliche Nachrichten mit demselben Aufbau und demselben Sendeintervall übertragen werden könnten. Die Buslast betrüge in diesem Fall 100 %. Damit kann der Bus aber nicht sicher betrieben werden, da schon geringste Verzögerungen dazu führen würden, dass die Botschaften mit niedrigster Priorität wegen der Arbitrierung nicht übertragen werden können. Als Auslegungsempfehlung dient eine maximale Buslast von $B_{Bus} = 50$ %, d. h. in unserem Beispiel sollten maximal 36 Botschaften in einem Sendeintervall von $t_{Send} = 20$ ms übertragen werden.

Da im praktischen Einsatz verschiedene Intervalle eingesetzt werden, ist die Berechnung der tatsächlichen Buslast wesentlich aufwändiger. Besonders für azyklische Nachrichten müssen entsprechende Sendewahrscheinlichkeiten abgeleitet werden. Die obige Berechnung gibt aber zumindest einen Anhaltspunkt über die Größenordnung und kann daher als Planungsgrundlage dienen.

Ein wichtiger Gesichtspunkt beim Einsatz des CAN-Bus ist die sichere Übertragung der Daten und die Erkennung von Übertragungsfehlern. Ein zentrales Element ist dabei die zyklische Redundanzprüfung (CRC). Dabei wird aus dem Header und den Dateninformationen mit Hilfe eines Prüfpolynoms eine Prüfsumme berechnet, die im CRC-Feld der Botschaft übertragen wird. Der Empfänger nutzt ebenfalls das Prüfpolynom, um die Botschaft auf korrekten Empfang zu kontrollieren. Der Vorgang und das verwendete Polynom sind in Bild 6-20 dargestellt.

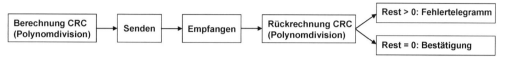

Generatorpolynom: $x^{15}+x^{14}+x^{10}+x^8+x^7+x^4+x^3+x^0 = 1100010110011001$

Bild 6-20   Prinzip der CRC-Datensicherung beim CAN-Bus

Die Sendung eines Fehlertelegramms erfolgt noch als Anhang an der aktuellen Botschaft. Damit erkennen sowohl das Sendesteuergerät als auch alle anderen Teilnehmer, dass mindestens ein Steuergerät die Botschaft nicht korrekt empfangen hat. Die Botschaft wird daraufhin von allen Steuergeräten verworfen und nochmals gesendet.

6.3.4 Bearbeitung der Nutzdaten

Aus dem allgemeinen Botschaftsaufbau wurde ersichtlich, dass maximal 64 Bit an Nutzerinformationen in einer Botschaft übertragen werden können. Da der Botschaftsrahmen unabhängig von dieser Anzahl ist, sollte der gesamte Bereich auch möglichst ausgenutzt werden. Daher wird nicht für jede einzelne Information wie Geschwindigkeit, Gierrate, Motordrehzahl usw. eine Botschaft gesendet, sondern mehrere Informationen werden zusammengefasst (Paketierung).

Um die einzelnen Informationen sicher zuordnen zu können, ist die Position im Datenfeld durch Angabe des ersten Bits (Startbit) und der Länge der Information (Anzahl an Bits) festzulegen. Die Bitanzahl n_{Bit} ergibt sich aus den physikalischen Grenzen der Information A. Dabei stellen A_{Min} und A_{Max} den kleinsten und größten Wert dar, ΔA ist die Auflösung der Information. Die Gesamtzahl der Werte n_{Werte} ergibt sich zu:

$$n_{Werte} = \frac{A_{Max} - A_{Min}}{\Delta A}$$

(6.5)

$$n_{Bit} = \min(k) \qquad \text{wenn gilt} \quad n_{Werte} < 2^k \qquad\qquad k = 1,2,3...$$

Die Mindestanzahl an Bits ist der minimale Wert k, der als Potenz von 2 gerade größer ist als die Anzahl der Werte n_{Werte}. Einige Beispiele zur Berechnung sind in der Tabelle 6.2 aufgeführt.

Tabelle 6.2   Berechnung der notwendigen Anzahl an Bits zur Übertragung der Geschwindigkeitsinformation

Nr.	v_{Min} / km/h	v_{Max} / km/h	Δv / km/h	n_{Werte}	n_{Bit}	$2^{n_{Bit}}$
1	0	250	1,0	250	8	256
2	0	400	1,0	400	9	512
3	0	400	0,1	4000	12	4096

Die Festlegung, wie viele Bits tatsächlich für die Übertragung der Information notwendig sind, ist Aufgabe der an der Entwicklung beteiligten Mitarbeiter. Je genauer die Übertragung, umso mehr Datenbereich ist notwendig und umso mehr Botschaften müssen möglicherweise übertragen werden. Daher sollte hier der Grundsatz lauten: „So viel wie nötig, so wenig wie möglich". Ein Beispiel zur Darstellung der Geschwindigkeitsinformation im Kombiinstrument soll dies verdeutlichen (Tabelle 6.2).

Für eine akzeptable Anzeigegenauigkeit ist die Auflösung von $\Delta A = 1$ km/h ausreichend. Ist die auf dem Kombiinstrument maximal darstellbare Geschwindigkeit kleiner als 256 (es sind zwar 256 Werte möglich, die 0 muss dabei aber bei dieser Anzahl mit berücksichtigt werden), dann reichen 8 Bit für die Übertragung aus. Andernfalls ergeben sich die in der Tabelle aufgeführten höheren Werte. Wird die Botschaft gleichzeitig aber noch von einem ACC-System verwendet, dann kann wegen der Nutzung des Geschwindigkeitssignals für genauere Berechnungen die Forderung nach einer Auflösung von $\Delta v = 0,1$ km/h durchaus gerechtfertigt sein.

Nachdem die physikalischen Parameter und damit die Länge der Nutzinformation feststehen, muss diese einer Botschaft zugeordnet werden, d. h. sie wird paketiert. Auch diese Zuordnung ist eine Aufgabe der Systemspezifikation, üblicherweise wird hierzu eine Kommunikationsmatrix (K-Matrix) aufgestellt, in der alle Botschaften und Nutzdaten sowie die beteiligten Steuergeräte aufgeführt sind. Für eine Auswahl an Botschaften soll der Aufbau der K-Matrix am Beispiel des PKW smart forfour erläutert werden. Die Vernetzung eines Teilsystems ist in Bild 6-21 dargestellt.

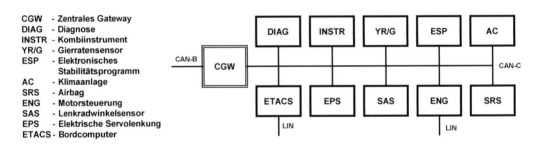

Bild 6-21   Vernetzung des CAN-C Bus (Antrieb/Fahrwerk) im PKW smart forfour (nach [ATZ06])

Eine Auswahl der zu übertragenden Botschaften befindet sich in Tabelle 6.3. Die Daten wurden dabei durch Analyse des Datenverkehrs ermittelt. Dies bedeutet, dass einzelne Steuergeräte abgeschaltet bzw. über ein Gateway vom Bus abgekoppelt wurden. Durch Ausführung bestimmter Fahrmanöver und den damit bekannten physikalischen Größen können viele Informationen aus der Nachricht ermittelt werden (z. B. Motordrehzahl durch Vergleich mit der Anzeige, Lenkwinkel durch Vorgabe eines definierten Winkels usw.). Eine exakte Berechnung der physikalischen Werte ist zwar damit nicht immer möglich, für ein Verständnis der Funktionsweise reicht die Genauigkeit aber meist aus. Dem Funktionsentwickler beim Zulieferer muss diese Information natürlich vollständig vom OEM bereitgestellt werden.

Die Zusammenstellung in Form der K-Matrix (Tabelle 6.3) ist zwar vollständig, wegen der Vielzahl an Informationen aber auch sehr unübersichtlich. Um einen Eindruck über die Ausprägung der Vernetzung und die Kommunikationsbeziehungen zwischen einzelnen Steuergeräten zu gewinnen, bietet sich die Darstellung in Form eines N^2-Diagramms an.

Tabelle 6.3 Beispiel für eine reduzierte Kommunikationsmatrix für ein Fahrzeug mit einer Steuergerätevernetzung nach Bild 6-21. Das sendende Steuergerät wurde mit S gekennzeichnet, die
Empfänger mit einem E. Die weiteren Daten der Botschaften wurden nicht analysiert.

Botschaft	Zykluszeit	Signal	Position		Steuergeräte			
			Startbit	Anzahl Bits	YR/G	ESP	ENG	Instr. Cluster
Y1	20 ms	Nicht analysiert	0	16	S	E		
		Gierrate	16	16				
		Querbeschleunigung	32	16				
Y2	100 ms	Nicht analysiert			S	E		
E1	20ms	Fahrzeuggeschwindigkeit	8	8		S	E	E
E2	20ms	Nicht analysiert			E	S		
M1	20ms	Motordrehzahl	16	16		E	S	E
M2	100ms	Motortemperatur	0	8			S	E
M3	20ms	Fahrpedal	16	8		E	S	

Die Steuergeräte sind dabei in Form einer Diagonale angeordnet. In horizontaler Richtung
werden die gesendeten Botschaften als Linien an das Steuergerät angetragen. Bei allen Emp-
fängern wird diese Botschaft als senkrechter Pfeil oben oder unten eingezeichnet. Für das
besprochene Beispiel ist die reduzierte Kommunikation im Bild 6-22 dargestellt.

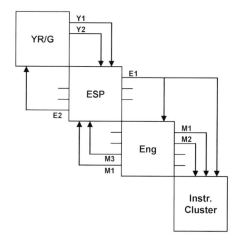

Steuergeräte:
YR/G   - Gierraten-/Querbeschleunigungssensor
ESP   - Elektronisches Stabilitätsprogramm
Eng   - Motorsteuergerät
Instr. Cluster - Kombiinstrument

Ausgetauschte Botschaften:

Y1 - Enthält z.B. Gierrate, Querbeschleunigung
Y2 - Enthält Statusinformationen
E1 - Enthält Fahrzeuggeschwindigkeit
E2 - Trigger für YR/G
M1- Enthält z.B. Motordrehzahl
M2- Enthält z.B. Motortemperatur
M3- Enthält z.B. Fahrpedalstellung

Bild 6-22   Darstellung des Datenaustausches in einem N^2-Diagramm für das Vernetzungsbeispiel

Für die Zuordnung der Signale zu einzelnen Botschaften sind verschiedene Ordnungskriterien möglich:

- Eine bevorzugte Paketierung nach der Zykluszeit und den Zieladressen ist zur Vermeidung großer Buslasten geeignet.

- Steht die Erweiterbarkeit im Vordergrund, z. B. bei Fahrzeugmodellen mit stark differierender Zusatzausstattung, sollte in erster Linie nach dem funktionalen Zusammenhang paketiert werden.

- Steht hingegen die möglichst unverzögerte Übertragung wichtiger Nachrichten im Vordergrund, ist nach der Priorität, d. h. nach der ID zu paketieren.

Für das einzelne Signal steht nach diesem Prozess auch das Startbit fest, damit kann es aus der Botschaft extrahiert werden. Es gibt verschiedene Möglichkeiten der Darstellung, in Bild 6-23 wurde eine byteweise Zuordnung der Bits verwendet. Zusätzlich ist die absolute Adresse des jeweiligen Bits (Startbit) mit angegeben, diese wird bei Verwendung einer CAN-Datenbank benötigt. Mit den Begriffen lsb (least signifikant bit) und msb (most signifikant bit) werden das niederwertigste bzw. das höchstwertigste Bit gekennzeichnet. Die dargestellte Anordnung entspricht dabei dem Intel-Zahlenformat, beim alternativen Motorola-Zahlenformat ist die Bitreihenfolge umgekehrt. Diese Information ist also ebenfalls für eine korrekte Interpretation der Daten notwendig.

Das nachfolgende Beispiel (Bild 6-23) ist nicht aus einem Fahrzeug entnommen sondern soll lediglich das Prinzip der Paketierung illustrieren. In der dargestellten Variante befindet sich die Geschwindigkeitsinformation in den ersten 8 Bits. Das Startbit ist Bit Nr. 0, die Länge auf 8 festgelegt. Daran schließt sich die Information über die Motordrehzahl an, diese belegt die Bits Nr. 8 (Startbit) bis Nr. 17 (Länge 10 Bit, 1024 Werte). Danach folgt eine binäre Statusinformation (Startbit Nr. 18, Länge 1 Bit), beispielsweise über die Überschreitung einer Temperaturschwelle. Als letztes Signal in diesem Beispiel ist die Anzeige des Ölniveaus angegeben, hier werden 6 diskrete Stufen unterschieden, d. h. es reichen 3 Bit für die Übertragung aus (Startbit 19, Länge 3 Bit). Der Rest der Botschaft wird nicht genutzt.

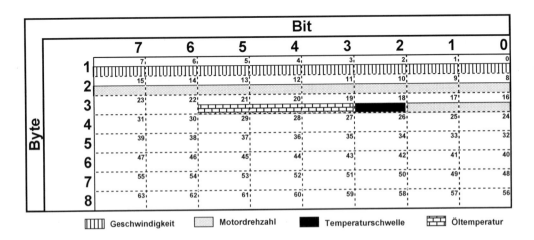

Bild 6-23 Zuordnung einzelner Signale zum Datenbereich für das beschriebene Beispiel. Neben der Angabe des absoluten Startbits (kleine Zahl) kann auch die Angabe von Byte/Bit erfolgen. Die Motordrehzahl würde dann mit Byte 2/ Bit 0 beginnen.

Neben dem allgemeinen Verständnis für die Vorgänge bei der Datenübertragung über das Bussystem stehen für den Anwender und Funktionsentwickler praktische Gesichtspunkte im Vordergrund. Zahlreiche Programme erleichtern den Umgang mit den Daten oder stellen Datenbanken zur Organisation der eben besprochenen Informationen zur Verfügung. Eine solche Speicherung ist unumgänglich, werden auf einem Bussystem doch schon über 100 Botschaften mit zum Teil mehr als 1000 Signalen übertragen.

Ein verbreitetes Programm ist die Software CANalyzer der Firma Vector-Informatik. Mit diesem Hilfsmittel können die Busdaten aufgenommen, analysiert und exportiert werden. Die wichtigsten Fenster sind in Bild 6-24 dargstellt.

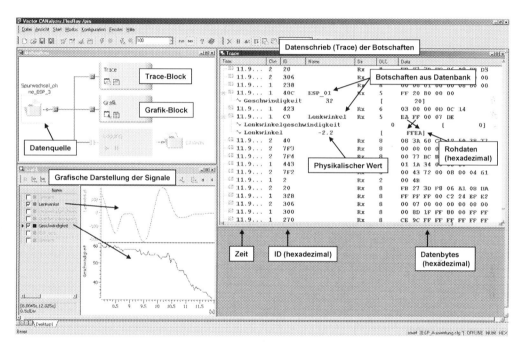

Bild 6-24   Das Programm CANalyzer (Vector-Informatik)

Im Fenster Messaufbau ist der Datenfluss zu sehen. Aus dem Messsystem direkt oder einer aufgezeichneten Messsequenz kommt ein Datenstrom, der an die beiden Blöcke Trace und Grafik weitergegeben wird. Im Trace-Fenster erfolgt die zeitliche Auflistung der einzelnen Botschaftsfelder. Neben der ID sind dies die Übertragungsrichtung (Rx-Receive), die Anzahl an Datenbytes (DLC) sowie die Werte der Rohdatenbytes (hexadezimal oder dezimal). Neben den Rohdaten werden auch die physikalischen Werte angezeigt, sofern eine entsprechende Datenbasis für die aufgenommen Botschaften vorhanden ist.

Dies ist im angezeigten Beispiel für den Lenkradwinkel der Fall. Die Rohdaten sind 2 Byte lang (16-Bit) und lauten für die markierte Zeile FFEA. Dies entspricht einem Lenkradwinkel von 2,2 °. Die notwendige Umrechnung ist in der Datenbank hinterlegt. Wie im Rohdatenschrieb erkennbar ist, unterscheidet sich die Sendereihenfolge der beiden Bytes. Zuerst wird das niederwertige Byte gesendet (EA), danach das höherwertige (FF). Dies entspricht dem

Intel-Datenformat, diese Information ist ebenfalls in der Datenbank zu hinterlegen. Eine andere Anordnung ergibt sich beim Motorola-Datenformat, die entsprechende Ausprägung ist abhängig vom Steuergerät und muss bekannt sein.

Im Bild 6-25 ist ein Ausschnitt aus einer CAN-Datenbank dargestellt. Hier sind die einzelnen Botschaften und die ihnen zugeordneten Signale aufgeführt. Wenn diese Datenbank im Programm CANalyzer hinterlegt ist, können auch die zeitlichen Verläufe der einzelnen Signale im Grafikfenster visualisiert werden.

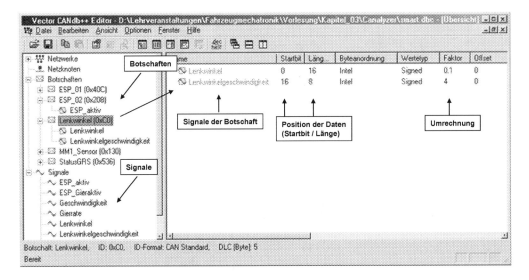

Bild 6-25   Ausschnitt aus einer CAN-Datenbank (Vector – CANdb-Editor)

Im dargestellten Beispiel sind für die Botschaft 0xC0 (hexadezimal) zwei Signale hinterlegt. Das erste ist 16 Bit lang und beginnt beim Startbit 0. Es beinhaltet den Lenkradwinkel. Durch die Multiplikation des Rohwertes (vorzeichenbehaftet – signed) mit 0,1 erhält man den physikalischen Wert. Daran schließt sich ein weiters Signal mit einer Länge von 8 Bit an. Das ist die Lenkwinkelgeschwindigkeit, deren Rohdaten mit dem Faktor 4 multipliziert werden müssen.

Das sehr umfangreiche Programmpaket CANalyzer diente nur zur Illustration vorhandener Software. Für Ausbildungszwecke kann eine Demonstrationsversion hiervon und von weiteren Produkten von der Homepage der Firma heruntergeladen werden [Link01]. Beispielmessungen mit Kommentaren werden auf [Link06] zur Verfügung gestellt.

Da in modernen Fahrzeugen sehr viele Botschaften übertragen werden, ist eine einfache Analyse des gesamten Datenverkehrs nur anhand des Trace-Fensters und ausgewählter Signale nicht mehr möglich. Daher erfolgte im Lehrgebiet Kfz-Mechatronik der HTW Dresden (FH) die Entwicklung eines Werkzeugs zur visuellen Busanalyse [Pet07].

Die grundlegende Idee ist die Darstellung der Sendezeitpunkte aller Botschaften als Farbbalken über der Zeit. Jeder Balken repräsentiert eine Botschaft, die unterschiedlichen Farben repräsentieren die Zykluszeit der Botschaft. Die x-Achse ist der Identifier der jeweiligen Botschaft, die y-Achse stellt die Zeit dar. Für eine bessere Übersichtlichkeit wurde die x-Achse nicht entsprechend des Identifiers skaliert, sondern dieser wird äquidistant in aufsteigender

Reihenfolge dargestellt. Ein Ausschnitt des Datenverkehrs über den CAN-Bus eines Fahrzeuges der Oberklasse ist in Bild 6-26 dargestellt.

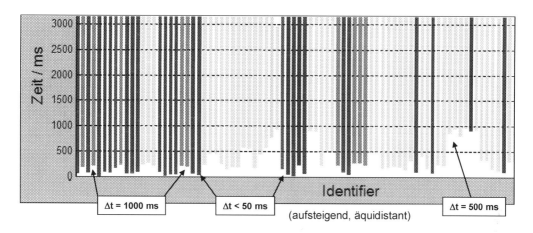

Bild 6-26 Visualisierung des Datenverkehrs auf dem CAN-Bus (nach [Pet07])

Zu erkennen sind in der Grafik die unterschiedlichen Sendezeitpunkte einzelner Botschaften nach Zündungsbeginn. Die verschiedenen Sendeintervalle wurden in die drei dargestellten Kategorien eingeordnet.

Die beschriebene Methode ist auch als einfaches Prüfverfahren einsetzbar. Hierzu ist es notwendig, den Datenverkehr im funktionsfähigen Zustand aufzuzeichnen. Mit diesem Bild als Referenz können jetzt Abweichungen detektiert und möglicherweise auch entsprechenden Komponenten zugeordnet werden.

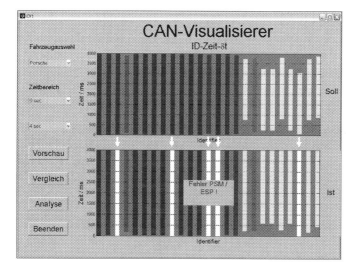

Bild 6-27 Einfacher Vergleich zur Fehlersuche

Der Vorteil der Methode liegt dabei in der Unabhängigkeit von der vollständigen CAN-Datenbank. Normalerweise wären die dort enthaltenen Informationen notwendig, sie sind aber zur Wahrung der Wettbewerbsposition des Fahrzeugherstellers und zur Verhinderung von unerlaubten Manipulationen nicht frei zugänglich. Da aber sowohl für eine einfache Fehlersuche, die Erstellung von Gutachten durch Sachverständige oder für die Aufdeckung von Manipulationen dieser Informationsumfang nicht notwendig ist, reicht eine einfache Analysemethode aus.

Im Beispiel in Bild 6-27 dargestellt ist in der oberen Grafik der Datenverkehr eines intakten Fahrzeugs. Im unteren Bild wurde eine Manipulation am ESP-System vorgenommen. Daraufhin werden mehrere Botschaften nicht mehr gesendet, die Bereiche sind mit einem weißen Pfeil markiert. Da der Fehler selbst initiiert wurde, kann er aus den verschiedenen und in einer eigenen Datenbank hinterlegten Fehlern eindeutig zugeordnet werden.

6.3.5 Analyse des Zeitverhaltens

Da es sich beim CAN-Bus um ein Multi-Master-System handelt, senden die Steuergeräte ihre Botschaften unabhängig voneinander. Ausnahmen davon sind spezielle Konstellationen mit der zyklischen Anforderung von Informationen wie im Falle des Gierratensensors beim smart forfour.

Das Prinzip der Arbitrierung führt nun dazu, dass niederpriore Botschaften (mit hoher ID) verspätet in Bezug auf den Sendezeitpunkt im Steuergerät übertragen werden. Dieser Sachverhalt lässt sich im realen Bussystem auch schon bei geringer Busauslastung beobachten. In Bild 6-28 sind Messungen der Sendeintervalle von 3 Botschaften dargestellt. Alle drei Botschaften werden zyklisch nach $t = 20$ ms gesendet. In beiden Grafiken ist die Verteilung der Sendeintervalle der Botschaft mit der ID 0x002 als Referenz eingetragen. Diese Botschaft besitzt die höchste Priorität und setzt sich damit immer durch. Dies resultiert in einer sehr geringen Breite der Verteilung, das Maximum liegt wie zu erwarten war bei 20 ms.

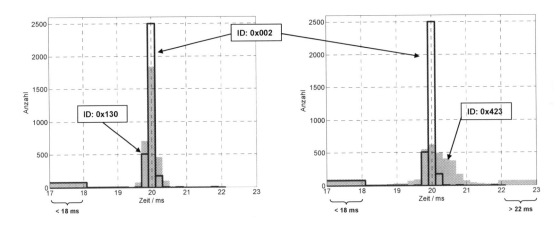

Bild 6-28 Ermittlung der Verteilung von Intervallzeiten

Auch die Botschaft mit ID 0x130 wird mit fast identischer Verteilung übertragen, im Bereich zwischen diesen IDs sind nur wenige andere Botschaften vorhanden. Anders sieht es dagegen für die Botschaft 0x423 aus. Diese hat von allen 20 ms-Botschaften die höchste ID. Entsprechend ist auch die Verteilung zu höheren Intervallen hin verschoben. Eine nicht unerhebliche Anzahl an Botschaften wird sogar mit einer Zykluszeit von mehr als 22 ms gesendet. Damit kann dieses Bussystem für zeitkritische Anwendungen mit einer großen Anzahl an Botschaften nicht eingesetzt werden.

Ein weiterer Punkt soll die fehlende Synchronisation zwischen einzelnen Botschaften auf dem CAN-Bus verdeutlichen und die daraus resultierenden Probleme kenntlich machen. Dazu werden drei Botschaften des CAN-Busses des PKW smart forfour betrachtet. Ein Sequenzdiagramm zur Illustration ist in Bild 6-29 dargestellt.

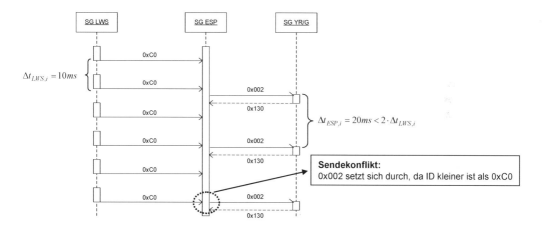

Bild 6-29 Sequenzdiagramm zur Verdeutlichung der fehlenden Synchronisation von Botschaften

Das Steuergerät des Lenkradwinkelsensors (SG LWS) sendet in einem Intervall von $\Delta t_{LWS,i} = 10ms$ seine Botschaften auf den CAN-Bus, Empfänger ist in erster Linie das ESP-Steuergerät. Die Information wird benötigt, um die Sollgierrate des Fahrzeugs für die entsprechende Fahrsituation zu ermitteln (Details zur Berechnung finden sich in Abschnitt 7.2). Dieser Sollwert wird mit dem tatsächlichen Wert verglichen. Diesen Messwert stellt der Gierratensensor (SG YR/G) zur Verfügung, der wie bereits besprochen auf die Anforderungsbotschaft 0x002 unmittelbar mit der Botschaft 0x130 antwortet. Diese Abfrage passiert mit einem Intervall von $\Delta t_{ESP,i} = 20ms$. Der Index i soll bei den beiden Intervallen verdeutlichen, dass es sich um die interne Zeit des jeweiligen Steuergerätes handelt.

Durch geringfügige Unterschiede in den Taktgebern sind diese internen Zeiten unterschiedlich lang. Im Sequenzdiagramm wird dies deutlich durch die Sendezeitpunkte. Während die zweite LWS-Botschaft kurz vor der ESP-Anforderungsbotschaft gesendet werden kann, kommt es nach wenigen Zyklen zu einem gleichzeitigen Sendeversuch. Die Ursache ist in diesem Fall die geringere Intervallzeit des ESP-Steuergerätes. Da dessen Botschaft die niedrigere ID besitzt, kann diese auch gesendet werden. Der neue Wert des Lenkwinkelsensors steht dadurch erst später zur Verfügung. Die maximale Verzugszeit beträgt in diesem Fall 10 ms.

Das sich dieser Prozess zyklisch wiederholt, ist aus Bild 6-30 ersichtlich. Der beschriebene Vorgang der Kollision findet alle 35 s statt, in dieser Zeit baut sich die Differenz von den

10 ms auf 0 ms ab. Einem Zyklus, in dem auf die Anforderungsbotschaft nur eine LWS-Botschaft folgt, schließt sich dann ein Zyklus mit 3 Botschaften an. Danach tritt wieder die ursprüngliche Abfolge auf.

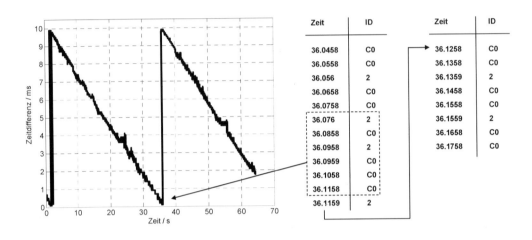

Bild 6-30 Ermittlung der Verzugszeit von Intervallzeiten

Das Beispiel sollte die Einsatzgrenzen des CAN-Bus für sicherheitskritische Systeme verdeutlichen. Bei der ESP-Regelung ist die auftretende Differenz entweder tolerierbar oder es wird eine zusätzliche Korrektur im Steuergerät durchgeführt. Für x-by-wire Systeme sind solche deutlichen Asynchronitäten aber nicht mehr tolerierbar und müssen durch den Einsatz zeitgesteuerter Bussysteme vermieden werden.

6.4 LIN-Bus

Dieses Bussystem stellt eine preisgünstige Alternative zum CAN-Bus dar und ist besonders für räumlich abgegrenzte Baugruppen geeignet. Beispiele hierfür sind die Steuereinheiten für die Außenspiegel, die Anbindung der Schalteinheiten an das Lenksäulensteuergerät sowie die Scheibenwischersensorik- und aktorik.

Das System ist als Eindrahtbus ausgeführt, die Spannung liegt gegen Masse an. Es ist eine maximale Übertragungsrate von 20 kBit/s möglich. Obwohl laut Spezifikation keine Begrenzung der Knotenanzahl besteht, hat sich im praktischen Einsatz eine Teilnehmerzahl unter 17 bewährt.

Im Unterschied zum CAN-Bus mit Multi-Master Zugriff stellt der LIN-Bus ein Master-Slave-System dar. Die Kommunikation wird ausschließlich durch den LIN-Master gesteuert. Dieser ist zur Übertragung wichtiger Informationen an weitere Steuergeräte als Gateway an einen CAN-Bus angeschlossen (Bild 6-31).

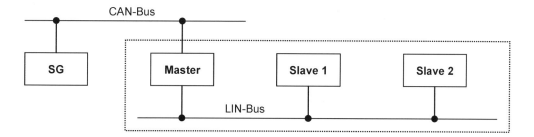

Bild 6-31 Topologie eines LIN-Bus-Systems

Der Aufbau einer LIN-Botschaft ist in Bild 6-32 dargestellt. Eine Kommunikation beginnt immer mit dem Senden eines Headers durch den LIN-Master. Da die LIN-Slaves zur Kosteneinsparung nicht über Oszillatoren verfügen, wird zur Synchronisation das entsprechende Taktsignal des Masters verwendet. Durch den Wechsel auf den dominanten Pegel im Bereich B bekommen die LIN-Slaves den Beginn einer Botschaft signalisiert. Dann kann das Feld D zur bitgenauen Synchronisation genutzt werden.

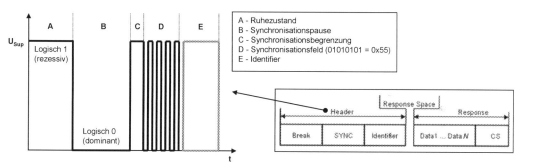

Bild 6-32 Aufbau einer Botschaft und Spannungspegel des Headers. Für die Bereiche A-D liegen die Werte der Bits fest, der Identifier kann hingegen unterschiedliche Werte annehmen.

Nach dem Senden des Identifiers E folgt nach einer kurzen Pause das Datenfeld. Je nach Wert des Identifiers folgen entweder Steuerungsanweisungen des LIN-Masters oder es werden Daten der LIN-Slaves übertragen. Die Botschaft schließt mit einer Checksumme ab.

In Bild 6-33 ist das Kommunikationsprinzip illustriert. Der LIN-Master sendet den Header, dieser wird von allen LIN-Slaves empfangen. Stellt dieser Header eine Anforderung für eine Datenübertragung dar, wird er vom entsprechenden Steuergerät zu dessen Anwendung weitergeben (im Beispiel Übergang 5 in Slave 1). Diese berechnet die angeforderten Werte und leitet sie zum Senden an den entsprechenden Baustein. Es erfolgt die Sendung der Daten und danach der Abschluss der Botschaft.

Alternativ kann auch vom Master ein Steuerungsbefehl gesendet werden, dann folgen auf den Header direkt die entsprechenden Daten. Dies entspricht dem Übergang 5' in Slave 2. Entsprechend der mitgeschickten Daten erfolgt die Reaktion der Anwendung. Als dritte Möglichkeit kann der Master auch den Datenaustausch zwischen zwei Slaves initiieren.

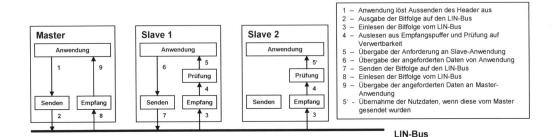

Bild 6-33   Grundprinzip der Datenübertragung auf dem LIN-Bus

Die zeitliche Abarbeitung wird durch das Aussenden der Header allein durch den LIN-Master festgelegt. In einer vom Entwickler festgelegten Abarbeitungstabelle ist diese Zeitsteuerung (Scheduling) hinterlegt. Auf jeden Identifier kann nur ein LIN-Slave mit der Übergabe seiner Daten antworten. Hingegen sind alle LIN-Slaves in der Lage, die gesamte Botschaft auszulesen und darauf zu reagieren.

Die Codierung der Daten erfolgt genau wie beim CAN-Bus durch Umrechnung der physikalischen Werte in einen möglichst geringen Ganzzahlwert. Die folgenden beiden Beispiele geben an, wie die Übertragung von Regenmenge und Wischergeschwindigkeit des Regensensors in einem PKW erfolgt. In Bild 6-34 ist der prinzipielle Aufbau der Steuergerätevernetzung angegeben.

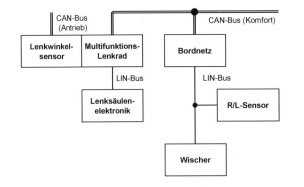

Information des R/L-Sensors (Auszug)

Startbit	Anzahl	Signal	Wertigkeit
4	3	Wischergeschwindigkeit [Bewegungen/min]	0 – AUS 1 – 42 2 – 45 3 – 48 4 – 51 5 – 54 6 – 57 7 – 60
27	3	Regenmenge [l/(m²s)]	0 – 0 1 – 2.1 2 – 4.2 3 – 6.3 4 – 8.4 5 – 10.5 6 – 12.6 7 – 14.7

Bild 6-34   Steuergerätevernetzung zur Regen-/Lichtsteuerung (Fahrzeug Obere Mittelklasse, Baujahr 2006) und Beispiele für die Codierung von Informationen

Wie auch beim CAN-Bus können die Daten in einer Datenbank, dem **Lin D**escription **F**ile (LDF), hinterlegt werden.

6.5 FlexRay

6.5.1 Grundprinzip der Datenübertragung

Der immer weiter steigende Bedarf an Informationsverarbeitung bei gleichzeitiger Gewährleistung einer hohen Übertragungssicherheit ist mit den bisher vorgestellten Bussystemen nicht realisierbar. Daher wurde 1999 ein Konsortium zur gemeinsamen Entwicklung des deterministischen und fehlertoleranten Kommunikationssystems FlexRay gegründet. Ausgangspunkt der Entwicklung waren das Time Triggered Protocol (TTP) [Grie00] und das von BMW bereits eingesetzte Bussystem bytefligth [Pol98]. Daraus leiteten sich die folgenden Anforderungen an die Neuentwicklung ab [Sche00]:

- Determinismus zur Sicherstellung einer synchronen Datenübertragung und zur Unterstützung verteilter Steuerungs- und Regelungssysteme.

- Fehlertoleranz zur Realisierung sicherheitskritischer Anwendungen wie x-by-wire.

- Erhöhte Bandbreite zur Ausweitung der Datenkommunikation.

- Flexible Topologie zur Realisierung unterschiedlicher Vernetzungsstrukturen.

- Erweiterbarkeit zur Integration künftiger Entwicklungen.

Basierend auf den Erfahrungen mit anderen Bussystemen wurde die aktuelle Realisierung spezifiziert und umgesetzt. Die wichtigsten technischen Eigenschaften des Systems sind in der Tabelle 6.4 zusammengefasst.

Tabelle 6.4 Eigenschaften des Bussystems FlexRay

Eigenschaft	Ausprägung
Anzahl Übertragungskanäle	2
Datenübertragungsrate (brutto)	(1,0..10,0) MBit/s je Kanal
	(2,0..20,0) MBit/s bei Kanalbündelung
Physikalische Übertragung	Differenzspannungssignal
Buszugriff	Multi-Master-System
	TDMA (statisches Segment)
	FTDMA (dynamisches Segment)
Anzahl an Knoten (Busstruktur)	22
Maximale Buslänge	24m in Busstruktur
	72m bei Verwendung von Koppelelementen (Sternkoppler)
Datenumfang	maximal 254 Bytes je Nachricht (127 Doppelbytes)
Uhrensynchronisation	dezentral

Ein Beispiel für eine daraus abgeleitete einfache Busstruktur ist in Bild 6-35 dargestellt. Es sind 5 unabhängige Knoten an den Bus in Form einer zweikanaligen Ausführung angeschlossen. Dabei ist es nicht notwendig, dass alle Knoten beide Kanäle verwenden. Im Beispiel kommuniziert Knoten 2 nur über den Kanal A, während Knoten 4 nur Kanal B nutzt. Die anderen Knoten verwenden beide Kanäle.

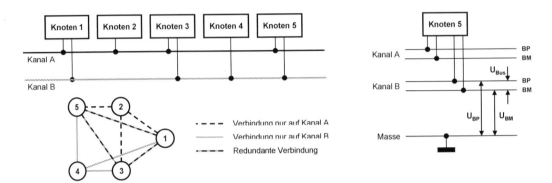

Bild 6-35 Beispiel eines FlexRay-Netzwerkes und der logischen Kommunikationsbeziehungen (links) und Anschlussschema im Detail (rechts)

Aus dieser Konfiguration lassen sich Rückschlüsse auf die Übertragungssicherheit ziehen. Nur die 3 Knoten, die mit beiden Kanälen arbeiten, können bei Ausfall eines Kanals die Redundanz des Systems nutzen. Für Knoten 2 oder 4 besteht bei Ausfall des jeweiligen Kanals keine Möglichkeit mehr, an der Kommunikation teilzunehmen. Diese Konfiguration sollte daher nur für sicherheitsunkritische Funktionen gewählt werden.

Im Bild 6-35 (rechts) ist weiterhin die physikalische Beschaltung im Detail angegeben. Wie auch beim Highspeed-CAN wird zur Auswertung eine Differenzspannung genutzt. Daher sind für jeden Kanal 2 Leitungen erforderlich, die mit BP (Bus Plus) und BM (Bus Minus) bezeichnet werden. Die Differenzspannung U_{Bus} berechnet sich dann zu:

$$U_{Bus} = U_{BP} - U_{BM} \qquad (6.6)$$

Zur Realisierung der Kommunikation auf dem Bus ist eine Treibereinheit erforderlich. Der grundsätzliche Aufbau und der notwendige Datenaustausch zwischen den einzelnen Elementen sind in Bild 6-36 illustriert. Auf die Darstellung der für die einzelnen Elemente notwendigen Spannungsversorgung wurde an dieser Stelle verzichtet.

Der Transfer der Nutzdaten geschieht von der Applikation auf dem Host über den Communication-Controller hin zum Bus-Driver und umgekehrt. Letzterer wandelt im Sendebetrieb die Information der Bitfolge in Spannungsimpulse um, die dann auf den beiden Leitungen BP und BM ausgegeben werden. Beim Einlesen werden die Signalpegel gemessen und in die entsprechende Bitfolge gewandelt und weitergeleitet. Die Konfiguration der Elemente erfolgt durch den Host, über die korrekte Ausführung wird dieser in Form von Statusdaten informiert.

Ein Zusatzelement ist der Buswächter (Bus Guardian), der optional integriert sein kann. Er erlaubt den Sendebetrieb nur, wenn das angeschlossene Steuergerät hierzu auch berechtigt ist. Damit kann der Bus vor Fehlern im Steuergerät, die zu unkontrolliertem Senden führen („babbling idiot"), geschützt werden. Pro Kanal ist ein eigener Buswächter notwendig. Zur physischen Entkopplung verfügt er auch über einen eigenen Taktgeber.

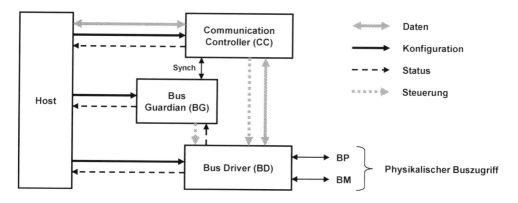

Bild 6-36   Struktur eines Netzknotens (nach [RB02])

Die verschiedenen Spannungspegel der Systemzustände der physikalischen Übertragungs-schicht sind in Bild 6-37 dargestellt. Im Gegensatz zum CAN-Bus sind insgesamt vier Zustän-de realisierbar. Die beiden Bitzustände 0 und 1 sind dominant und zeichnen sich durch eine Differenzspannung $|U_{Bus}| \geq 600\,\mathrm{mV}$ aus. Ist keine Differenzspannung vorhanden, die Einzel-pegel der Leitungen aber bei $U \approx 2{,}5\,\mathrm{V}$, kennzeichnet dies den freien Zustand („Idle"). Liegt an beiden Leitungen keine Spannung an, handelt es sich um den Zustand „Idle Low Power" („Idle_LP") [RB02].

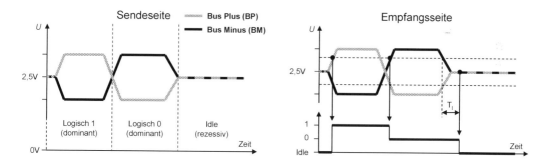

Bild 6-37   Spannungspegel zur Signalübertragung auf Sendeseite (links) und Zuordnung der logischen Zustände auf Empfangsseite (rechts)

In Bild 6-37 (rechts) sind die aus den Spannungssignalen abgeleiteten logischen Zustände auf Empfängerseite dargestellt. Bedingt durch Toleranzschwellen wird der Zustand nicht sofort aktualisiert, sondern erst nach sicherer Über- oder Unterschreitung dieser Werte. Auch nach dem Ende muss eine vorgegebene Schwellzeit T_I vergehen, bevor der Idle-Zustand sicher erkannt wird.

Durch die Verwendung von Koppelelementen kann die Bustopologie erweitert werden. Zum Einsatz kommen passive oder aktive Sternkoppler, wobei nur mit letzteren die hohe Übertragungsrate von 10 MBit/s realisierbar ist. Mit dem Koppler sind die Steuergeräte direkt verbunden, auch hier beschränkt sich die Entfernung auf 24 m.

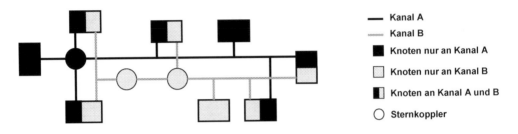

Bild 6-38   Mögliche hybride Vernetzung von FlexRay-Knoten

Im Bild 6-38 ist eine Beispielkonfiguration dargestellt. Da alle Vernetzungsstrukturen hier auftreten, wird von einer hybriden Topologie gesprochen. Auch bei der dargestellten Kopplung werden die beiden Kanäle separat behandelt. Die bisher im Serieneinsatz verwendeten Topologien werden im Abschnitt 6.5.4 vorgestellt.

6.5.2 Aufbau von Botschaft und Übertragungszyklus

Die Nutzinformationen werden auch beim Bussystem FlexRay in Form von Botschaften versendet. Diese bestehen im Wesentlichen aus drei Teilen, dem Botschaftskopf („header"), dem Datenbereich („payload") sowie dem Abschluss mit Prüfinformation („trailer"). Die weitere Unterteilung sowie die Länge der einzelnen Elemente ist Bild 6-39 zu entnehmen.

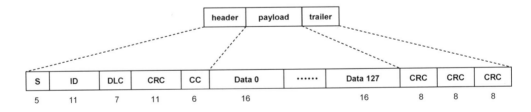

Bild 6-39   Aufbau einer FlexRay-Botschaft (nach [Link01])

Im Botschaftskopf folgt nach 5 Indikatorenbits die ID der Botschaft. Diese ist nicht frei wählbar sondern entspricht der Nummer des Zeitsegmentes („slot"), in dem die Botschaft gesendet wird. Das Feld DLC („data length code" / „payload length") beinhaltet die Anzahl der zu übertragenden Nutzdaten. Der Wert ist dabei in Doppelbytes angegeben ("Word", 16 Bit), da dies die kleinste Übertragungseinheit für Nutzdaten bei FlexRay darstellt. Im nachfolgenden Feld befindet sich eine Prüfsumme CRC („cyclic redundancy check") für den Botschaftskopf gefolgt von der Information des Zyklenzählers CC („cycle count"). Dieser gibt den Wert des aktuellen Zyklus des sendenden Steuergerätes an. Bedingt durch die Anzahl von 6 Bits wird nach 64 Zyklen (Nummer 0..63) wieder von vorne mit der Zählung begonnen.

Das sich anschließende Datenfeld („payload") enthält die Nutzdaten. Die Länge des Feldes ist variabel, es muss aber immer ein ganzzahliges Vielfaches von 16 sein. Die maximale Anzahl beträgt 254 Bytes (127 Words).

Den Abschluss der Botschaft bildet die 24-Bit Prüfsumme. Das Generatorpolynom für die Prüfsummenbildung lautet:

$$x^{24} + x^{22} + x^{19} + x^{18} + x^{16} + x^{15} + x^{14} + x^{13} + x^{11} + ...$$

$$x^{10} + x^8 + x^7 + x^6 + x^3 + x^1 + x^0 \qquad (6.7)$$

$$= 101001101111011011001011$$

Übertragen wird, wie auch beim CAN-Bus, der ermittelte Rest der Polynomdivision. Dieser besitzt immer eine Stelle weniger als das Generatorpolynom.

Während beim CAN-Bus die Botschaft die kleinste und immer wiederkehrende Informationseinheit darstellt, ist dies beim Bussystem FlexRay der Kommunikationszyklus. Der grundlegende Aufbau eines Zyklus ist in Bild 6-40 dargestellt. Er besteht aus den folgenden 4 Elementen, die auch in dieser Reihenfolge gesendet werden:

Statisches Segment:	Es besteht aus einer festgelegten Anzahl an Sendefenstern („slots"), in denen genau eine Botschaft übertragen werden kann. Die Übertragung findet auf beiden Kanälen parallel statt. Die ID der jeweiligen Botschaft entspricht der Nummer des Sendefensters.
Dynamisches Segment:	Auch hier erfolgt die Übertragung in Sendefenstern („slots"). Da die Botschaften unterschiedliche Längen aufweisen können, erfolgt die Verwaltung über so genannte Minislots. Diese werden zu so großen Blöcken zusammengefasst, dass in der Zeit die entsprechende Botschaft gesendet werden kann. Um auf allen Knoten dieselbe Länge zu erreichen, werden die slots aus einer festen Anzahl von Makroticks gebildet. Die Übertragung erfolgt auf beiden Kanälen unabhängig voneinander. Auch in diesem Segment ist die Botschafts-ID die Nummer des Sendefensters
Symbol-Fenster:	Sendung eines Signals zur Kollisionsvermeidung (CAS oder MTS).
Network Idle Time (NIT):	Während dieser Phase werden in den einzelnen Knoten die Uhren synchronisiert. Das ist zyklisch notwendig, damit alle Knoten mit derselben Zeitbasis arbeiten.

In den beiden Sendesegmenten erfolgt jeweils für beide Kanäle eine Zählung der Sendefenster in einer Variablen („slot counter A/B"). Erkennt das Steuergerät eine Übereinstimmung mit der ID der von ihm zu sendenden Botschaft, dann wird diese abgesetzt. Da durch die Konfiguration des Netzwerkes das Zeitfenster durch die einmalige Vergabe der ID exklusiv zugeordnet wurde, kann es nicht zu einer Überschneidung mit einem anderen sendenden Steuergerät kommen.

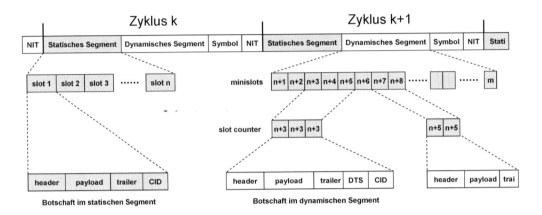

Bild 6-40   Aufbau von Kommunikationszyklen und Einordnung der Botschaften (nach [Link01])

Der dynamische Bereich beginnt dann mit dem um 1 erhöhten letzten Wert des statischen Segmentes. Für das Netzwerk aus Bild 6-35 ist eine Konfiguration der beiden Segment beispielhaft in Bild 6-41 dargestellt. Aus dem Kommunikationszyklus wurden nur die beiden Segmente mit Botschaften verwendet, Symbolfenster und NIT fehlen.

Das statische Segment besteht aus 6 Sendefenstern. Als erster sendet Knoten 1 auf beiden Kanälen, allerdings Botschaften mit unterschiedlichem Inhalt (A und D). Danach erhält Knoten 2 die Sendemöglichkeit. Dieser ist lediglich an Kanal A angeschlossen, damit bleibt das Sendefenster auf Kanal B frei. Dies kann im statischen Segment auch nicht von einem anderen Knoten genutzt werden.

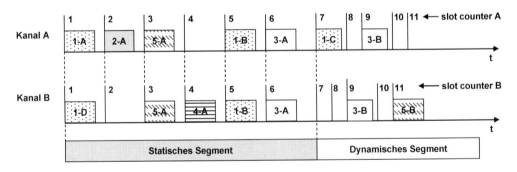

Bild 6-41   Beispiel für eine Übertragung bei der Topologie nach Bild 6-35

Im Sendefenster 3 setzt Knoten 5 auf beiden Kanälen dieselbe Botschaft (A) ab. Dies ist der übliche Fall für eine redundante und fehlersichere Übertragung, denn im Falle einer Störung eines Kanals bleibt der Botschaftsinhalt auf dem anderen Kanal verfügbar. Die anderen Botschaften des statischen Segmentes ergeben sich ebenfalls nach diesem Schema.

Im dynamischen Segment gibt es eine maximale Anzahl an Minislots. Wird eine Botschaft übertragen, so hat diese die ID des Minislots, mit dem die Übertragung gestartet ist. Dauert die

Übertragung mehrere Minislots an, wird trotzdem der Zähler der Minislots („slot counter")
nicht erhöht. Erst mit dem nächsten freien Minislot erfolgt dessen Inkrementierung. Damit
kann es, bedingt durch unterschiedlich lange Botschaften, zum selben Zeitpunkt auf den beiden Kanälen unterschiedliche Werte der Zähler geben. Im Beispiel ist das für den Knoten 3 zu
sehen. Obwohl beide Botschaften dieselbe ID besitzen (Nummer des slots = 9), werden sie zu
unterschiedlichen Zeitpunkten gesendet. Dies liegt an der Übertragung der Botschaft von Knoten 1 (Botschaft C) zu Beginn des dynamischen Segmentes auf Kanal A. Dies ist der deutliche
Unterschied zum statischen Segment, wo eine solche Diskrepanz nicht auftreten kann.

Aus der ID der Botschaft ergibt sich, wie bereits ausgeführt, die Sendeposition im Segment.
Dies gilt sowohl für das statische wie auch das dynamische Segment. Wenn die entsprechende
Nummer durch Inkrementierung des Zählers erreicht wurde, kann der Knoten seine Botschaft
absetzen. Im dynamischen Segment muss dies nicht passieren. Wenn der Knoten keine aktuellen Daten hat, wird auch keine Botschaft abgesetzt. Dadurch erhöht sich aber der Zähler mehr
als bei Sendung der Botschaft und es wird insgesamt ein höherer Endwert erreicht. Damit
können auch Botschaften mit sehr hoher ID noch gesendet werden.

Finden hingegen bei geringen Zählerwerten sehr viele Sendungen statt, erreicht der Zähler
möglicherweise während des Zyklus nicht mehr den für die Sendung einer Botschaft mit hoher
ID notwendigen Wert. In diesem Fall kann der entsprechende Knoten die Botschaft nicht absetzen und muss bis zum nächsten Übertragungszyklus warten. Damit kann für die Botschaften, ähnlich wie beim CAN-Bus, eine Priorität festgelegt werden. Je geringer die ID ist, umso
höher ist die Botschaft priorisiert. Allerdings sollten die wirklich sicher zu übertragenden Informationen schon im statischen Segment gesendet werden. Dies ist bei der Konfiguration des
Netzwerkes zu berücksichtigen.

6.5.3 Synchronisation und Initialisierung

Da es sich bei FlexRay um ein zeitgesteuertes System handelt, ist die Synchronisation auf eine
einheitliche Basiszeit Grundvoraussetzung für eine störungsfreie Übertragung. Im Gegensatz
zum LIN-Bus existiert im FlexRay-Netzwerk kein Master-Steuergerät, das eine Synchronisati-
onssequenz sendet. Die Angleichung erfolgt vielmehr dezentral durch eine permanente Korrektur der lokalen Zeiten in jedem Steuergerät.

Die verschiedenen lokalen Zeiten entstehen durch Unterschiede in den Frequenzen der
Schwingquarze der einzelnen Steuergeräte. Diese sind zwar sehr gering, für lange Zeiträume
machen sich die Abweichungen aber bemerkbar. Auf diese Problematik wurde bereits im Abschnitt CAN-Bus bei der Analyse des Zeitverhaltens hingewiesen (siehe Bild 6-30). Die beiden
auftretenden Abweichungen resultieren einerseits aus unterschiedlichen Startzeitpunkten
(Nullpunktfehler) und unterschiedlichen Frequenzen (Steigungsfehler). Für drei Steuergeräte
sind die Verläufe für die globale Zeit und die lokalen Zeiten im Steuergerät beispielhaft in Bild
6-42 dargestellt.

Die Korrektur erfolgt über die Verwendung von zwei unterschiedlichen Zeiteinheiten, den
bereits besprochenen Makroticks und den Mikroticks. Ein Zyklus und auch die untergeordne-
ten Fenster („slots") bestehen aus einer festen Anzahl an Makroticks. Diese Anzahl ist zwar
nicht fest vorgegeben sondern konfigurierbar, sie muss aber innerhalb eines Netzwerkes für
alle Knoten identisch sein. Die Makroticks setzen sich wiederum aus einer festen Anzahl an
Mikroticks zusammen, deren Länge direkt aus der Frequenz des Schwingquarzes des jeweiligen Steuergerätes abgeleitet wird. Die Anzahl an Mikroticks je Makrotick ist nun für jedes

Steuergerät unterschiedlich und wird auch während des Betriebes für die Zeitkorrektur verändert. Der Ablauf dieses Vorgangs ist in Bild 6-43 schematisiert.

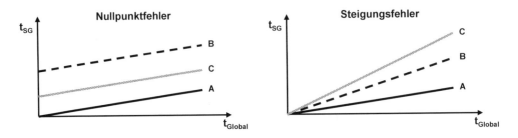

Bild 6-42   Entstehung von Abweichungen in der lokalen Zeitbasis der Steuergeräte

Zur Ermittlung von Abweichungen finden Messungen in jedem Steuergerät an Botschaften mit gesetztem Sync-Bit während der Übertragung des statischen Segmentes statt. Welche Knoten diese Botschaften senden dürfen, wird bei der Konfiguration des Netzwerkes festgelegt. Da jeder Knoten die konfigurierten Sendezeitpunkte kennt, kann aus der Differenz zum tatsächlichen Zeitpunkt die Nullpunktverschiebung (Offset in Mikroticks) ermittelt werden. Aus der Dauer der Übertragung zweier Sync-Botschaften errechnet sich die Steigungsabweichung (ebenfalls in Mikroticks).

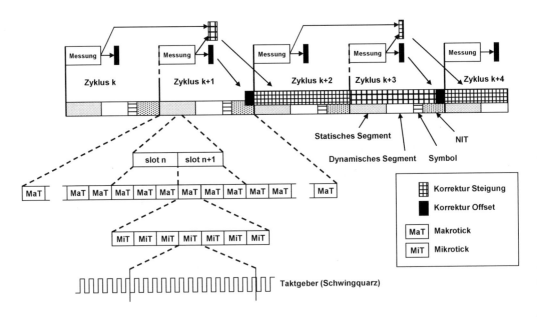

Bild 6-43   Aufbau der Zeitelemente (links unten) und Vorgehensweise bei der Zeitkorrektur
(nach [Link01])

Die Korrektur beider Abweichungen erfolgt zu unterschiedlichen Zeitpunkten. Der Offset wird in jedem zweiten Zyklus während der NIT-Phase im vorletzten Makrotick korrigiert. Dabei wird dessen Länge (in Mikroticks) um den ermittelten Wert verkürzt oder verlängert. Die für die Steigungskorrektur ermittelten Mikroticks werden hingegen gleichmäßig auf den gesamten Zyklus verteilt, dabei werden wieder einzelne Makroticks verkürzt oder verlängert.

Auch die Initialisierung eines FlexRay-Netzwerkes unterscheidet sich von anderen Bussystemen. Es ist ein spezielles Schema notwendig, um die Synchronisierung erfolgreich zu starten. Dafür existieren mehrere Steuergeräte, die eine Systemaktivierung vornehmen können. Diese werden als Coldstart-Nodes bezeichnet. Hiervon sollten mindestens 3 pro Bus vorhanden sein.

Die Initialisierung beginnt mit dem Senden eines Kollisions-Vermeidungssymbols (Collision Avoidance Symbol – CAS) durch den Führungsknoten („Leading Coldstart Node"). Dieser kann dann für 4 Zyklen Initialisierungsbotschaften („Init-Frames", A) senden. Nachdem die anderen Coldstart-Nodes diese vier Initialisierungsbotschaften erhalten haben, beginnen sie mit der Synchronisation und nach deren erfolgreichem Abschluss ebenfalls mit dem normalen Sendebetrieb (B). Alle anderen Knoten folgen, wenn sie von mindestens 2 Coldstart-Nodes die Initialisierungsbotschaften (mindestens 4 Zyklen von mindestens 2 Knoten) empfangen haben (C). Der beschriebene Vorgang ist schematisch in Bild 6-44 dargestellt.

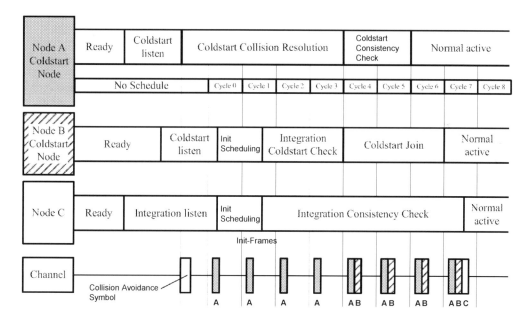

Bild 6-44   Initialisierung eines FlexRay-Netzwerkes (nach [Rei06])

Treten Fehler während der Initialisierung auf, wird der Vorgang durch den Führungsknoten abgebrochen (Einstellung Sendebetrieb) und nach einer Pause von einem Zyklus erneut gestartet. Um eine Initialisierung des Systems auch bei Ausfall eines Coldstart Nodes zu gewährleisten, sollten pro Netzwerk mindestens 3 Knoten diese Funktionalität aufweisen. Weitere Details zur Initialisierung und dem Weckvorgang finden sich in [Rei06] und [RB02].

6.5.4 Einsatz in Serienfahrzeugen

Der erste Serieneinsatz des Bussystems erfolgte im BMW X5 des Baujahres 2006. Damit sich bei möglichen Problemen mit der neuen Technik die Auswirkungen sowohl für die Fahrzeugsicherheit als auch die Haftung in vertretbaren Grenzen halten, wurde zunächst nur ein einzelnes Zusatzsystem, die elektronische Wankstabilisierung, mit FlexRay vernetzt. Hierdurch war es dem Fahrzeughersteller möglich, wertvolle Erfahrungen auf diesem Gebiet zu sammeln. Die Systemvernetzung ist in Bild 6-45 dargestellt.

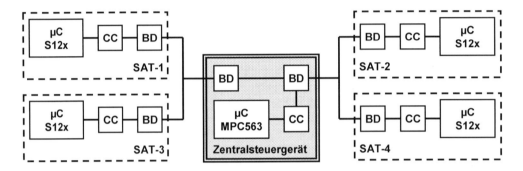

Bild 6-45   Vernetzung der aktiven Wankstabilisierung im BMW X5 (nach [Sche07])

Das Zentralsteuergerät stellt gleichzeitig den Sternkoppler für die beiden Teilsysteme dar. Damit ist bei Ausfall eines Zweiges immer noch eine Teilfunktionalität realisierbar. Es werden auf dem Bussystem verschiedene Botschaften im statischen Segment mit unterschiedlicher Intervalldauer ausgetauscht. Der Zyklenaufbau ist in Bild 6-46 aufgeführt.

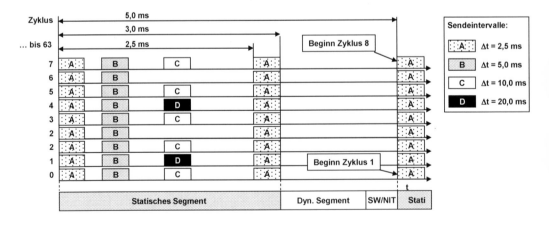

Bild 6-46   Aufbau der Kommunikationszyklen für die aktiven Wankstabilisierung im BMW X5 (nach [Sche07])

Der Gesamtzyklus besitzt eine Länge von 5 ms, unterteilt in 3 ms für das statische Segment und 2 ms für dynamisches Segment, Symbol Window und NIT. Durch diese Aufteilung ist es möglich, eine Botschaft mit einer Intervalldauer von 2,5 ms zu senden (Botschaft A). Diese wird jeweils zu Beginn und kurz vor dem Ende des aktuellen Zyklus gesendet. Die Sendung der Botschaft B erfolgt einmalig je Zyklus, damit ergibt sich die Intervalldauer identisch zur Zyklendauer zu 5 ms. Die Botschaften C und D werden nur in jedem zweiten oder jedem vierten Zyklus gesendet, entsprechend länger sind die Sendeintervalle.

Deutlich aufwändiger gestaltet sich die Systemvernetzung in der kommenden Generation der 7er-Baureihe von BMW (Baujahr ab 2009). Der FlexRay-Bus verbindet dort alle Steuergeräte der Fahrdynamikregelung. Das zentrale Gateway stellt auch hier den Sternkoppler zwischen zwei Teilsystemen dar, dabei wurden aber zwei Sterne zur Kopplung der Steuergeräte eingesetzt. Die Vernetzung aus Bild 6-47 ersichtlich. Eine Information über den Aufbau des Kommunikationszyklus wurde bislang nicht veröffentlicht.

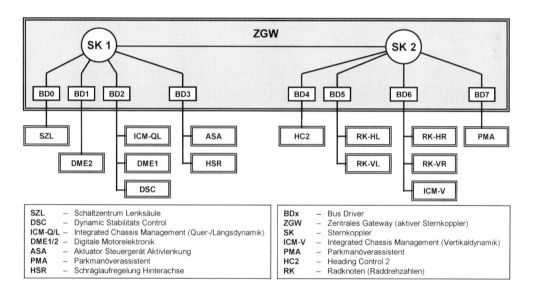

Bild 6-47 Geplante Vernetzung für den BMW 7er (Baujahr ab 2009)

Der Aufwand für Konfiguration und Entwicklung des Netzwerkes steigt gegenüber dem CAN-Bus deutlich an. Während bei diesem hauptsächlich die Priorität (durch Vergabe des entsprechenden Identifiers) und die Paketierung durch den Fahrzeugentwickler (üblicherweise der Fahrzeughersteller) verwaltet werden musste, ist für FlexRay zusätzlich die zeitliche Einordnung der Botschaftssendung zu konfigurieren. Das stellt erhöhte Anforderungen auch an die Simulations- und Entwicklungswerkzeuge. Diese müssen jetzt die elektronische Nachbildung des zu entwickelnden Fahrzeuges mit einer wesentlich höheren Komplexität gewährleisten.

Mit Bild 6-48 soll der Koordinationsaufwand verdeutlicht werden. Der Fahrzeughersteller (OEM) als Gesamtentwickler muss schon sehr frühzeitig die Zuordnung der einzelnen Botschaften vornehmen. Dabei ist der Aufwand einer späteren Änderung am Kommunikationszyklus sehr hoch, andererseits reduziert eine zu große Anzahl an Platzhaltern (ungenutzte slots) die Datenrate.

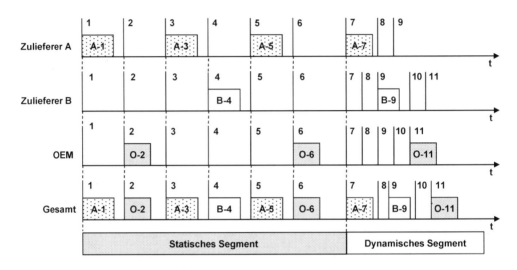

Bild 6-48 Zusammenführung des Gesamtzyklus (OEM & Zulieferer, nach [Sche07])

Aus Bild 6-48 wird auch die Priorisierung für das dynamische Segment deutlich. Die Sendung der Botschaft mit der geringsten Priorität (O-11) erfolgt später, wenn die vorherigen dynamischen slots zur Sendung von Botschaften genutzt werden. Bei hinreichend großer Anzahl kann es passieren, dass der für O-11 notwendige Zählerstand nicht erreicht wird und daher bis zum nächsten Zyklus gewartet werden muss. Dieser Umstand muss unbedingt bei der Systemauslegung berücksichtigt werden.

7 Mechatronische Fahrwerkregelung

In diesem Kapitel werden die wichtigsten Systeme zur Fahrwerkregelung vorgestellt. Diese sind sehr gute Beispiele für mechatronische Konzepte im Fahrzeug. Durch den mittlerweile mehr als 30-jährigen Serieneinsatz des Antiblockiersystems (ABS) lassen sich hieran die erreichten Entwicklungsfortschritte dokumentieren. Als Ausblick wird kurz auf ein Konzept für eine ganzheitliche Fahrwerkregelung eingegangen.

7.1 Antiblockiersystem

Die Übertragung der Antriebs-, Lenk- und Bremskräfte erfolgt bei Kraftfahrzeugen durch den Kontakt zwischen Reifen und Fahrbahn. Die übertragbaren Kräfte sind sowohl von der Materialzusammensetzung von Reifen und Fahrbahn und den Umgebungsbedingungen abhängig. Wird auf ein Rad ein Bremsmoment ausgeübt, so verringert sich die Radumfangsgeschwindigkeit $v_{Rad,U}$ gegenüber der Geschwindigkeit des Fahrzeuges v_{Fz}, es entsteht ein Bremsschlupf λ_B. Dieser ist definiert als:

$$\lambda_B = \frac{v_{Fz} - v_{Rad,U}}{v_{Fz}} \tag{7.1}$$

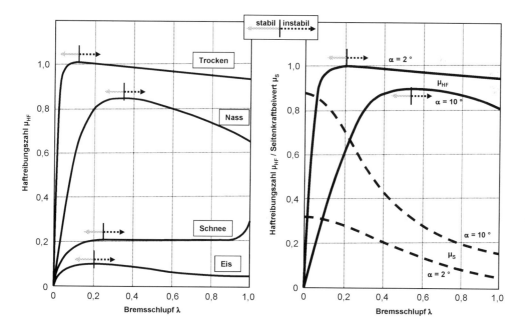

Bild 7-1 Zusammenhang zwischen Reifenschlupf und Kraftschlussbeiwert (links) und Abhängigkeit der Kraftschlussbeiwerte vom Schräglaufwinkel (rechts) (nach [RB04]). Das Maximum der Reibwertkurven stellt auch die Grenze zur Instabilität dar.

Die beiden Extremfälle stellen sich als $\lambda = 0$ ($v_{Rad,U} = v_{Fz}$, Rad frei rollend) und $\lambda = 1$ ($v_{Rad,U} = 0$, Rad blockiert, Fahrzeug gleitet) dar. Wird der Haftreibbeiwert für den Bremsfall μ_B als Funktion des Schlupfes aufgetragen, dann ergeben sich für verschiedene Umweltbedingungen die in Bild 7-1 (links) gezeigten Verläufe.

Ein Maximum an Bremsmoment ist für die meisten Bedingungen im Bereich von $0{,}1 \leq \lambda_B \leq 0{,}3$ zu erzielen. Überschreitet der Schlupf den Wert des Maximums, blockiert das Rad innerhalb weniger 100 ms und es steht nur noch der geringere Reibwert bei $\lambda = 1$ zur Übertragung der Bremskräfte zur Verfügung. Damit verlängert sich in erster Linie der Bremsweg, allerdings führt die Blockierung des Rades zu einer deutlichen Reduzierung des übertragbaren Lenkmomentes und damit zur Manövrierunfähigkeit. Dieser Sachverhalt ist in Bild 7-1 (rechts) dargestellt. Der Seitenreibbeiwert μ_S, der das übertragbare Lenkmoment bestimmt, sinkt durch die Bremsung rapide ab. Damit kann die Hauptaufgabe eines Antiblockiersystems wie folgt zusammengefasst werden:

„Ein ABS dient dazu, die Lenkfähigkeit des Fahrzeuges zu erhalten!"

Nur durch Erhalt der Lenkfähigkeit kann der Fahrer in Gefahrensituationen überhaupt Gegenmaßnahmen ergreifen. Die Reduzierung des Bremsweges durch Nutzung des maximalen Haftreibbeiwertes ist erst die hierauf folgende zweite wichtige Aufgabe des Systems.

Um diese Aufgaben erfüllen zu können, müssen einerseits über entsprechende Sensoren die Fahrzeuggeschwindigkeit und die Radumfangsgeschwindigkeiten ermittelt werden. Andererseits muss ein Eingriff in die Bremsanlage durch entsprechende hydraulische oder elektromechanische Komponenten erfolgen können. Der grundsätzliche Systemaufbau für eine hydraulische Grundbremse ist in Bild 7-2 dargestellt.

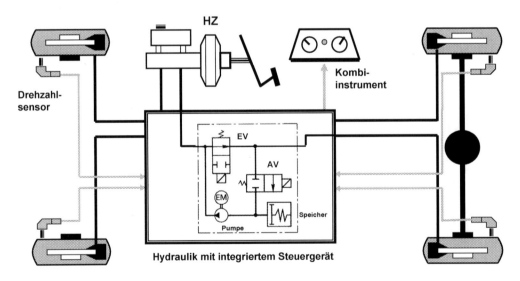

Bild 7-2   Komponenten eines Antiblockiersystems. Der hydraulische Teil mit den beiden Ventilen (EV-Einlassventil, AV-Auslassventil) ist für jedes Rad erforderlich.

Durch die Hydraulikventile ist ein Engriff in die Druckverteilung des Radbremszylinders möglich. Im Bild 7-2 dargestellt ist die Variante mit getrennten 2/2-Wegeventilen für Einlass (EV)
und Auslass (AV) mit der Ventilstellung für den unbestromten Zustand. Dieser Zustand gewährleistet den direkten Durchgriff auf den Radbremszylinder (EV-Offen) und ermöglicht
einen Druckaufbau (AV-Geschlossen). Somit ist auch bei einem Systemausfall die Grundbremsfunktionalität gewährleistet. In älteren Systemen findet sich statt dieser Konfiguration
ein 3/3 Wegeventil. Insgesamt lassen sich 4 Systemzustände realisieren, von denen 3 für die
Funktionalität relevant sind (Tabelle 7.1).

Tabelle 7.1 Zusammenstellung der Systemzustände des ABS (Of – Ventil offen,
Ge – Ventil geschlossen, 0 – Ventile unbestromt, 1 – Ventil bestromt)

Zustand	EV	AV
Druckaufbau durch den Fahrer	Of / 0	Ge / 0
Druckhalten	Ge / 1	Ge / 0
Druckabbau durch ABS-Pumpe	Ge / 1	Of / 1
Fehlerzustand (darf nicht auftreten)	Of / 0	Of / 1

Die Regelung bei älteren Systemen erfolgt schwellwertgesteuert. Es existiert dabei nicht nur
eine einzelne Regelgröße, vielmehr handelt es sich um eine Mehrgrößen-Mehrpunktregelung.
Da die technische Realisierung in Form einer digitale Regelung mit automatischer Adaption an
die Situation erfolgt, ist die Darstellung als einfaches Blockschaltbild, wie im Kapitel Regelungstechnik besprochen, nicht mehr sinnvoll. Das Prinzip soll daher am Verlauf der charakteristischen Größen beschrieben werden.

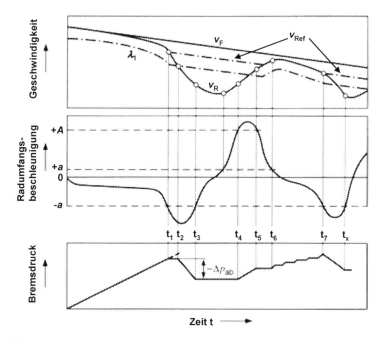

Bild 7-3   Regelungsstrategien bei hohem Kraftschlussbeiwert (nach [Ise02])

Im freirollenden Zustand sind Fahrzeug- und Radumfangsgeschwindigkeit identisch ($v_{Rad,U}$ = v_{Fz}). Mit dem Abbremsen des Rades, im Bild 7-3 ersichtlich durch den ansteigenden Bremsdruck p_R, tritt eine negative Radumfangsbeschleunigung a_R auf, in der Folge sinkt die Radumfangsgeschwindigkeit v_R. Die einzelnen Phasen und die auslösenden Ereignisse werden in Tabelle 7.2 zusammengefasst.

Tabelle 7.2 Phasen der konventionellen ABS-Regelung

Zeit	Zustand	Erkennung	ABS-Systemreaktion
t_1	Radumfangsbeschleunigung **unterschrei-tet** <u>ersten</u> kritischen Wert	$a_R < -a$	– Druckhalten, – Berechnung v_{Ref} als Ersatz für v_{Fz}
t_2	Radumfangsgeschwindigkeit **unterschrei-tet** kritischen Wert (Schlupfschwelle)	$v_R < \lambda_1$	– Druckabbau in Speicher, – Rückförderpumpe ein
t_3	Radumfangsbeschleunigung **überschreitet** <u>ersten</u> kritischen Wert	$a_R > -a$	– Druckhalten
t_4	Radumfangsbeschleunigung **überschreitet** zweiten kritischen Wert	$a_R > +A$	– Druckaufbau durch Fahrer wird zugelassen.
t_5	Radumfangsbeschleunigung **unterschrei-tet** zweiten kritischen Wert	$a_R < +A$	– Druckhalten
t_6	Radumfangsbeschleunigung **unterschrei-tet** dritten kritischen Wert	$a_R < +a$	– Pulsreihe für langsamen Druckaufbau, Rad erreicht – Berechnung von v_{Fz} wieder aus v_R
t_7	Zustand wie bei t_1, allerdings ab hier geändertes Regelverhalten	$a_R < -a$	– Druckabbau (im Gegensatz zu Druckhalten im ersten Zyklus), – Berechnung v_{Ref} als Ersatz für v_{Fz}
t_x	Die Regelung läuft zyklisch nach dem beschriebenen Schema ab.		

Eine entscheidende Größe ist dabei die Bestimmung der Fahrzeugreferenzgeschwindigkeit v_{Ref}. Diese Vergleichsgröße ist notwendig, da bedingt durch den Bremseingriff die Fahrzeuggeschwindigkeit nicht mehr aus den Raddrehzahlen bestimmt werden kann. Es werden daher Annahmen getroffen über die mögliche auftretende Verzögerung a_{Fz}. Um den tatsächlichen Wert zu ermitteln und damit die Regelqualität zu verbessern, wäre der Einsatz eines zusätzlichen Beschleunigungssensors notwendig. Für die grundlegende Aufgabe, die Verhinderung einer vollständigen Blockierung, ist dies jedoch nicht notwendig, hier genügt eine Annahme von beispielsweise a_{Fz} = –0.3 g (g = 9,81 m/s²).

Die Werte der verschiedenen Parameter sind abhängig vom Fahrzeugtyp. Zwar können Wertebereiche aus physikalischen Grenzen vorgegeben werden, die genaue Abstimmung erfolgt aber im Rahmen einer fahrzeugspezifischen Applikation durch entsprechende Fahrmanöver. Ebenso müssen die Werte sowie die Regelstrategie an unterschiedliche Fahrbahnverhältnisse angepasst werden. Details hierzu finden sich in [RB04] sowie [Ise02] und werden an dieser Stelle nicht besprochen.

Ein Beispiel für eine ABS-Regelung ist in Bild 7-4 zu sehen. Aus dem Abfall der Radumfangsgeschwindigkeit vorne links (VL) bei $t \approx 1,1$ s wird deutlich, dass ohne einen ABS-Eingriff das Rad innerhalb von $t \approx 0,2$ s blockieren würde.

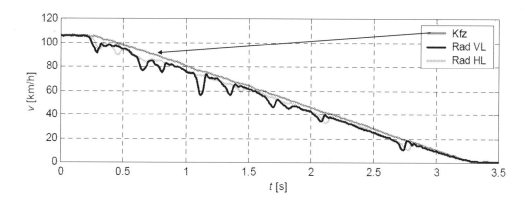

Bild 7-4   Beispiel einer ABS-Schwellwertregelung auf trockener Fahrbahn [Ise02]

Für Erweiterungen des Systems hin zu einer Fahrdynamikregelung ist der beschriebene Algorithmus nicht geeignet. Daher wird in modernen Antiblockiersystemen eine Sollwertregelung für den Schlupf eingesetzt. Ein Beispiel für einen solchen Regelkreis ist in Bild 7-5 dargestellt.

Der grundlegende Unterschied ist, dass für die vorherrschende Situation ein Sollschlupf λ_{Soll} berechnet wird und von diesem der über die Sensorik ermittelte Schlupf λ_{Ist} abgezogen wird. Die daraus resultierende Regeldifferenz $\Delta\lambda$ bildet die Eingangsgröße des Reglers. Dieser kann beispielsweise als PID-Regler mit den entsprechenden charakteristischen Parametern ausgeführt sein.

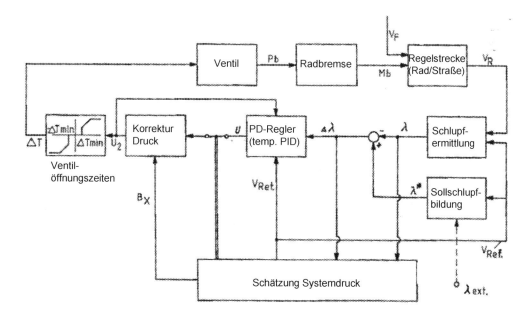

Bild 7-5   Aufbau eines Sollschlupfreglers (nach [Pat16])

Der Vorteil dieses Konzeptes ist die Möglichkeit, einen bestimmten Sollschlupf λ_{Soll} auch von einer übergeordneten Instanz, z. B. der Fahrdynamikregelung, vorzugeben. Dazu dient der Eingang für λ_{ext}. Dieser muss nicht im Maximum der Reibwertkurve liegen, denn es ist für einen stabilisierenden Eingriff nicht immer die maximale Verzögerung notwendig. Details zur Sollwertermittlung bei einer Fahrdynamikregelung sind in Abschnitt 7.2.2 ausgeführt.

Aber auch bei einfachen ABS-Systemen ist die Kenntnis der tatsächlichen Reibwertverhältnisse von Vorteil, denn das Maximum der Schlupfkurve kann situationsbedingt im Bereich von $0{,}1 \leq \lambda_{Soll} \leq 0{,}3$ liegen. Eine Möglichkeit für die Ermittlung dieses Wertes ist in [Pat17] vorgeschlagen. Das Blockschaltbild sowie die ersten beiden Patentansprüche sind in Bild 7-6 dargestellt.

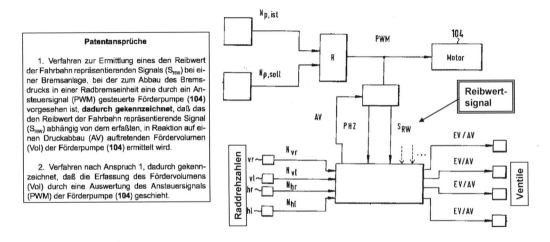

Bild 7-6   Verfahren zur Ermittlung der Kraftschlussverhältnisse (nach [Pat17])

Bei diesem System wird die Ansteuerung der Rückförderpumpe ausgewertet und ein den Reibwert kennzeichnendes Signal S_{RW} berechnet. Damit ist man nicht auf zusätzliche Sensoren angewiesen und kann sehr preisgünstig einen Mehrwert für die Systemleistung realisieren. Das Patent kann damit als typisches Beispiel für die Vorgehensweise bei der Produktweiterentwicklung dienen.

Anhand der verschiedenen Entwicklungsstufen des ABS ist die immer stärker voranschreitende Integration und Verkleinerung deutlich zu erkennen. Für verschiedene Modelle des Zulieferers Bosch sind typische Eigenschaften in Bild 7-7 zusammengestellt.

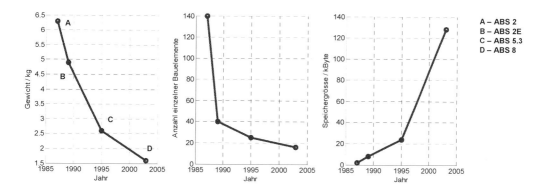

Bild 7-7 Entwicklung charakteristischer Merkmale der ABS-Systeme der Fa. Robert Bosch GmbH

Trotz zunehmender Leistungsfähigkeit sind die Masse des Systems und auch dessen Volumen (nicht dargestellt) stetig verkleinert worden. Die erhöhte Rechenleistung ist gut an der gewachsenen Speichergröße ablesbar. Weiterhin werden bevorzugt integrierte statt diskrete Bauelemente eingesetzt, so dass deren Anzahl insgesamt abgenommen hat.

Bild 7-8 Erstes Serien-ABS aus dem Jahr 1978 (links, Foto: Bosch) und aktuelle Modelle in konventioneller und Kompaktbauweise (rechts, Foto: Continental)

Die Integration geht mittlerweile so weit, dass ein ABS-System direkt an den Bremskraftverstärker angebaut werden kann (Bild 7-8). Damit stellt es eine hoch integrierte Komponente dar und erlaubt dem Fahrzeughersteller eine verbesserte Nutzung des ohnehin knappen Bauraums.

Auf wichtige Erweiterungen wie eine Giermomentenaufbauverzögerung und die Weiterentwicklung zu einer Antriebsschlupfregelung (ASR) kann an dieser Stelle nicht mehr eingegangen werden. Hierzu wird auf die Literatur, insbesondere auf [RB04] verwiesen.

7.2 Elektronisches Stabilitätsprogramm

7.2.1 Aufbau und Funktionsweise

Die konsequente Weiterentwicklung der Regelungssysteme ABS und ASR führt zu einer Fahrdynamikregelung, die unter dem Begriff Elektronisches Stabilitätsprogramm (ESP) bekannt
geworden ist. Zum Verständnis der Funktionsweise sind einige Grundlagen der Fahrzeugquer-
dynamik zu betrachten. Die wichtigsten Größen und die Zusammenfassung zu einem Einspurmodell sind aus Bild 7-9 zu entnehmen.

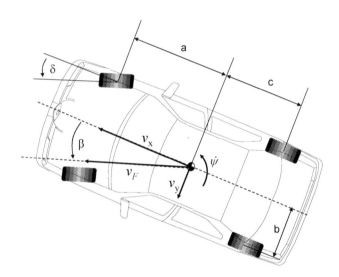

Bild 7-9 Größen am Fahrzeug

Die wichtigste Größe zur Beurteilung der Fahrstabilität ist der Schwimmwinkel β. Dieser ist
der Winkel zwischen der Fahrzeuglängsachse und der tatsächlichen Richtung des Geschwin-
digkeitsvektors im Fahrzeugschwerpunkt.

$$\beta = \tan\left(\frac{v_y}{v_x}\right) \approx \frac{v_y}{v_x} \tag{7.2}$$

Da die beiden Geschwindigkeiten ohne aufwändige Sensorik (Bezug zur Fahrbahnoberfläche
ist notwendig) nicht ermittelbar sind, muss eine Berechnung auf anderem Wege erfolgen. Aus
der Newtonschen Bewegungsgleichung und dem Drallsatz um die Fahrzeughochachse ergibt
sich [Ise02]:

$$m \cdot a_y = m \cdot \frac{v_F^2}{r} = m \cdot v_F \cdot \left(\dot{\psi} + \dot{\beta}\right)$$

$$\dot{\beta} = \frac{a_y}{v_F} - \dot{\psi} \tag{7.3}$$

Ein Schwimmwinkel tritt bei höheren Geschwindigkeiten immer bei einer Kurvenfahrt auf. Für den Normalfahrer liegt er dabei im Bereich von $\beta \leq 2°$. Ein größerer Schwimmwinkel ist ein Indiz für eine beginnende Instabilität und könnte als Regelgröße für eine Fahrdynamikregelung dienen (Bild 7-10). Aus Gleichung (7.3) wäre der Schwimmwinkel β zwar durch Integration der Schwimmwinkelgeschwindigkeit $\dot{\beta}$ aus den drei angegebenen Messgrößen ($a_y, v_F, \dot{\psi}$) ermittelbar, dies führt allerdings, verursacht durch Messungenauigkeiten, zu erheblichen Abweichungen. Dieser so ermittelte Wert kann daher nur zu einer Begrenzung eingesetzt werden.

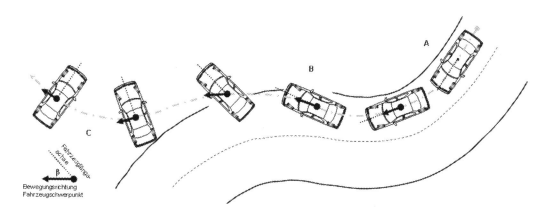

Bild 7-10   Verlauf einer Kurvenfahrt ohne ESP (nach [RB04])

Im Bild 7-11 ist die Bewegung eines Fahrzeuges bei einem Ausweichmanöver mit anschließender Rückkehr auf die eigene Fahrspur dargestellt. Diese typische Situation wird als doppelter Fahrspurwechsel bezeichnet und ist unter der Abkürzung „Elchtest" bekannt geworden.

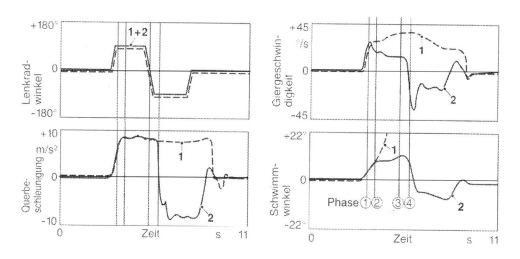

Bild 7-11   Verlauf eines doppelten Spurwechsels ohne (1) und mit (2) ESP [RB04]

Bedingt durch die nicht angepasste Geschwindigkeit steigt der Schwimmwinkel so stark an, dass der Fahrer das Übersteuern des Fahrzeuges nicht mehr verhindern kann. Der Verlauf des Lenkwinkels folgt dabei dem Kurvenverlauf, eine Fahrerreaktion zur Stabilisierung ist nicht erkennbar. Der Lenkwinkel stellt somit den Sollverlauf dar.

Bis zu Beginn der Phase 2 unterscheiden sich die Verläufe der anderen fahrdynamischen Größen kaum. Erst danach weichen Schwimmwinkel und Gierrate der beiden Fahrzeuge deutlich voneinander ab. Die Querbeschleunigung hingegen bewegt sich bis zu Beginn der Phase 4 im erwarteten Rahmen. Die Giergeschwindigkeit (auch Gierrate genannt) ermöglicht daher ebenfalls eine gute Erkennung fahrdynamischer Instabilitäten.

Im Gegensatz zum Schwimmwinkel ist die Giergeschwindigkeit über Inertialsensorik im Fahrzeug ermittelbar. Daher wird diese Größe als Regelgröße für das ESP eingesetzt. Die ebenfalls ohne Fahrbahnbezug messbaren Größen Fahrzeuggeschwindigkeit, Querbeschleunigung und Lenkradwinkel werden zur Ermittlung des Sollwertes der Giergeschwindigkeit eingesetzt.

7.2.2 Regelungskonzept

Aus Bild 7-12 ist der grundlegende Aufbau einer Fahrdynamikregelung zu entnehmen. Die Differenz zwischen dem Soll- und dem Istwert der Gierrate bildet das Eingangssignal des Reglers. Für die Sollwertermittlung sind zusätzliche Informationen notwendig, die über Sensoren und eine entsprechende Aufbereitung bereitgestellt werden. Das ermittelte Stabilisierungsmoment um die Hochachse M_z (Gegengiermoment) wird im Falle eines Bremseingriffs in einzelne Radmomente umgerechnet und dem unterlagerten ABS/ASR-Regler als Sollmoment vorgegeben.

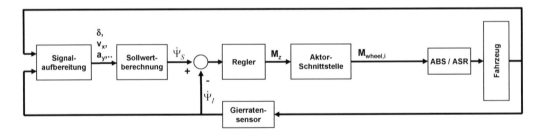

Bild 7-12 Grundstruktur des ESP-Reglers (nach [Ise02]). Vereinfachend wurde als Stellgröße nur der Bremseingriff dargestellt. Bei der ASR-Funktion als Teilsystem des ESP ist zusätzlich auch der Eingriff in die Motorsteuerung möglich (zu Details siehe [RB04]).

Der für die Ermittlung der Regelungsdifferenz notwendige Sollwert der Gierrate $\dot{\psi}_S$ ist dabei der Minimalwert der beiden Sollgierraten aus Einspurmodell $\dot{\psi}_{S,1}$ oder maximal möglicher Querbeschleunigung $\dot{\psi}_{S,2}$. Letzterer Wert ist begrenzt durch den vorhandenen maximalen Seitenkraftbeiwert $\mu_{S,max}$.

$$\dot\psi_{S,1} = \frac{\delta}{l} \cdot \frac{v}{1 + \dfrac{v^2}{v_{ch}^2}}$$

$$\dot\psi_{S,2} = \frac{a_{y,max}}{v} \tag{7.4}$$

$$\dot\psi_S = \min\!\left(\dot\psi_{S,1}, \dot\psi_{S,2}\right)$$

In Bild 7-13 sind diese Verhältnisse für ein lineares Einspurmodell dargestellt. Die charakteristische Geschwindigkeit v_{ch} ist dabei eine fahrdynamische Kenngröße. Bei dieser Geschwindigkeit besitzt die Gierrate, lineare Verhältnisse vorausgesetzt, ihren maximalen Wert. Für verschiedene Fahrzeugmodelle und -klassen sind gemessene Verläufe der Gierverstärkung (Ψ/δ) im Anhang zusammengestellt. Die dabei auftretenden deutlichen Unterschiede weisen schon auf den sehr großen Aufwand bei der Anpassung des ESP-Systems an ein spezielles Fahrzeugmodell hin (Fahrzeugapplikation).

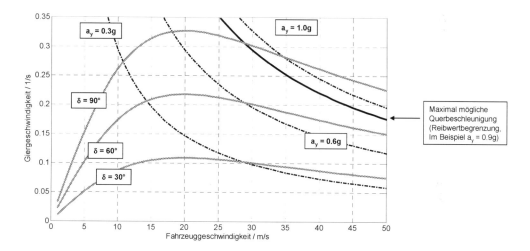

Bild 7-13 Ermittlung des Gierratensollwertes. Die charakteristische Geschwindigkeit besitzt für das betrachtete Fahrzeug einen Wert von $v_{ch} = 20$ m/s.

Die Differenz zum Istwert ist die Eingangsgröße des übergeordneten Fahrdynamikreglers. Um unnötige Regeleingriffe zu vermeiden, muss zur Auslösung der Regelung je nach Fahrsituation ein Schwellwert überschritten werden. Ausgangsgröße des Reglers ist ein Giermoment, das zum Erhalt der Stabilität notwendig ist.

Über ein Fahrzeugmodell werden nun die notwendigen Einzelradkräfte berechnet und anhand der bekannten Schlupfkennlinien die notwendigen Schlupfwerte ausgegeben. Diese stellen die Sollwerte für die untergelagerte ABS-Sollschlupfregelung für jedes Rad dar. Aus der Differenz zwischen Soll- und Istschlupf werden als Stellgröße die notwendigen Ansteuerzeiten für die Magnetventile berechnet.

In Bild 7-14 ist die Struktur des ESP-Reglers dargestellt. Neben der beschriebenen einfachen Regelungsstrategie sind weitere Berechnungen, z. B. zur Erkennung von Sondersituationen wie Steilkurvenfahrt, notwendig. In Abhängigkeit des Schlupfwertes erfolgt entweder eine Sollschlupf- oder eine Druckregelung. Details zu den einzelnen Blöcken finden sich in [Ise02].

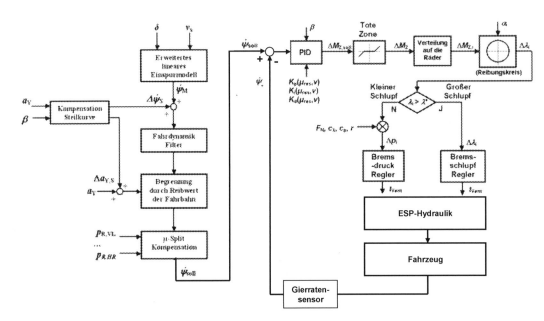

Bild 7-14   Struktur des ESP-Reglers im Detail (nach [Ise02])

7.2.3 Systemkomponenten

Wie aus den bisherigen Ausführungen deutlich wurde, sind gegenüber einem ABS weitere Komponenten notwendig. Da die Gierrate die Regelgröße darstellt, ist auf jeden Fall ein Sensor zur ihrer Messung notwendig. Dieser wird meist kombiniert mit einem Messumformer zur Ermittlung der Querbeschleunigung. Die entsprechende Komponente befindet sich bei vielen Fahrzeugen in der Nähe des Schwerpunktes (z. B. unter dem Handbremshebel). Für besondere Anforderungen können auch zwei dieser Sensoren verbaut sein, dies ist beispielsweise beim Einsatz einer Überlagerungslenkung der Fall (siehe 7.5, Bild 7-45).

Die Raddrehzahlsensoren befinden sich an den Rädern und sind direkt mit dem Steuergerät verbunden. Die Informationsübertragung erfolgt in Form von pulsweitenmodulierten Rechtecksignalen. Gegenüber dem einfachen ABS-System bestehen für eine Fahrdynamikregelung erhöhte Anforderungen bezüglich der Ermittlung der Fahrzeuggeschwindigkeit aus diesen Sensorwerten. Daher kommen aktive Hall-Sensoren mit Drehrichtungserkennung zum Einsatz. Das für das Wirkprinzip notwendige magnetische Wechselfeld wird von einer Polscheibe am Rad erzeugt. Die Einbauorte für alle Teile des ESP-Systems sind aus Bild 7-15 ersichtlich.

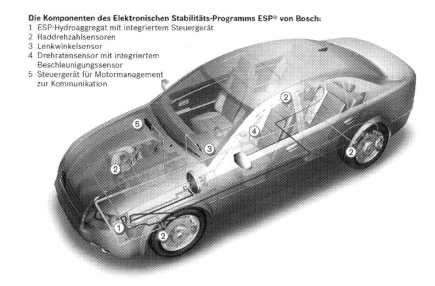

Bild 7-15 Systemkomponenten und Verbau im Fahrzeug (Foto: Bosch)

Der Lenkradwinkelsensor wird meist direkt an der Lenksäule angebracht, es sind aber auch Varianten für das Lenkgetriebe verfügbar. Dabei ist es in jedem Fall notwendig, eine Absolutposition zu ermitteln, die auch mehr als eine Lenkradumdrehung umfassen kann. Die verschiedenen Ausführungen werden in [RB04] vorgestellt.

Das ESP-Steuergerät ist wie beim ABS direkt am Hydraulikaggregat angebracht. Auf der Steuergeräterückseite befinden sich die Magnetspulen. Für ein aktuelles Modell sind die Einzelkomponenten in Bild 7-16 dargestellt.

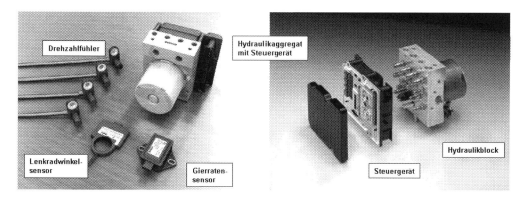

Bild 7-16 Komponenten eines ESP-Systems (Fotos: Bosch)

Das Hydraulikaggregat weist gegenüber dem ABS zusätzliche Ventile auf. Damit ist es möglich, unabhängig von der Bremsbetätigung durch den Fahrer, in jedem Rad einen Bremsdruck aufzubauen. Eine mögliche Variante der Hydraulik ist in Bild 7-17 beschrieben.

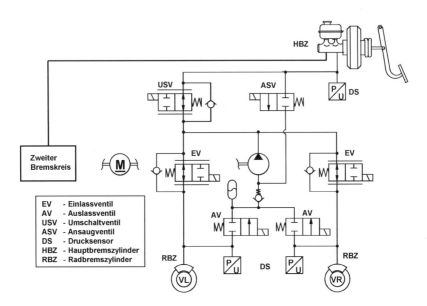

Bild 7-17 Hydraulikschaltplan eines ESP (nach [ATZ01]). Als Erweiterung gegenüber einem Standard-
system sind EV und USV analogisiert, ebenso wird in jedem Radbremszylinder der Druck
gemessen. Der zweite Bremskreis (nicht dargestellt) ist ebenso aufgebaut.

Das Beispielsystem weist gegenüber einem Standard-ESP Erweiterungen auf, die eine verbesserte Regelung ermöglichen. Dazu gehören die analogisierten Einlass- und Umschaltventile
sowie die in jedem Radbremskreis angebrachten Drucksensoren. Die Grundfunktion ist aber
für alle Systeme identisch.

Die Tabelle 7.3 fasst die unterschiedlichen Schaltzustände der Ventile zusammen. Um auch bei
komplettem Systemausfall die volle Grundbremsfunktion zu gewährleisten, sind EV und USV
im stromlosen Zustand geöffnet, die beiden anderen Ventile hingegen geschlossen.

Tabelle 7.3 Zusammenstellung der Systemzustände für ESP (Of – Ventil offen, Ge – Ventil
geschlossen, 0 – Ventil unbestromt, 1 – Ventil bestromt)

Zustand	EV	AV	USV	ASV
Druckaufbau durch den Fahrer	Of / 0	Ge / 0	Of / 0	Ge / 0
Druckaufbau durch den Fahrer	Of / 0	Ge / 0	Ge / 1	Of / 1
Druckhalten	Ge / 1	Ge / 0	–	–
Druckabbau durch ABS-Pumpe	Ge / 1	Of / 1	Of / 0	Ge / 0
Fehlerzustände	Alle anderen Kombinationen			

Der gegenüber dem ABS mögliche Druckaufbau über das System wird durch ein Öffnen des
ASV bei geschlossenem USV erreicht. Dadurch kann die Pumpe einen Volumenstrom in Richtung des Einlassventils erzeugen. Bei einer Antriebsschlupfregelung (ASR) erfolgt der Druckaufbau analog, allerdings nur für die Räder der angetriebenen Achse.

7.2.4 Beispiele zur Regelung

Ein Standard-Fahrmanöver zur Charakterisierung der ESP-Regelung ist der doppelte Fahr-spurwechsel (Elchtest). Dabei versucht der Fahrer, einem Hindernis auf der eigenen Fahrspur auszuweichen und dann wieder auf diese zurückzukehren. Für einen ungeübten Fahrer sind wichtige fahrdynamische Größen dieses Manövers in Bild 7-18 zusammengestellt.

Das ESP-System greift ein, wenn es zu einer großen Abweichung zwischen dem Fahrerwunsch (ausgedrückt durch den Lenkwinkel) und der tatsächlichen Fahrzeugbewegung kommt (ausge-drückt durch die Gierrate). Im Beispiel ist dies erstmals bei $t = 5,2$ s der Fall. Am Ende des ersten Eingriffs stimmen Vorgabe und Messung wieder überein, allerdings kommt es kurz danach ($t = 6,0$ s) wieder zu einer nicht tolerierbaren Abweichung. Auch hier führt der Eingriff zur Stabilisierung. Bei $t = 8,5$ s bremst der Fahrer stark ein und erzeugt damit einen leichten ABS-Eingriff. Im Verlauf der Radgeschwindigkeiten ist dieser als stärkerer Ausschlag sicht-bar, während die ESP-Eingriffe zu keiner erkennbaren Geschwindigkeitsänderung führen. Die sichtbaren Unterschiede in den Geschwindigkeitsverläufen sind auf die unterschiedlichen Kurvenradien für die rechte und linke Fahrzeugseite beim Spurwechsel zurückzuführen.

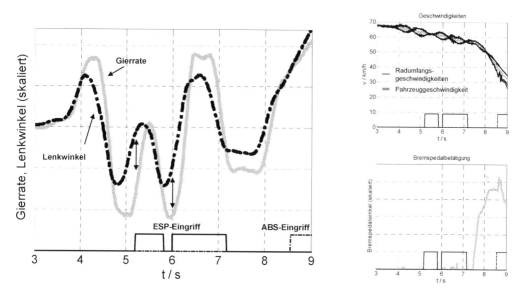

Bild 7-18   Verlauf verschiedener Messgrößen bei einem ESP/ABS-Eingriff. Die beiden Pfeile zu Beginn der ESP-Regelung sollen die großen Unterschiede zwischen Sollwert (aus Lenkwinkel) und Istwert der Gierrate verdeutlichen.

Weitere Fahrmanöver für ein Fahrzeug mit und ohne ESP sind im Anhang gegenübergestellt. Im linken Bild zeigt sich dabei bei einem Ausweichmanöver die stabilisierende Wirkung durch den deutlich geringeren Lenkwinkelbedarf. Erreicht wird dies mit zwei kurzen Bremseingrif-fen an den beiden Vorderrädern. Im rechten Bild wird für beide Fahrzeuge der Lenkwinkel zyklisch erhöht. Ohne die Eingriffe des ESP-Systems wird das Fahrzeug am Punkt (5) instabil und wäre auch durch einen Lenkeingriff nicht mehr beherrschbar. Innerhalb kurzer Zeit befin-det sich das Fahrzeug dann auf der Nebenfahrspur.

Das auch eine vorhandene ESP-Regelung sehr unterschiedlich reagieren kann, wird aus Bild 7-19 deutlich. Auch hier wird der doppelte Fahrspurwechsel zum Vergleich des Regelungsverhaltens für unterschiedliche Fahrzeuge genutzt.

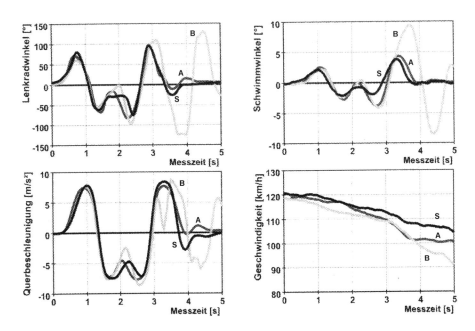

Bild 7-19   Vergleich Doppelter Fahrspurwechsel [ATZ01]. Die Fahrzeuge sind Mercedes-Benz S-Klasse (S) und zwei Wettbewerber (A, B).

Während die S-Klasse und deren Wettbewerber A das Fahrmanöver souverän absolvieren, tritt bei Fahrzeug B beim Zurücklenken ein sehr großer Schwimmwinkel auf. Das Fahrzeug kann nur durch einen zusätzlichen schnellen Lenkeingriff stabilisiert werden. Um welche Vergleichsfahrzeuge es sich gehandelt hat, geht aus der Publikation nicht hervor.

In den beiden folgenden Abschnitten werden zwei Erweiterungen vorgestellt, die unter Nutzung des ESP-Systems weitere sicherheitsrelevante Funktionalitäten ermöglichen. Dabei ist es für den Hersteller von großem Vorteil, wenn durch geringe Zusatzkosten in Form von Sensorik oder Software ein großer Kundennutzen realisierbar und damit ein Wettbewerbsvorteil erzielbar ist.

7.2.5 Zusatzfunktion Bremsassistent

In vielen kritischen Situationen baut der Normalfahrer nicht den vollen Bremsdruck auf. Dadurch verlängert sich der Bremsweg und es kann in der Folge zu einer Kollision kommen. Der Verlauf für die auftretenden Verzögerungen ist in Bild 7-20 dargestellt.

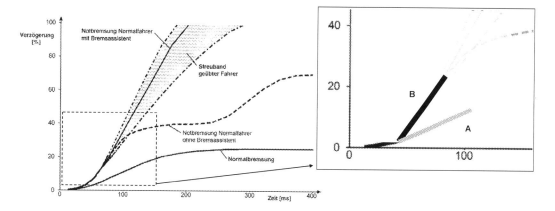

Bild 7-20 Erkennung einer kritischen Bremssituation (nach [Rei06]). In der Vergrößerung sind die mittleren Anstiege für eine normale Bremsung (A) und eine Gefahrenbremsung (B) angegeben.

Aus dem Verlauf wird deutlich, dass auch ein ungeübter Fahrer bei einer Gefahrenbremsung bis etwa 30 % Verzögerung mit derselben Geschwindigkeit wie ein geübter Fahrer das Bremspedal betätigt. Erst danach flacht der Verlauf ab. Dieser Anstieg im unteren Verzögerungsbereich unterscheidet sich deutlich vom Verlauf bei einer normalen Bremsung. In der Vergrößerung in Bild 7-20 sind die mittleren Anstiege zur besseren Verdeutlichung eingezeichnet.

Damit eröffnet sich die Möglichkeit, anhand der Pedalbetätigungsgeschwindigkeit eine Gefahrenbremsung zu detektieren und den ungeübten Fahrer aktiv zu unterstützen. Die Funktion ist unter dem Namen Bremsassistent mittlerweile in vielen Fahrzeugen verfügbar.

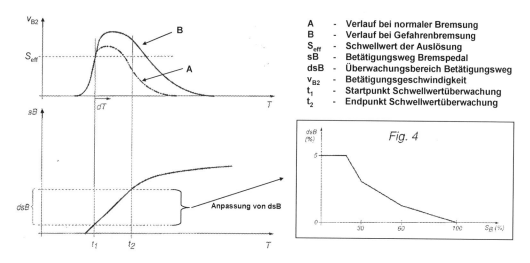

Bild 7-21 Erkennung einer kritischen Bremssituation (nach [Pat04]). Bei Verlauf A fällt die Geschwindigkeit vor Ablauf des Überwachungsintervalls unter den Schwellwert, bei Kurve B hingegen nicht.

Für die Ermittlung einer sicheren Auslösung ist die Überschreitung eines Schwellwertes der Pedalbetätigungsgeschwindigkeit allein nicht ausreichend. In [Pat04] wird daher eine Methode vorgeschlagen, bei der eine Schwellwertüberschreitung für ein festgelegtes Intervall erfolgen muss (Bild 7-21). Überschreitet die Betätigungsgeschwindigkeit v_{SB} den Schwellwert S_{eff}, dann erfolgt nicht sofort die Aktivierung des Bremsassistenten. Vielmehr wird aus einem Überwachungsbereich dsB ein Intervall festgelegt, in dem der Schwellwert dauerhaft überschritten sein muss. Nur für diesen Fall erfolgt eine Auslösung des Bremsassistenten.

Als weitere Größe kann für die Detektion einer Gefahrensituation die Geschwindigkeit beim Loslassen des Fahrpedals über Zusatzsensorik einbezogen werden. Ist diese sehr hoch und wird danach sofort das Bremspedal mit hoher Geschwindigkeit betätigt, kann eine frühzeitigere Auslösung des Bremsassistenten als bei alleiniger Auswertung der Bremspedalbewegung erfolgen. Der Systemaufbau ist in Bild 7-22 (links) dargestellt.

Darüber hinaus ist es möglich, auch den Bremsassistenten an einzelne Fahrer oder Fahrerklassen anzupassen. Eine entsprechende Methode wird in [Pat06] vorgestellt, der Algorithmus ist in Bild 7-22 (rechts) aufgeführt. Statt des einfachen Schwellwertvergleichs kommen natürlich auch die bisher diskutierten Kriterien zur Anwendung.

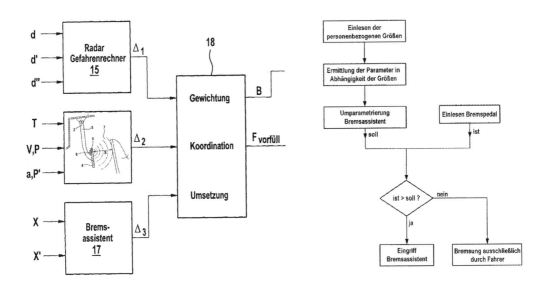

Bild 7-22 Erweiterung eines Bremsassistenten durch Einbeziehung der Fahrpedalinformation (links, nach [Pat05]) und fahrerindividuelle Anpassung (rechts, nach [Pat06])

Die Einteilung in Klassen kann dabei anhand von körperlichen Merkmalen wie Gewicht (gemessen über die Sitzmatte) oder Größe (Sitzeinstellung) erfolgen. Weiterhin sind aus Fahrbewegungsdaten ebenfalls Fahrerprofile ableitbar, ergänzend oder alternativ besteht auch die Möglichkeit der direkten Parameterwahl durch den Fahrer. Die individuellen Daten können dabei zukünftig auch mit personenbezogener Zugangskontrolle (Fingerabdrucksensor) verknüpft werden.

7.2.6 Vermeidung von Mehrfachkollisionen

Nach einer Kollision besitzen die beteiligten Fahrzeuge häufig noch eine sehr hohe Bewegungsenergie. Diese kann meist nicht kontrolliert durch eine Vollbremsung des Fahrers abgebaut werden, da er durch das Unfallereignis entweder direkt verletzt oder in seiner Reaktionsfähigkeit stark eingeschränkt ist. In einem solchen Fall ermöglicht das ESP einen automatisierten Bremseingriff. Damit sind weitere Kollisionen, die zu zusätzlichen Verletzungen führen können, vermeidbar. Nach Untersuchungen einer Vielzahl von Realunfällen würde ein solches System in mehr als 20 % der relevanten Fälle eingreifen [Sta07].

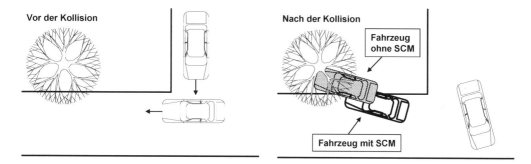

Bild 7-23   Simuliertes Unfallszenario (nach [Sta07])

In Bild 7-23 ist ein typischer Einsatzfall illustriert. Ohne den Einsatz des SCM-Systems (Secondary Collision Mitigation) prallt eines der Unfallfahrzeuge gegen ein Hindernis. Mit dem SCM-System kommt das Fahrzeug bereits vor dem Hindernis zum Stehen.

Ein entsprechendes System wird in [Sta07] vorgestellt. Der Verlauf für die wichtigsten Kengrößen ist für einen Vergleich zwischen Fahrer und SCM-System in Bild 7-24 aufgeführt.

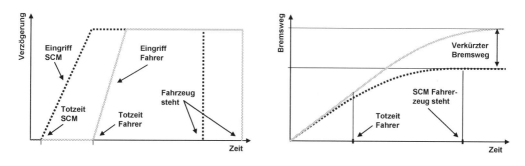

Bild 7-24   Verlauf von Verzögerung (links) und Bremsweg (rechts) für einen SCM-System oder den Fahrereingriff nach erfolgter Erstkollision (nach [Sta07])

Zum Zeitpunkt $t = 0$ fand die Initialkollision statt. Danach benötigt das SCM-System ca. 150 ms bis zur Einleitung der Vollbremsung, während dieses Intervall für den Fahrer ca. 1 s beträgt (Totzeit). Bei gleicher maximaler Verzögerung kommt das Fahrzeug mit SCM-System dadurch früher zum stehen, im Beispiel sind dies deutlich mehr als 10 m bei einer Anfangsgeschwindigkeit von 80 km/h. Auch wenn nicht in jedem Fall ein zweiter Aufprall verhindert werden kann, so ist die Verletzungsschwere bedingt durch die geringere Geschwindigkeit beim Zweitaufprall auf jeden Fall deutlich reduziert.

Für ein SCM-System sind keine weiteren Sensoren notwendig, es werden die bereits vorhandenen Informationen von ESP und Airbag genutzt. Ein mögliches Systemkonzept ergibt sich aus Bild 7-25.

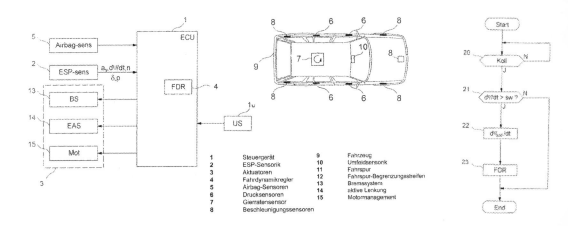

Bild 7-25   Systemaufbau (links) und Algorithmus (rechts) für ein SCM-System [Pat02]

Mit der Auslöseinformation des Airbag-Steuergerätes kann auf die Schwere der Kollision und auf die zu erwartende Gierbewegung geschlossen werden. Wird ein vorgegebener Schwellwert überschritten, dann wird eine Aktion zur Stabilisierung des Fahrzeuges ausgelöst. Neben der bereits vorgestellten automatischen Bremsung sind Eingriffe in die Motorsteuerung und auch in die Lenkung (elektrische Servolenkung oder Überlagerungslenkung) möglich.

Für eine weiter verbesserte Funktionalität, z. B. zum Ausweichen vor einem Hindernis, sind Informationen von Umfeldsensoren notwendig. Neben den bereits eingesetzten ACC-Sensoren (Radar oder Lidar) werden Kamerasysteme künftig weiter an Bedeutung auch für solche Funktionen gewinnen.

7.3 Fehlererkennung und Sicherheitskonzept

7.3.1 Überblick

Die unterschiedlichen Überwachungen können zunächst nach dem Zeitpunkt der Aktivierung unterschieden werden. Diese kann während der Startphase, im Betrieb oder bei der Deaktivierung des Systems erfolgen. Einen weiteren Zustand mit zusätzlichen Prüfmöglichkeiten stellt die Werkstattdiagnose dar. Der grundsätzliche Ablauf ist in Bild 7-26 aufgezeichnet.

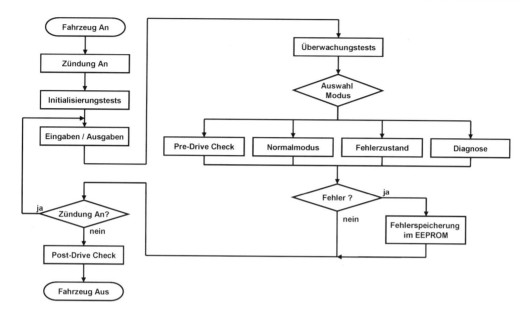

Bild 7-26 Betriebszustände und Überwachungsaktivierung

Wie aus dem Bild zu entnehmen ist, sind die verschiedenen Systeme bereits mit dem Einschalten des Fahrzeuges aktiv, beispielsweise durch die Funkfernbedienung. Weiterhin bedeutet das Ausschalten der Zündung nicht die sofortige Deaktivierung, es können ebenso noch Testläufe zur Fehlerermittlung stattfinden (Post-Drive Check).

Nach der Art der Überwachung kann zwischen direkten und modellbasierten Verfahren unterschieden werden. Erstere vergleichen die Signalwerte mit einem festen Grenzwert oder einem aus anderen Informationen gewonnenen Plausibilitätsbereich. Bei modellbasierten Verfahren wird durch ein Modell ein Signalverlauf berechnet und mit dem Sensorsignal verglichen. Ebenso ist es damit möglich, aus mehreren Signalen abgeleitete Prozessgrößen zu überwachen. Bei der Auswahl der Methode ist zu berücksichtigen, dass im Steuergerät meist nur beschränkte Rechenleistung und Speicherkapazität zur Verfügung steht. Umfangreiche Modellrechnungen sind daher meist nicht möglich, die überwiegende Zahl der Überwachungsfunktionen beschränkt sich auf leicht durchzuführende Vergleiche oder nutzt die Möglichkeiten der Fuzzy-Logik.

Ein Konzept mit unterschiedlichen Überwachungsebenen ist in Bild 7-27 dargestellt. Aus den Sensorsignalen können Fehler mit Hilfe von Grenzwertüberwachungen einfach abgeleitet werden. Etwas schwieriger gestaltet sich die modellbasierte Überwachung. Für eine sichere Detektion ist ein genaues Prozessmodell erforderlich. Da dieses wiederum eine entsprechende Rechenleistung voraussetzt, steigen die Systemanforderungen stark an.

In der mittleren Ebene wird entschieden, welche Änderungen des Systemverhaltens welcher Komponente zuzuordnen sind. Es ist schon beim Systementwurf auf eine Eindeutigkeit zu achten, da ansonsten keine eindeutige Aussage getroffen werden kann.

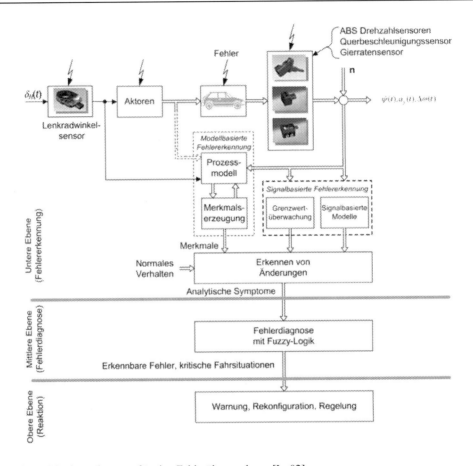

Bild 7-27 Mehrebenenkonzept für eine Fehlerüberwachung [Ise02]

In der obersten Ebene sind die Reaktionen zusammengefasst, die auf spezifische Fehler einge-leitet werden. Dabei wird immer versucht, ein Maximum an Funktionalität zu realisieren. Als letzte Möglichkeit besteht bei Fahrdynamikregelungen immer die Systemdeaktivierung. Die Grundfunktionalität sowohl von Lenkung als auch der Bremse sind dabei nicht eingeschränkt. Dies ist ein Unterschied zu x-by-wire Systemen (steer-by-wire, brake-by-wire), bei denen der Fehlerüberwachung und der Reaktion auf Fehler eine noch höhere Bedeutung zukommt.

7.3.2 Signalbasierte Fehlererkennung

Betrachtet wird zunächst ein Sensor mit ratiometrischem Ausgang. Dieser liefert ein möglichst lineares Spannungssignal in Abhängigkeit der Messgröße. Auch bei diesem Sensor kann eine interne Fehlerlogik implementiert sein, die eine eigenständige Überprüfung durchführt und Fehler mit definierten Signalpegeln dem Steuergerät kenntlich macht (siehe auch 5.2, Bild 5-5).

Eine erste Überprüfung kann während des Einschaltens stattfinden. Im Bild 7-28 sind die Sig-nale von Gierrate und Querbeschleunigung kurz nach Einschalten des Sensors dargestellt. Wie laut Spezifikation gefordert, müssen die Signalpegel in der ersten Sekunde nach dem Einschal-ten des Sensors bei $t = 1,5$ s definierte Pegel von $U(a_y) = 0,5$ V und $U(\dot{\Psi}) = 5,0$ V einnehmen.

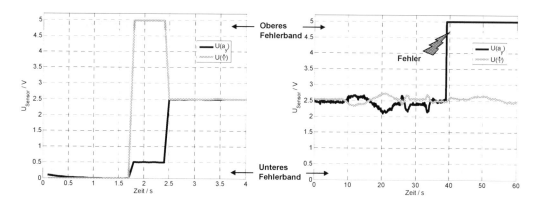

Bild 7-28 Fehlererkennung durch Selbsttest (links) und Überwachung des Toleranzbereiches (rechts) für einen Sensor mit ratiometrischer Schnittstelle

Ist dies nicht der Fall, dann erkennt das Steuergerät einen Sensorfehler und deaktiviert die entsprechende Funktionalität (in diesem Fall das ESP) für den Zündungslauf. Je nach Fehlerausprägung und -schwere erfolgt ein Eintrag im Fehlerspeicher.

Ist der Selbsttest hingegen erfolgreich abgeschlossen, beginnt eine dauerhafte Überwachung des erlaubten Bereiches der Ausgangsgröße. Wird dieser Bereich verlassen, dann ist dies ein Indikator für eine Fehler. Um durch Messwertschwankungen keiner Fehlinterpretation zu unterliegen, muss das Signal üblicherweise den Toleranzbereich für ein bestimmtes Intervall verlassen. Das Prinzip ist ebenfalls aus Bild 7-28 (rechts) zu entnehmen.

Die Vorgehensweise kann sehr gut mit einem Zustandsautomaten verdeutlicht werden (Bild 7-29). Es wird angenommen, dass die Abarbeitungszeit des Fehlererkennungsmoduls $t_{FM} = 20$ ms beträgt. Bei Überschreitung der Maximalspannung U_max (im obigen Beispiel ist U_max = 4,8 V) erfolgt der Übergang in den Zustand **Beobachtung**. Solange dieser Zustand aktiv ist, wird eine Variable **i** um 1 inkrementiert.

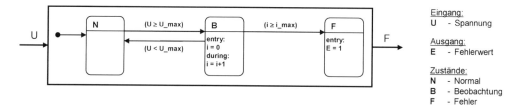

Bild 7-29 Zustandsautomat zur Detektion eines Fehlers innerhalb einer Zeitdauer t

Ist hier ein vorab definierter Maximalwerte von beispielsweise **i_max** = 10 erreicht, erfolgt der Übergang in den Zustand **Fehler** und eine definierte Meldung wird an das übergeordnete Softwaremodul weitergegeben. Dort kann die entsprechende Reaktion veranlasst werden.

Mit der angegebenen Realisierung und den zeitlichen Randbedingungen wird ein Fehler des Sensors innerhalb von $t = $ **i_max** $\cdot t_{FM} = 200$ ms sicher erkannt. Kehrt die Signalspannung innerhalb dieses Intervalls in den erlaubten Bereich zurück, erfolgt keine Fehlerdetektion. Die Einnahme des Zustandes **Beobachtung** kann aber ebenfalls gespeichert werden, um bei einem wiederholten Auftreten durch Reduzierung des Schwellwertes **i_max** eher zu reagieren.

Für Sensoren mit digitaler Schnittstelle bieten sich erweiterte Möglichkeiten der Fehlerweiterleitung an. Am Beispiel eines Gierratensensors soll dies verdeutlicht werden. Das Kommunikationsprinzip ist in Bild 7-30 dargestellt. Der Sensor (YRS) liefert eine oder mehrere Datenbotschaften, wenn vom Steuergerät (ESP) eine Anforderungsbotschaft gesendet wurde. Dies ist in Form eines Sequenzdiagramms veranschaulicht.

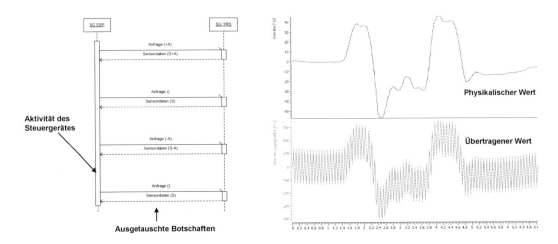

Bild 7-30 Kommunikationsprinzip des Gierratensensors (links) und Gierratensignal (rechts)

In diesem Fall ist der Sensor so programmiert, dass er zum eigentlichen Signalwert S einen Wert A addiert oder subtrahiert, der in der Ansteuerbotschaft mitgesendet wurde. Damit kann das Steuergerät überprüfen, ob der gesamte Sensor noch aktiv ist oder nur noch der unabhängig arbeitende CAN-Controllerbaustein Botschaften mit ungültigen Daten ausgibt. Wird das Signal mit einem Messgerät aufgenommen (z. B. Vector-CANalyzer), dann erscheint auf den Sensordaten eine Schwingung mit der Amplitude 2·A. Bei Kenntnis des Wertes von A kann der physikalische Wert wieder berechnet werden.

Ein weiterer Mechanismus zur Erkennung von fehlerhaften Sensoren ist die Plausibilisierung mit anderen Informationen. Dies kann beispielsweise für die Raddrehzahlsensoren des ABS-Systems angewendet werden. Für eine Geradeausfahrt mit gleichen Reibbeiwerten an allen Rädern sollten die Raddrehzahlen übereinstimmen. Ist dies nicht der Fall, kann auf einen Fehler geschlossen werden. Eine Weiterentwicklung dieses einfachen Testmechanismus stellt die modellbasierte Fehlererkennung dar. Diese wird ausführlich im folgenden Abschnitt vorgestellt.

7.3.3 Modellbasierte Fehlererkennung

Als Beispiel für eine modellgestützte Methode soll die Fehlererkennung mittels Paritätsgleichungen am Beispiel der Gierrate betrachtet werden. Aus einem vereinfachten kinematischen Fahrzeugmodell heraus kann die Gierrate durch vier unabhängige Gleichungen ermittelt werden. Eingangsgrößen sind die Radumfangsgeschwindigkeiten v_{xy} (x-Achse, y-Seite), die Querbeschleunigung a_y, der Lenkradwinkel δ und die Fahrzeugkenngrößen wie Spurbreite b, Radstand l und Übersetzungsverhältnis i. Für das erste Modell lautet die Gleichung der Gierrate damit:

$$\dot{\Psi}_1 = \frac{v_{VR} - v_{VL}}{b_V} \qquad (7.5)$$

Alle verwendeten Gleichungen sind im Anhang aufgeführt. Die so ermittelten Werte werden dann mit den Messwerten der Gierrate verglichen. Die auftretenden Abweichungen, die Residuen $r_1..r_4$, sind für bestimmte Fehlerbilder typisch. Entsprechende Gleichungen sind auch für die Querbeschleunigung, den Lenkradwinkel und die Radgeschwindigkeiten aufzustellen. In Bild 7-31 sind die Eingangsgrößen und die zugehörigen Residuen aufgeführt.

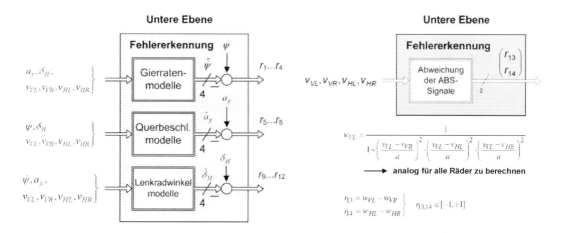

Bild 7-31 Residuenberechnung für eine modellbasierte Fehlererkennung [Ise02]. Die Paritätsgleichungen für die im linken Bild dargestellte Überwachung befinden sich im Anhang.

Es ergeben sich insgesamt 14 charakteristische Residuen, die durch die Nutzung der Fuzzy-Logik und die Aufstellung einer Regelbasis eine Diagnose der typischen Sensorfehler erlauben (Mittlere Überwachungsebene). Damit ist bei auftretenden Fehlern eine Reaktion, beispielsweise durch Rekonfiguration oder Deaktivierung des Systems, in der obersten Systemebene möglich. Die vollständige Übersicht befindet sich im Anhang. Dort ist auch dargestellt, welche Fehler durch welches Residuum erkannt werden können.

Im Beispiel in Bild 7-32 tritt bei $t = 20\,\text{s}$ ein Offset-Fehler im Gierratensignal von $\Delta\dot{\Psi} = 0{,}3\,\text{rad/s}$ auf. Innerhalb von $t = 100\,\text{ms}$ wird dieser Fehler erkannt und auf ein alternatives Berechnungsmodell (Software-Sensor) zurückgegriffen. Damit können alle Systeme, die das Gierratensignal benötigen, mit geringen funktionalen Einschränkungen weiter betrieben werden.

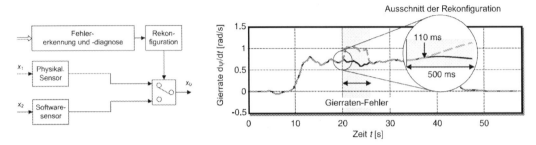

Bild 7-32 Rekonfiguration eines Systems (links) und Behandlung eines Gierratenfehlers (rechts)
(nach [Ise02])

Eine ausführliche Darstellung der Methode mit der Diskussion verschiedener Fehlerszenarien
ist in [Ise02] zusammengestellt.

7.4.4 Adaption von Reglerparametern

Nicht in jedem Fall kann ein Fehler allein durch den Vergleich von Sensorwerten erkannt
werden oder aber die Auswirkungen sind nicht eindeutig zuzuordnen. Daher ist es teilweise
notwendig, Parameter der Steuerung oder Reglung so zu ändern, dass eine eindeutige Zuordnung erfolgen kann. Eine entsprechende Methode wird in [Pat01] für eine Fahrdynamikregelung vorgestellt.

Ausgangspunkt ist ein Fehlerverdacht, d. h. ein Fehler wird angenommen, die Aussagen der
Überwachungslogik sind aber nicht eindeutig. Entsprechend wird eine Variable (Fehlerzähler)
zyklisch erhöht und je nach Wert werden verschiedene Maßnahmen eingeleitet (Bild 7-33
(links)).

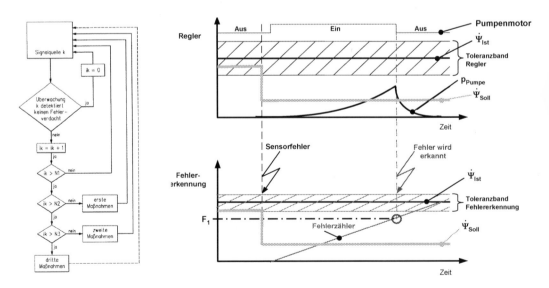

Bild 7-33 Prinzip der Fehlererkennung (links) und Messgrößen (rechts) nach [Pat01]. Die ESP-Regelung spricht im Normalfall an, wenn die Sollgierrate das Toleranzband des Reglers verlässt.

In Bild 7-33 (rechts) ist eine solche Situation dargestellt. Der Sollwert der Gierrate (berechnet wie in Gleichung 7.4) ändert sich sprunghaft und liegt außerhalb des Toleranzbandes. Diese Änderung kann zwei Ursachen haben, entweder eine sprunghafte Lenkbewegung des Fahrers oder aber einen Sensordefekt (Lenkwinkelsensor). Solange dieser unsichere Zustand auftritt, wird ein Fehlerzähler erhöht. Überschreitet dieser einen festgesetzten Schwellwert (F_1), wird auf einen Fehler erkannt und die Regelung wird abgebrochen.

Nachteilig ist bei dieser Vorgehensweise die schon weit fortgeschrittene Regelung, sichtbar im hohen Druck der ESP-Pumpe p_{Pumpe} mit möglicherweise negativen Folgen für die Fahrstabilität. Daher wird als eine Maßnahme vorgeschlagen, die Druckaufbaudynamik der Regelung zu begrenzen. Diese Möglichkeit wird in Bild 7-34 (links) ausgeführt. Überschreitet der Fehlerzähler den Schwellwert F_2, dann erfolgt eine Begrenzung des Druckaufbaus. Das Intervall zur Fehlererkennung verkürzt sich zwar nicht, aber der aufgebaute Druck ist wesentlich geringer und entsprechend weniger ausgeprägt war der (fehlerhafte) Fahrdynamikeingriff.

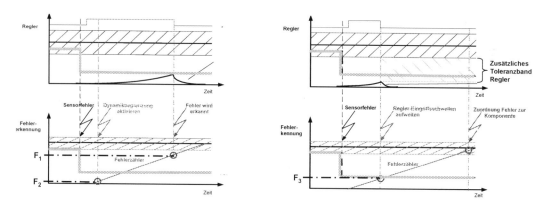

Bild 7-34   Maßnahme 1 (links) und Maßnahme 2 (rechts) für die Fehlererkennung nach [Pat01]

Eine alternative Ausgestaltung ist in Bild 7-34 (rechts) dargestellt. Bei Überschreitung des Fehlerschwellwertes F_3 erfolgt die Aufweitung des Reglertoleranzbandes. Damit ist die Bedingung für eine Regelung nicht mehr erfüllt und der Eingriff wird abgebrochen. Nach Ablauf der Erkennungsfrist wird der Fehler der verursachenden Komponente zugeordnet. Die weitere Vorgehensweise ist abhängig von Art und Schwere des Fehlers und kann bis zur Systemdeaktivierung führen.

7.4 Elektrohydraulische und elektromechanische Bremssysteme

7.4.1 Gegenüberstellung der Systeme

Die konsequente Weiterentwicklung des ESP zu einem brake-by-wire System führte zur Entwicklung und Serieneinführung der elektrohydraulischen Bremse (EHB). Diese wurde als gemeinsame Entwicklung der Daimler-Benz AG und der Robert-Bosch GmbH in den Baureihen MB E-Klasse, MB SL und Maybach von 2001 an serienmäßig unter dem Markennamen Sensotronic Brake Control (SBC) eingebaut [Sto00].

Die Entscheidung zur Einführung eines brake-by-wire Systems erschien wegen den zu erwartenden Anforderungen an Komfort und Sicherheit notwendig. Als Grundlage diente die Gegenüberstellung verschiedener Eigenschaften der bisherigen und künftigen Bremssysteme. Dabei wurde neben der EHB auch das Potenzial einer elektromechanischen Bremse (EMB, ohne Selbstverstärkung) diskutiert. Die Tabelle 7.4 stellt eine Auswahl der verschiedenen Kriterien dar.

Tabelle 7.4 Zusammenstellung der Anforderungen an künftige Bremssysteme nach [Sto00]
(○ – Anforderung voll erfüllt, ● – Anforderung nicht erfüllt)

Anforderung	Konv. Bremse	EHB	EMB
Pedalgefühl und Pedalrückwirkung	○	●	◕
Regelgüte und Komfort	◔	◕	◕
Dynamik	◑	●	◕
Radindividuelle Bremskraftverteilung	○	●	●
Variables Packaging	◕	◔	●
Kosten	●	◕	◑
Stellglied Rekuperation	○	●	●
Verfügbarkeit Aktorik	●	●	◔
Sicherheitskonzept	●	●	◑
12V-Bordnetz ausreichend	●	●	○

Wie zu erkennen ist, ermöglichen die erweiterten Systeme für den Fahrer eine Komfort- und Dynamiksteigerung. Der Fahrzeughersteller profitiert vor allem vom variablen Packaging und im Falle der elektromechanischen Bremse vom Wegfall der Hydraulik.

Den Vorteilen stehen bei dieser Betrachtung vor allen Dingen Kostennachteile gegenüber. Zwar ist für eine elektrohydraulische Bremse das 12V-Bordnetz ausreichend, es wird aber eine Stützbatterie zum sicheren Betrieb des Systems benötigt. Dies erhöht damit die Gesamtkosten deutlich. Eine noch deutlichere Erhöhung wäre bei der elektromechanischen Bremse ohne Selbstverstärkung der Fall, diese kann mit dem gegenwärtigen Bordnetz wegen der hohen Leistungsanforderungen nicht betrieben werden. Der Umstieg auf ein 42V-Bordnetz mit den daraus resultierenden Kosten wäre zwingend notwendig. Damit fiel letztlich zum damaligen Zeitpunkt die Entscheidung zu Gunsten der EHB aus.

Um die Unterschiede zwischen den einzelnen Systemen und die daraus resultierenden Anforderungen an Zuverlässigkeit und Sicherheit zu verdeutlichen, findet sich in Bild 7-35 eine Prinzipdarstellung zur Verdeutlichung von Energie- und Signalfluss.

Bei einer konventionellen Bremse wird die Betätigungsenergie durch Fahrer und Bremskraftverstärker aufgebaut. Die ESP-Hydraulik bietet eine zusätzliche Möglichkeit, den entsprechenden Druck situationsabhängig auf- oder abzubauen. Die mechanische Verbindung zwischen Bremspedal und Radbremse ist in jedem Fall gewährleistet. Zur Realisierung der Grundbremsfunktion sind weder die ESP-Hydraulik noch weitere Sensorik erforderlich.

Im Gegensatz hierzu ist bei einer elektrohydraulischen Bremse keine direkte Verbindung zwischen Bremspedal und Radbremse notwendig. Die Bremsenergie wird durch einen hydraulischen Druckspeicher bereitgestellt, der mittels einer Pumpe aufgeladen wird. Zur Aufnahme des Fahrerbremswunsches ist in der Betätigungseinheit ein Sensor angebracht, der über eine Datenleitung mit dem EHB-Steuergerät verbunden ist.

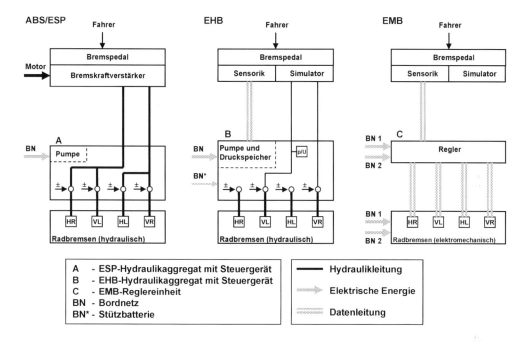

Bild 7-35 Prinzipieller Aufbau verschiedener Bremssysteme (nach [Wall06])

Die doppelt ausgeführte Leitung symbolisiert eine redundante Verbindung. Um bei Systemausfall trotzdem die gesetzlichen Verzögerungsanforderungen zu erfüllen, ist bei der Serienbremse SBC ein hydraulisches Backup an der Vorderachse vorgesehen. Dies ist in der Grafik als schmale Linie dargestellt. Zusätzlich zum vorhandenen Bordnetz ist der Einsatz einer Stützbatterie notwendig.

Bei einer elektromechanischen Bremse besteht keinerlei direkter mechanischer Kontakt zwischen Bremspedal und Radbremse. Die Ansteuerung erfolgt über eine zentrale Reglereinheit, die auch am Pedalmodul direkt angeordnet sein kann. Um eine hohe Ausfallsicherheit zu gewährleisten, sind sowohl die Datenleitungen als auch die Leistungsversorgung redundant und fehlertolerant auszuführen. Um die gesetzliche Anforderung nach zwei unabhängigen Bremskreisen zu erfüllen, ist ebenfalls ein zweites und unabhängiges Bordnetz notwendig.

Aus der Prinzipdarstellung geht schon hervor, dass im Gegensatz zum konventionellen Bremssystem deutlich erhöhte Anforderungen an die Ausfallsicherheit des Systems gestellt werden müssen, denn über das elektronisch geregelte System wird die vollständige Grundbremsfunktionalität sichergestellt. Zunächst werden die zusätzlichen Maßnahmen am Beispiel der elektrohydraulischen Bremse erläutert. Diese wird zwar in dieser Form nicht mehr eingesetzt, die Vorgehensweise zur Sicherstellung der Funktionalität ist aber bei einer elektromechanischen Bremse ähnlich. Da dieses System aber noch nicht im Serieneinsatz ist, kann nur auf geplante Konzepte eingegangen werden.

7.4.2 Elektrohydraulische Bremse

Im Bild 7-36 ist der Hydraulikschaltplan einer elektrohydraulischen Bremse mit mechanischer Rückfallebene (Backup) dargestellt. Diese Beschaltung entspricht im Prinzip der SBC von Daimler/Bosch. Alternative Auslegungen anderer Hersteller finden sich beispielsweise in [Wall06].

Wird zunächst die Anzahl der verwendeten Ventile betrachtet, so entspricht diese dem ESP-System aus Bild 7-17. Allerdings haben sich die Aufgaben teilweise geändert. Einlass- und Auslassventil erfüllen weiterhin dieselbe Funktion, den Druckaufbau bzw. den Druckabbau im Radbremszylinder zu ermöglichen. Der Druck wird allerdings bei einer EHB nicht direkt von der Pumpe erzeugt, sondern durch einen Speicher bereitgestellt. Der Speicherdruck wird situationsangepasst geregelt, so dass immer genügend Energie für die Bremsung zur Verfügung steht.

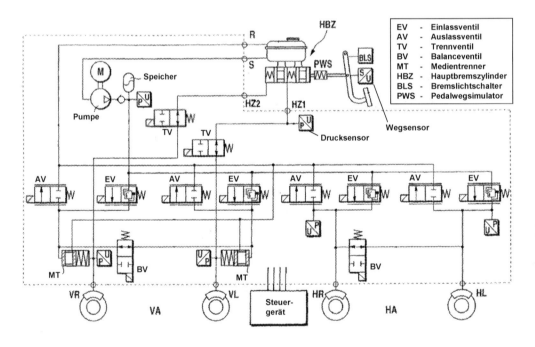

Bild 7-36 EHB-Hydraulikschaltplan (nach [Pat07], nur Ventile für Grundfunktionalität sind eingezeichnet)

Im Gegensatz zur konventionellen Bremse muss die vom Fahrer gewünschte Verzögerung anhand von Pedalstellung und Betätigungsgeschwindigkeit ermittelt werden. Dies erfolgt mit dem redundant ausgeführten Wegsensor und dem Drucksensor im ersten Hydraulikkreis

(HZ1). Damit der Fahrer einen Gegendruck spürt, ist ein Pedalwegsimulator (PWS) in Form eines Federpaketes mit verbaut.

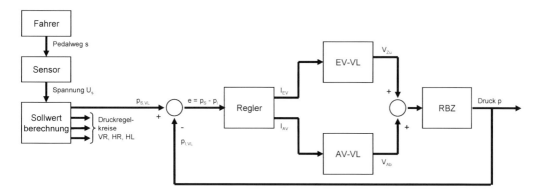

Bild 7-37 Vereinfachter EHB-Regelkreis. Durch den Regler werden die Einlassventile (EV) zum Druckaufbau und die Auslassventile (AV) zum Druckabbau für jedes Rad selektiv geregelt.

Über eine situationsadaptive Kennlinie erfolgt dann die Berechnung des Solldrucks p_S für jedes einzelne Rad. Dieser wird mit dem anliegenden Druck verglichen, die Differenz bildet das Eingangssignal des Reglers. Dieser steuert die beiden Ventile an und sorgt damit für den Abbau der Regelungsdifferenz. Das Prinzip ist aus Bild 7-37 ersichtlich.

Damit kann die volle Funktionalität der Bremse realisiert werden, eine direkte hydraulische Verbindung zwischen Bremspedal und EHB wäre nicht notwendig. Für jedes Rad existiert ein eigener Druckregelkreis, eine radindividuelle Bremskraftverteilung ist durch die Vorgabe unterschiedlicher Sollwerte realisierbar.

Tabelle 7.5 Funktionen der Zusatzelemente der elektrohydraulischen Bremse

Element	Funktion
Trennventil (TV)	Herstellung einer direkten hydraulischen Verbindung zwischen dem Hauptbremszylinder und einem Radbremszylinder eines Vorderrades. Dadurch Sicherstellung der gesetzlich geforderten Mindestverzögerung auch bei komplettem Ausfall der Elektronik (Ventil ist im stromlosen Zustand geöffnet). Hydraulischer Backupkreis.
Medientrenner (MT)	Unterbindung einer direkten hydraulischen Verbindung zwischen dem Backupkreis und dem Hochdruckbereich. Damit kann die im Hochdruckbereich auftretende Luft nicht den Backupkreis erreichen. Dort würde sie zu einer Verringerung des Betätigungsvolumens führen und im Extremfall zum Ausfall des Backupkreises (wenn $V_{Luft} > V_{HBZ}$).
Balanceventil (BV)	Herstellung einer direkten hydraulischen Verbindung zwischen den Radbremszylindern einer Achse (bei der Vorderachse über die beiden Medientrenner). Damit kann bei Ausfall eines Drucksensors mit dem intakten Sensor des zweiten Rades der Druck innerhalb der Achse geregelt werden.

Die zusätzlich eingebauten Ventile und die weiteren Komponenten sind zur Erhöhung der Sicherheit vorhanden. Ohne diese Maßnahmen würde beispielsweise ein Ausfall der Energieversorgung zum vollständigen Verlust der Bremswirkung führen. Die grundlegende Funktion der Elemente ist in Tabelle 7.5 zusammengestellt.

Im Gegensatz zu einem ESP mit der relativ einfachen Systemdegradation muss bei einer EHB als Grundbremse des Fahrzeuges versucht werden, eine über das hydraulische Backup hinausgehende Verzögerung zu gewährleisten. Das führt zu unterschiedlichen Systemebenen, eine mögliche Auswahl wird in [Pat08] vorgeschlagen (Bild 7-38).

Nicht betrachtet werden in diesem Fall einfache Ausfälle, die auf die Grundbremsfunktionalität keinen Einfluss haben. Das ist beispielsweise der Defekt eines Raddrehzahlsensors. Eine ABS/ESP-Regelung ist in diesem Fall zwar auch nicht möglich, es steht aber weiterhin die volle Verzögerung zur Verfügung. Erst wenn mindestens zwei einfache Fehler (z. B. je ein Fehler an einer Achse) auftreten, wird dies als „Doppelfehler" mit entsprechender Einschränkung berücksichtigt.

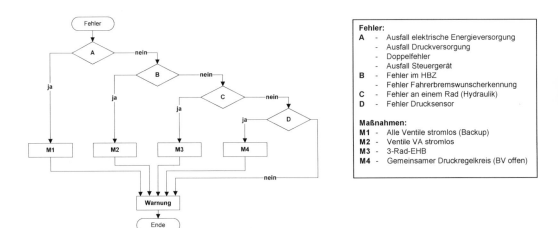

Bild 7-38 Möglichkeit der Systemdegradation einer EHB (nach [Pat08])

Aus Bild 7-38 ist ersichtlich, das zusätzlich zur eigentlichen Regelung der Grundbremse Sonderregler für die beschriebenen Fälle notwendig sind. Im Falle eines 3-Rad-EHB beispielsweise muss die auftretende Gierneigung durch eine angepasste Druckverteilung auf den verbleibenden drei Rädern unterbunden oder zumindest für den Fahrer beherrschbar gestaltet werden. Eine vollständige ESP-Regelung ist für diese Fälle nicht mehr möglich.

Besonders die Behandlung unterschiedlicher Fehlertypen wird auch bei einer elektromechanischen Bremse in ähnlicher Weise durchgeführt. Auch dort kann beispielsweise der Fall eines 3-Rad-EMB auftreten, wenn auch aus anderen Ursachen. Da aber auf jeden Fall die hydraulische Rückfallebene (Backup) bei diesem System **nicht** mehr vorhanden ist, sind zusätzliche Maßnahmen zur Sicherstellung der Funktionsfähigkeit notwendig.

7.4.3 Elektromechanische Bremse

Bei einer elektromechanischen Bremse befinden sich die elektrisch angetriebenen Aktoren direkt am jeweiligen Rad. Damit bestehen konstruktive Einschränkungen, die durch eine möglichst geringe Masse des Systems (ungefederte Masse) noch weiter verstärkt werden.

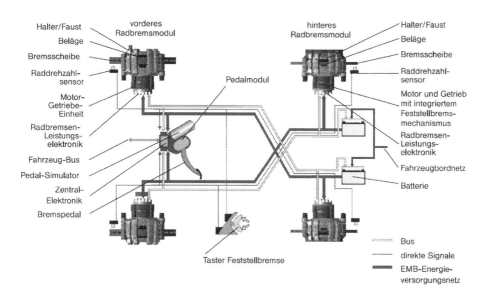

Bild 7-39 Technologieschema einer EMB [Wall06]

Entsprechend leistungsfähige Aktoren sind für die Bremsmomente an der Vorderachse nicht mit der üblichen 12V-Bordnetzspannung zu betreiben, hier werden in den Vorserienmodellen 42V-Motoren verwendet. Da eine Umstellung des kompletten Bordnetzes mit erheblichen Investitionen sowohl bei der Herstellung als auch der Fahrzeugwartung und dem Ersatzteil-handel verbunden ist, konnte sich bislang kein Fahrzeughersteller zu diesem Schritt entschließen. Die konventionelle Bauweise erscheint damit in naher Zukunft als komplettes Bremssystem nicht eingesetzt zu werden. Ein mögliches Konzept ist in Bild 7-39 dargestellt.

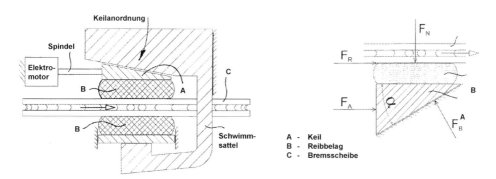

Bild 7-40 Aufbau einer Keilbremse (links) und auftretenden Kräfte (rechts) (nach [Pat09])

Ein Vorteil der elektromechanischen Bremse ist die direkte Nutzung der Aktorik zur Realisierung einer Feststellbremse. Weiterhin fallen sämtliche Hydraulikkomponenten weg, ebenso deren Montage und Inbetriebnahme. Um diese Vorteile in einem 12V-Bordnetz dennoch nutzen zu können, wurde die Entwicklung einer selbstverstärkenden Bremse vorangetrieben (siehe z. B. [Ho06]). Dieses nach dem Keilprinzip arbeitende System benötigt deutlich weniger Energie. Das Grundprinzip ist Bild 7-40 zu entnehmen.

Bekommt der Keil mit dem Reibbelag Kontakt zur sich drehenden Bremsscheibe, erfolgt eine Mitnahme des Keils. Da durch die konstruktive Einschränkung nur eine Bewegung in Drehrichtung der Bremsscheibe möglich ist, verstärkt sich die Normalkraft F_N und damit auch in Folge die der Bewegung entgegen gerichtete Bremskraft F_R. Die physikalischen Zusammenhänge ergeben sich mit Reibwert μ und Keilwinkel α zu:

$$F_R = \mu \cdot F_N = \frac{\mu}{\tan(\alpha) - \mu} \cdot F_A$$

$$C^*_{Keil} = \frac{F_R}{F_A} = \frac{2 \cdot \mu}{\tan(\alpha) - \mu} \qquad (7.6)$$

$$C^*_{konv} = \frac{F_R}{F_A} = 2 \cdot \mu$$

Die Konstante C^* stellt den Verstärkungsfaktor der Bremse dar und ist ein Maß für die Leistungsfähigkeit des Bremsendesigns [Ho06]. Der Faktor 2 berücksichtigt die beidseitig verbauten Bremsbeläge.

Aus den Zusammenhängen ergibt sich, dass im Falle einer konventionellen Bremse die Bremskraft vollständig durch die Aktuatorkraft F_A aufgebracht werden muss. Im Falle der Keilbremse hingegen kommt es zu einer Verstärkung, die bei $\tan(\alpha) = \mu$ sogar ∞ beträgt. Damit ist für diesen Fall theoretisch keine Aktuatorkraft notwendig. Die physikalischen Zusammenhänge für zwei unterschiedliche Keilwinkel sind in Bild 7-41 dargestellt.

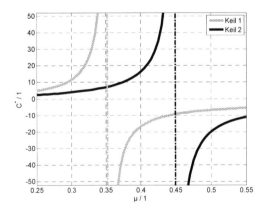
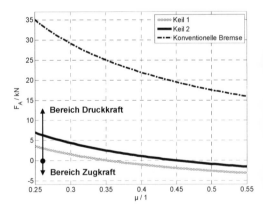

Bild 7-41 Verstärkungskennlinien (links) und Aktuatorkräfte (rechts) für eine selbstverstärkende Keilbremse (Keil 1: $\alpha = 19,4\,°$; Keil 2: $\alpha = 24,2\,°$) und eine konventionell ausgeführte elektromechanische Bremse

Aus dem Diagramm wird aber auch die für eine selbstverstärkende Bremse neue Regelungsstrategie deutlich. Wird der Bereich höchster Verstärkung genutzt, also die Nähe des Nulldurchgangs der Aktuatorkräfte, dann kann es bei Änderung des Haftreibbeiwertes (beispielsweise durch Erwärmung) zu einer Blockierung der Bremse kommen. Entsprechend sind negative Aktuatorkräfte (Zugkräfte) notwendig, um diese Blockierung zu verhindern. Im Gegensatz dazu treten für eine konventionelle Ausführung nur Druckkräfte auf, die mit Zunahme des Reibbeiwertes abnehmen. Wegen der sehr geringen Aktuatorkräfte wird für die Keilbremse ein Arbeitsbereich von $0{,}25 \leq \mu \leq 0{,}4$ vorgeschlagen [Har03]. In diesem Bereich ist allerdings eine Regelung der Betätigungskraft nur noch eingeschränkt möglich, es wird der Regelung der Keilposition der Vorzug gegeben. Details hierzu finden sich beispielsweise in [Rob03].

7.4.4 Hybridbremssystem

Ein sofortiger Umstieg auf ein komplett elektromechanisch arbeitendes Bremssystem ist wegen der hohen Anforderungen an Sicherheit und Zuverlässigkeit unwahrscheinlich. Stattdessen könnte für eine Einführung dieser Technik zunächst ein hybrides Bremssystem zur Serienreife entwickelt werden, das eine Kombination aus hydraulischer und elektromechanischer Betätigung darstellt. Damit sind die grundlegenden Strukturen im Serieneinsatz testbar, ohne auf die Sicherheit einer hydraulischen Bremsanlage verzichten zu müssen.

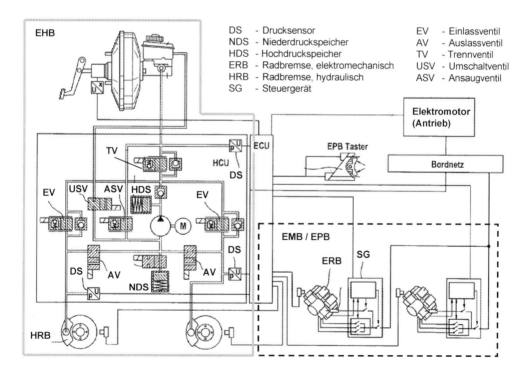

Bild 7-42   EHB/EMB-Hybridsystem (nach [Pat02])

Ein entsprechendes Konzept ist in Bild 7-42 dargestellt. An den beiden Rädern der Vorderachse befindet sich eine konventionelle hydraulische Bremse oder eine EHB. Damit ist eine hohe

Bremsleistung auch in einem 12V-Bordnetz erreichbar und es besteht weiterhin eine mechanische Rückfallebene.

Die Räder der Hinterachse werden hingegen elektromechanisch abgebremst. Wegen der geringeren Bremsleistung kann sowohl eine konventionelle Aktorik als auch eine Keilbremse zum Einsatz kommen. Eine elektrische Parkbremse (EPB) ist mit Hilfe dieser Aktorik ohne zusätzliche Elemente realisierbar.

7.5 Überlagerungslenkung

Die Lenksysteme in modernen Fahrzeugen sind in der überwiegenden Zahl bereits mechatronische Systeme. Dies manifestiert sich in der notwendigen elektronischen Steuerung, den Sensoren zur Aufnahme des Fahrerwunsches sowie den eingesetzten Aktoren. Da im Rahmen des Buches nicht alle Systeme behandelt werden können, erfolgt exemplarisch die Vorstellung der Überlagerungslenkung. Diese stellt auch eine der Komponenten für eine Integrierte Fahrwerkregelung dar (siehe Abschnitt 7.6). Eine ausführliche Übersicht zu allen Lenksystemen findet sich in [Heis07].

Eine Abgrenzung der Überlagerungslenkung gegenüber anderen Lenksystemen kann durch die Beeinflussung des Übersetzungsverhältnisses erfolgen. Dies ist in Bild 7-43 dargestellt.

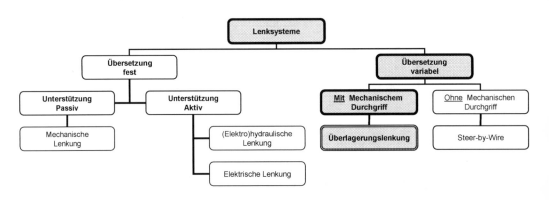

Bild 7-43   Einteilung von Lenksystemen

Während bei den hydraulisch oder elektrisch unterstützten Hilfskraftlenkungen ein festes Übersetzungsverhältnis vorgegeben ist, kann dieses bei einer Überlagerungslenkung in Abhängigkeit der Geschwindigkeit angepasst werden. Im Unterschied zu einem steer-by-wire System besteht aber weiterhin ein direkter mechanischer Durchgriff zu den Rädern. Bislang wird diese Lenkung in Modellen der Fahrzeughersteller BMW (Markenname „Active Front Steering", AFS) und Audi (Markenname „Dynamiklenkung") eingesetzt.

Der Gesamtaufbau eines Systems ist in Bild 7-44 zu sehen. Das Grundelement bildet auch hier eine hydraulische Servolenkung (D). Zwischen Lenkrad und der Eingangswelle dieser hydraulischen Lenkung ist jedoch ein Planetengetriebe mit Elektromotor zwischengeschaltet (B). Dadurch ist es möglich, zum Lenkradwinkel des Fahrers $\delta_{Lenkrad}$ einen weiteren Lenkwinkel $\delta_{\ddot{U}berlagerung}$ aufzubringen. Der Eingangswinkel am Lenkgetriebe δ_{Summe} (Summenlenkwinkel) berechnet sich damit zu:

$$\delta_{Summe} = \delta_{Lenkrad} + \delta_{\ddot{U}berlagerung} \qquad (7.7)$$

Dabei kann der Überlagerungswinkel sowohl gleichsinnig (Vergrößerung) als auch gegensinnig (Verkleinerung) aufgebracht werden. Ein Beispiel hierzu findet sich in Bild 7-47.

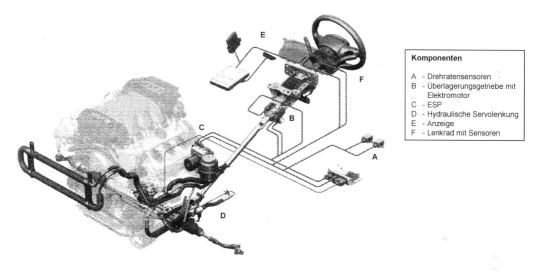

Bild 7-44 Komponenten der Dynamiklenkung des Audi A4 (nach [ATZ02])

Für die Sicherstellung der Funktionalität sind weitere Komponenten notwendig. Über Sensoren werden sowohl der Fahrer- als auch der Summenlenkwinkel erfasst. Weiterhin sind Daten über den Fahrbewegungszustand notwendig. Hierzu erfolgt eine Nutzung der für die Fahrdynamikregelung notwendigen Drehratensensoren. Da deren Ausfall bei der Lenkung zu sicherheitskritischen Zuständen führen kann, sind diese im Gegensatz zur konventionellen ESP-Regelung redundant ausgeführt.

Die vollständige Systemvernetzung der Dynamiklenkung des Audi A4 ist in Bild 7-45 dargestellt. Das Steuergerät der Überlagerungslenkung SCU kommuniziert dabei neben dem ESP mit weiteren Komponenten wie der Bedieneinheit BDS.

Die Grundfunktionalität „Variable Lenkübersetzung" wird in der SCU realisiert. Für den fahrdynamischen Eingriff ist die Erweiterung ESP-ADS der Fahrdynamikregelung zuständig. Der elektrische Aktor wird direkt über die SCU angesteuert. Um einen störungsfreien Betrieb und möglichst geringe Verzugszeiten zu gewährleisten, sind ESP, SCU und die beiden Drehratensensoren an einen eigenen CAN-Bus (Sensorik-CAN) angeschlossen.

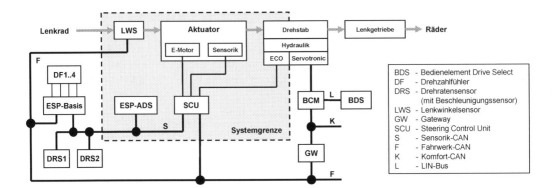

Bild 7-45 Systemarchitektur der Dynamiklenkung des Audi A4 (nach [ATZ02]). Nicht alle Abkürzungen sind in der Quelle angegeben.

Im Bild 7-46 ist das Blockschaltbild der Überlagerungslenkung dargestellt. Für die Unterstützungsfunktion und den Überlagerungseingriff erfolgt eine Aufspaltung in zwei unabhängige Teile, deren Lenkwinkel als Summe dem Aktor als Stellgröße dient.

Während die Funktion „Variable Lenkübersetzung" lediglich den Fahrerlenkwinkel sowie die Fahrzeuggeschwindigkeit benötigt, sind für den fahrdynamischen Eingriff alle Informationen zur Modellierung der Fahrzeugbewegung notwendig. Auch für diese Regelung wird eine Gierratenregelung wie beim ESP eingesetzt. Die Differenz zwischen Soll- und Istwert der Giergeschwindigkeit bildet die Eingangsgröße der Stabilisierungsregelung. Damit sich die beiden Regler (ESP und Lenkung) nicht gegenseitig stören, findet eine Koordination der notwendigen Eingriffe statt.

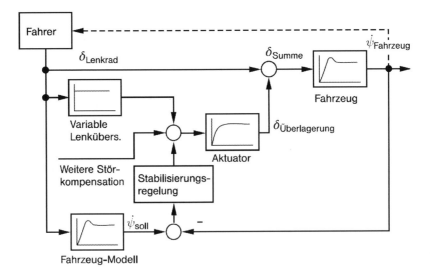

Bild 7-46 Blockschaltbild der Überlagerungslenkung für die Unterstützungsfunktion und die Durchführung eines fahrdynamischen Eingriffs [Wall06]

Die unterschiedlichen Ausprägungen für zwei Überlagerungslenkungen sind in Bild 7-47 gegenübergestellt. Für die BMW-Modelle ist eine einzelne Anpassungsfunktion vorgesehen. Die Übersetzung beginnt bei einem direkten Verhalten mit $i_{v,min} \approx 1/15$ und geht für höhere Geschwindigkeiten bis zu $i_{v,max} \approx 1/20$. Damit wird beim Einparken ein geringerer Lenkbedarf realisiert während das indirekte Verhalten bei hohen Geschwindigkeiten eine gute Beherrschbarkeit gewährleistet.

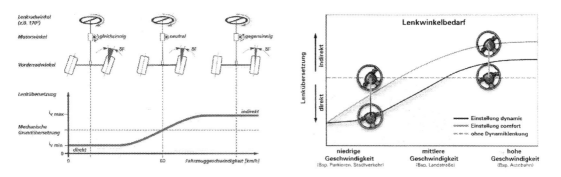

Bild 7-47   Unterschiedliche Auslegung der Überlagerungslenkung im BMW 7er (links, [Heis07]) und Audi A4 (rechts, [ATZ02])

Für den Audi sind zwei unterschiedliche Unterstützungskennlinien vorgesehen. Während die Komforteinstellung weitestgehend der Funktionalität in BMW-Fahrzeugen entspricht, kann der Fahrer zusätzlich eine „dynamische" Einstellung über einen Bedienhebel wählen. Dies führt zu eher indirektem Verhalten und soll Fahrern mit dynamischer Fahrweise entgegenkommen.

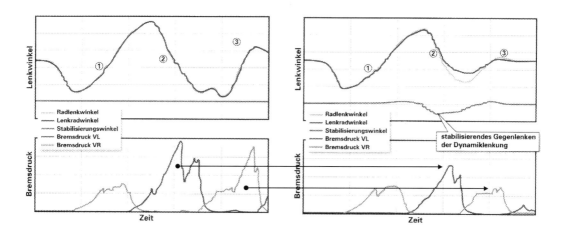

Bild 7-48   Unterschiede beim ESP-Eingriff in einer Ausweichsituation ohne (links) und mit Überlagerungslenkung (rechts) beim Audi A4 [ATZ02]. Die Pfeile weisen auf die verringerten Bremseingriffe bei Unterstützung durch die Überlagerungslenkung hin.

Die Unterstützung bei fahrdynamischen Eingriffen wird in Bild 7-48 anhand eines Ausweich-
manövers illustriert. Während für den ausschließlichen ESP-Eingriff sehr hohe Bremsdrücke
notwendig sind, reduzieren sich diese Werte dank des unterstützenden Lenkeingriffs deutlich.
Damit ist es nun auch möglich, im Falle von unterschiedlichen Fahrbahnreibwerten solche
Bremskraftverteilungen zu realisieren, die zwar einen kurzen Bremsweg ermöglichen, aber auf
Grund der entstehenden Giermomente zur Instabilität führen würden.

Der beschriebene Lenkeingriff erfolgt unabhängig vom Fahrer und kann durch diesen nicht
übersteuert werden. Damit müssen bei der Systemauslegung alle Fehler betrachtet werden, die
über den gewünschten Eingriff hinaus zu einer Gefährdung führen können. Es sind die folgenden grundlegenden Fehlfunktionen zu betrachten:

- Fehllenken (Aufbringen eines nicht funktional bedingten Radwinkelfehlers).

- Lenkübersetzungssprung (Änderung des Übersetzungsverhältnisses zwischen Lenkradwinkel und Radlenkwinkel im Fehlerfall).

- Freilenken (offene mechanische Verbindung zwischen Lenkrad und Lenkgetriebe).

- Lenkblockade (blockierte mechanische Verbindung zwischen Lenkrad und Lenkgetriebe).

Da bei allen vier Fehlfunktionen im schlimmsten Fall der Verlust der Lenkfähigkeit eintritt,
müssen entsprechende Maßnahmen zur Verhinderung dieser Zustände getroffen werden. Details hierzu werden in [Mar07] am Beispiel ausgewählter Komponenten der Audi-Dynamik-
lenkung vorgestellt.

7.6 Integrierte Fahrwerkregelung

Die vorgestellten Systeme zur Fahrwerkregelung stellen jeweils einzelne Regelsysteme dar.
Dabei findet auch derzeit eine Kooperation statt, so dass beim Bremseingriff des ESP ein unabhängig erfolgter stabilisierender Lenkeingriff mit berücksichtigt wird. Zur weitere Steigerung der Regelgüte und der Einbeziehung weiterer Fahrdynamiksysteme ist es aber notwendig,
eine enge Koordination der Eingriffe vorzunehmen. Ein solches System wird beispielsweise
als **V**ehicle **D**ynamics **M**anagement (VDM) bezeichnet [Ise02]. Die Struktur des Regelkreises
ist in Bild 7-49 dargestellt.

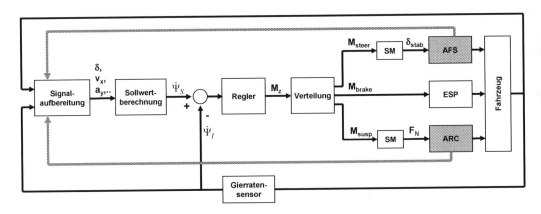

Bild 7-49 Struktur des VDM-Reglers (nach [Ise02])

Neben ESP und Überlagerungslenkung (AFS) ist eine aktive Wankstabilisierung (ARC – Active Roll Control) vorhanden. Der übergeordnete Regler ist wiederum ein Gierratenregler. Aus den Fahrbewegungsdaten und den Eingriffen der Systeme wird der Sollwert für die Gierrate $\dot{\Psi}_S$ berechnet, der über eine Vergleichsstelle mit dem Istwert $\dot{\Psi}_I$ verglichen wird. Der Regler ermittelt ein stabilisierendes Gegenmoment M_Z um die Hochachse des Fahrzeuges. Durch einen Verteiler (Koordinator) erfolgt die Aufteilung des Gesamtmomentes auf die einzelnen Aktoren.

Dabei werden drei unterschiedliche Strategien verfolgt:

- Komfort: Unkomfortable Bremseingriffe werden vermieden.

- Sicherheit: Giermomentenverteilung mir höchstem Abstand zur Kraftschlussgrenze.

- Fehler: Gestufte Abschaltung bei Ausfall eines Systems.

Die Ergebnisse einer Vergleichsfahrt mit µ-split Bremsung sind für unterschiedliche Konfigurationen aus Bild 7-50 ersichtlich. Dabei zeigt sich deutlich der Vorteil einer Gesamtregelung. Das VDM-System ermöglicht den schnellsten Geschwindigkeitsabbau und dadurch den geringsten Bremsweg. Dieser ist zwar für die Kombination ESP+ARC fast identisch, allerdings ist dabei ein erheblicher Lenkeingriff durch den Fahrer notwendig. Das Fahrzeug ist damit für das durchgeführte Fahrmanöver von einem Normalfahrer nicht beherrschbar.

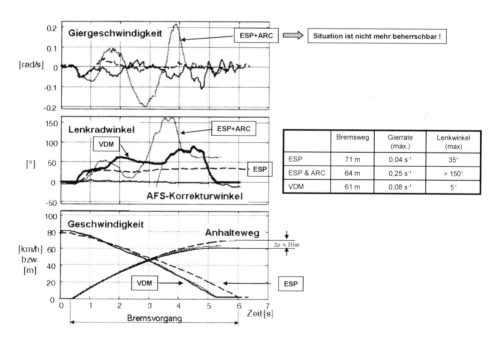

	Bremsweg	Gierrate (max.)	Lenkwinkel (max)
ESP	71 m	0,04 s⁻¹	35°
ESP & ARC	64 m	0,25 s⁻¹	> 150°
VDM	61 m	0,08 s⁻¹	5°

Bild 7-50 Vergleich verschiedener fahrdynamischer Eingriffe (nach [Ise02])

Im Vergleich zur konventionellen ESP-Regelung ergibt sich eine Verringerung des Bremsweges von ca. 10 m. Dies ist schon ein erheblicher Beitrag zur Steigerung der Fahrzeugsicherheit. Weitere Einzelheiten zu dem beschriebenen System finden sich in [Ise02].

8 Verteilte Funktionen

In diesem Kapitel sind verschiedene Anwendungsbeispiele zusammengefasst, deren Funktionalität erst durch die Nutzung verteilter Informationen und daraus resultierend einer sehr starken Vernetzung realisierbar ist oder deren volles Potential damit erst ausgeschöpft werden kann. Zu letzterer Kategorie zählt der Regen-/Lichtsensor, dessen Messwerte für eine Vielzahl weiterer Systeme eine wichtige Zusatzinformation darstellen. Eine große Anzahl von Patenten gibt Anwendungsbeispiele an, von denen einige tatsächlich, wie die Trockenbremsfunktion, auch in Serie realisiert sind. Mit dem Abschnitt 8.4 soll darüber hinaus demonstriert werden, welche Konsequenzen eine auf den ersten Blick einfache Funktion wie die Start/Stopp-Automatik in Bezug auf die Vernetzung nach sich zieht.

8.1 Licht- und Scheibenwischersteuerung

8.1.1 Grundfunktionalität

In vielen Fahrzeugen hat ein Sensor zur Erkennung der Regenmenge mittlerweile die klassische Scheibenwischersteuerung ersetzt. Ein solcher Sensor nutzt die Änderung des Brechungsindex an einer benetzten Frontscheibe zur Erkennung des Feuchtigkeitsbelages aus. Das Prinzip ist aus Bild 8-1 ersichtlich.

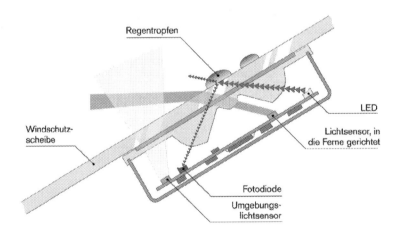

Bild 8-1   Aufbau und Funktionsweise eines Regen-/Lichtsensors (nach [RB02])

Die damit realisierbare Funktion ist eine situationsadaptive Ansteuerung des Wischers in Abhängigkeit der Regenmenge. Dadurch wird eine gute Sichtbarkeit bei gleichzeitig geringster Wischeraktivität erreicht. Bei der ansonsten üblichen Intervallschaltung kann immer nur ein Kompromiss erzielt werden, der zudem eine Adaption durch den Fahrer verlangt. Besonders in unübersichtlichen Situationen wie plötzlich auftretender Gischt durch vorausfahrende Fahrzeuge kann das System schneller als ein erschrockener Fahrer reagieren.

Der Verlauf entsprechender Signale zur Ansteuerung ist in Bild 8-2 aufgeführt. Erkennt der Regensensor einen Feuchtigkeitsfilm, sendet er über die Datenleitung an das Steuergerät einen entsprechenden Impuls (S) oder bei genaueren Systemen die Regenmenge. Das Steuergerät legt dann die Intervalldauer (T) fest und schaltet den Wischermotor ein. Kommen während der Wischphase neue Impulse des Sensors (im Beispiel S_-2), dann kann der Zyklus verlängert werden. Gleiches gilt für die Übertragung einer Regenmenge.

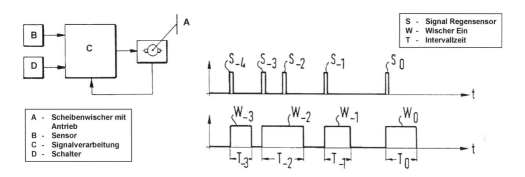

Bild 8-2   Grundfunktion einer automatischen Wischersteuerung (nach [Pat21]). Der Index kennzeichnet den jeweiligen Zyklus (0 – aktuell, –1 – letzter Zyklus usw.).

Mit der integrierten Lichtstärkemessung ist über diesen Sensor ebenfalls eine automatische Zuschaltung der Beleuchtung möglich. Weiterhin ist es in Abhängigkeit der vorherrschenden Beleuchtungsstärke und der Witterung möglich, eine veränderliche Lichtstärke für die verschiedenen Fahrzeugrückleuchten zu realisieren. Die entsprechenden Adaptionsbereiche sind in Bild 8-3 dargestellt. Damit ergibt sich die Anforderung, dass die Information des Sensors auch dem für die Rückleuchtenansteuerung zuständigen Steuergerät zur Verfügung stehen muss.

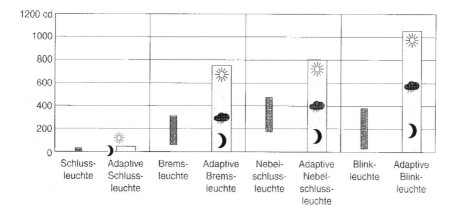

Bild 8-3   Erlaubte Lichtstärken adaptiver Rückleuchten [RB02]

Über diese direkte Nutzung hinaus sind die Informationen über Regen oder die Umgebungs-helligkeit von verschiedenen Anwendungen nutzbar. Die angeführten Beispiele sollen als Anregung für die im Entwicklungsbereich verbreitete Denkweise dienen, mit bereits vorhan-denen Informationen und geringem Zusatzaufwand einen möglichst großen Mehrwert für das bestehende Produkt zu erzielen und sich damit von den Wettbewerbern abzugrenzen. Da es sich fast ausschließlich um Patentinformationen handelt, kann keine Aussage über die tatsäch-liche Anwendung im Automobil getroffen werden.

8.1.2 Verbesserung der ESP-Funktionalität

Trocknen der Bremsscheiben

Bei feuchter Strasse legt sich ein Wasserfilm auf die Bremsscheiben, der im Falle eines Brems-eingriffs zu einer verringerten Bremswirkung führt. Ist dem ESP-Steuergerät die aktuelle Um-weltsituation bekannt, kann durch einen geringen Druckaufbau der Feuchtigkeitsfilm entfernt werden. Damit steht im Falle eines Bremseingriffs schneller eine hohe Verzögerung zur Ver-fügung.

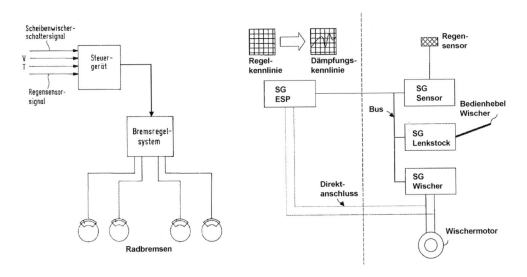

Bild 8-4   Zusatzfunktionen Trockenbremsen (links nach [Pat19]) und Adaption von Reglerparametern
(rechts, nach [Pat20])

Der Eingriff erfolgt dabei mit einem so geringen Bremsmoment, dass der Fahrer keine Rück-wirkung spürt. Dies stellt natürlich, besonders im Hinblick auf die Langzeitstabilität, erhöhte Anforderungen an die verwendeten Materialien und ihr Alterungsverhalten. Eine ausführliche Beschreibung findet sich in [Pat19], die grundlegende Systemvernetzung ist in Bild 8-4 (links) dargestellt.

Adaption von Reglerparametern

Der Eingriff des ESP setzt Annahmen über die vorliegenden Reibwertverhältnisse voraus. Diese können aus der Reaktion während des ersten Eingriffs abgeschätzt werden. Durch die Zusatzinformation des Regensensors sind schon im Vorfeld die notwendigen Parameter adaptierbar, z. B. stellen die Reibwertkurven für eine trockene Fahrbahn bei starkem Regen ungeeignete Startwerte dar.

Eine technische Realisierung ist in [Pat20] beschrieben (Systemschaltplan Bild 8-4 (rechts)). Wird vom Sensor Regen erkannt, erfolgt die Nutzung einer angepassten Dämpfungskennlinie im Regler. Um auch bei Ausfall des Regensensors adaptiv reagieren zu können, ist eine direkte Messung der Wischeransteuerung vorgesehen. Damit kann das System aber auch in Fahrzeugen ohne Regensensor eingesetzt werden.

8.1.3 Adaption der Motorsteuerung

Die Steuerung eines Verbrennungsmotors ist von vielen Einflussfaktoren abhängig. Unter anderem wirkt sich eine erhöhte Menge an Feuchtigkeit sowohl auf die Verbrennung als auch die Qualität der Abgasnachbehandlung aus. Mit der Kenntnis über die Niederschlagsmenge kann eine Anpassung der Steuerungsparameter erfolgen.

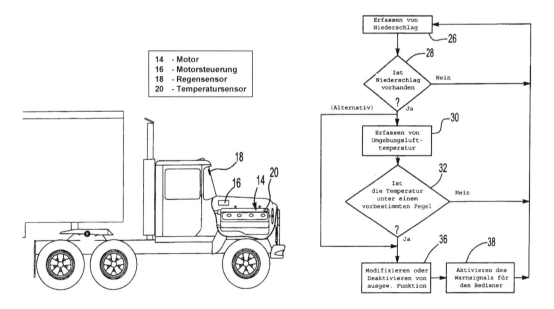

Bild 8-5 Aufbau und Algorithmus eines Systems zur Adaption einer Motorsteuerung [Pat18]

Eine weitere Modifikation kann auch für die bei Nutzfahrzeugen weit verbreitete Motorbremse erfolgen. Ein entsprechender Vorschlag findet sich in [Pat18]. Der Algorithmus ist sehr allgemein gehalten und in Bild 8-5 dargestellt. In den weiteren Patentansprüchen wird dann explizit auf Einschränkungen der verschiedenen Arten von Motorbremsen verwiesen. Über die Regenmenge hinaus kann auch noch die Umgebungstemperatur in die Steuerung einbezogen werden.

8.1.4 Parametrierung eines Spurwechselassistenten

Ein System zur Spurwechselassistenz überwacht den Bereich neben („Toter Winkel") und hinter dem Fahrzeug auf beiden Fahrzeugseiten. Bisher finden Radarsysteme hierfür Verwendung, deren Reichweite beträgt bis zu 50 m. Zeigt der Fahrer durch Setzen des Blinkers einen Spurwechsel an, dann warnt das System durch eine Lampe im Außenspiegel, wenn sich ein Objekt mit hoher Relativgeschwindigkeit nähert und es dadurch zu einer Kollision kommen könnte. Die Entscheidung, ob eine Warnung ausgegeben wird, ist in erster Linie abhängig von der Entfernung des Objektes d_{OBJ} und seiner Relativgeschwindigkeit v_{REL} zum eigenen Fahrzeug.

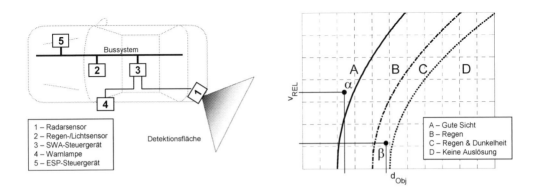

Bild 8-6   Komponenten des Spurwechselassistenten (links) und Adaption der Auslöseschwelle (rechts) für verschiedene Bedingungen (nach [Pat23])

Ist im Fahrzeug ein Regen-/Lichtsensor vorhanden und steht diese Information durch ein Bussystem zur Verfügung, dann können die Auslöseschwellen der jeweiligen Situation angepasst werden [Pat23]. Ein entsprechendes Beispiel ist im Bild 8-6 (rechts) dargestellt. Für bestimmte Kombinationen erfolgt nur bei Regen (Bereich B) und/oder Dunkelheit (Bereich C) eine Auslösung. Dies ist in der Grafik für den Punkt β der Fall. Bei sehr geringer Entfernung und hoher Relativgeschwindigkeit, wie beim Punkt α im Bereich A, wird dagegen in jedem Fall gewarnt. Bei sehr großem Abstand schließt sich ein Bereich ohne Auslösung (D) an.

8.1.5 Erweiterung der Scheibenheizung

Um schnell einen Belag (Feuchtigkeit, Eis) von der Frontscheibe zu entfernen, ist eine Aufheizung notwendig. Die maximal zulässige Temperatur ist dabei jedoch beschränkt auf 70 °C. Damit diese Temperatur auf keinen Fall überschritten wird, ist bei konventioneller Ausführung die maximale Heizleistung stark reduziert. Die Integration eines Temperatursensors in der Scheibe wird aus Kostengründen nicht realisiert, weiterhin wäre dieser Sensor deutlich sichtbar.

In [Pat13] wird als Alternative ein Verfahren vorgestellt, bei dem aus den Umgebungsbedingungen die für ein Entfernen des Belages tatsächlich notwendige Heizleistung berechnet wird. Als eine wichtige Eingangsgröße dient die Regenmenge zur Anpassung des Berechnungsmodells. Danach erfolgt in Form einer Regelung die Ansteuerung der Scheibenheizung. Der Algorithmus ist in Bild 8-7 (links) aufgeführt.

8.1.6 Verbesserung der Einparkunterstützung

Systeme zur Detektion des Nahbereiches um ein Fahrzeug herum sind mittlerweile sehr stark verbreitet. Wegen der geringen Kosten werden bevorzugt Ultraschallsysteme eingesetzt. Diese senden Schallwellen im nicht hörbaren Bereich aus. Befindet sich ein Hindernis im Detektionsbereich (bis max. 3 m), dann wird ein Teil der ausgesendeten Welle reflektiert. Aus der Laufzeit wird der Abstand zum Objekt ermittelt. Einzelheiten zu Ultraschallsensoren sind in [RB02] ausgeführt.

Für Abstrahlung und Messung der Schallwelle muss der Sensor einen direkten Luftkontakt haben. Damit ist er den Umwelteinflüssen direkt ausgesetzt. Befindet sich ein Niederschlagsfilm auf der Sensoroberfläche, dann kann es zu Fehlinterpretationen der Messung kommen. Im schlimmsten Fall würde der Abstand größer angenommen als er tatsächlich ist, in der Folge könnte es zu einem Unfall kommen.

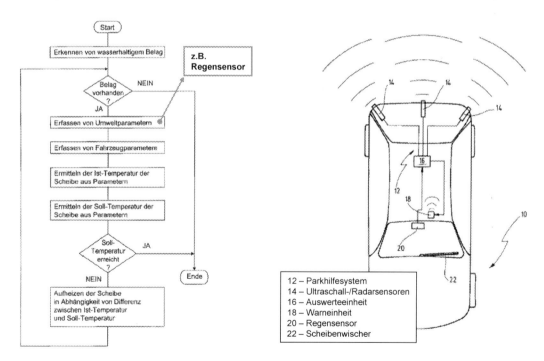

Bild 8-7   Verfahren zur adaptiven Scheibenheizung (links, nach [Pat13]) und Komponenten einer Zustandssensitiven Einparkhilfe (rechts, nach [Pat14])

In [Pat14] wird eine Methode vorgeschlagen, durch Einbeziehung der Umgebungsinformationen, insbesondere des Regensensors, eine Korrektur oder Filterung der Messwerte vorzunehmen. Der entsprechende Systemschaltplan befindet sich in Bild 8-7 (rechts). Auf die eigentliche Korrektur wird im Patent nicht eingegangen, daher findet sich dort auch kein Algorithmus zur detaillierten Vorgehensweise.

8.1.7 Bestimmung einer Unfallwahrscheinlichkeit

Die Vielzahl an Elementen der passiven Sicherheit (z. B. verschiedene Airbags mit unterschiedlichen Auslösestufen) setzt für einen wirkungsvollen Schutz die Erkennung der Unfallsi-
tuation voraus. Weiterhin können zur Verminderung der Unfallschwere bereits im Vorfeld des
Aufpralls gezielte Maßnahmen ergriffen werden. In [Pat03] ist ein System beschrieben, das aus
den verschiedenen im Fahrzeug verfügbaren Sensordaten eine zu erwartende Unfallschwere
berechnet und entsprechende Maßnahmen einleitet. Der Wirkschaltplan ist in Bild 8-8 dargestellt.

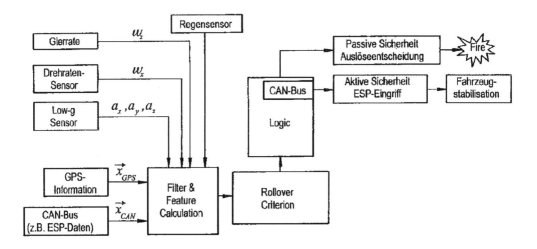

Bild 8-8   Signalverlauf und Konzept eines Systems zur Bestimmung einer Unfallwahrscheinlichkeit
(nach [Pat03])

In erster Linie soll mit den Verfahren ein drohender Überschlag erkannt werden, darüber hinaus ist aber auch die Ableitung einer allgemeinen Unfallwahrscheinlichkeit möglich. Mit Hilfe
dieses Wertes können sowohl die Elemente der passiven Sicherheit (z. B. Airbags) als auch die
Fahrdynamikregelung situationsgerecht angesteuert werden. Die Information des Regensensors dient in diesem Fall zur Anpassung der Berechnung im Block „Filter & Feature Calcula-
tion". Details zum Einfluss der einzelnen Elemente auf die Unfallwahrscheinlichkeit wurden
nicht veröffentlicht.

8.1.8 Anforderungen an die Kommunikation

Aus den vorgestellten Beispielen geht hervor, dass die Helligkeits- und Regeninformation über
den eigentlichen Einsatzzweck hinaus genutzt werden kann. Dazu ist es notwendig, diese Information auch den entsprechenden Steuergeräten zur Verfügung zu stellen. Im Bild 8-9 ist ein
N^2-Diagramm der beteiligten Steuergeräte dargestellt. Als Grundlage diente die Systemvernetzung des Audi A6 (siehe Anhang). Es sind nur die für die besprochenen Zusatzfunktionen
relevanten Steuergeräte dargestellt. Da ein Spurwechselassistent für dieses Fahrzeug (Baujahr
2006) nicht verfügbar ist, erfolgt stattdessen die Informationsweiterleitung an das ACC-

System. Auch dieses kann aus der Regenmenge eine Parameteradaption ableiten, da sich beispielsweise im Falle eines Bremseingriffs die Bremswege verlängern werden.

Aus der Übersicht geht hervor, dass bei 6 Steuergeräten neben den Funktionsänderungen auch Anpassungen in der Kommunikationsschnittstelle notwendig sind. Ob tatsächlich 3 zusätzliche Botschaften verwendet werden, hängt von der bisherigen Paketierung ab. Da die Regeninformation in der Regel nur wenige Bits benötigt, könnten diese Daten auch einer bisher nicht vollständig genutzten Botschaft zugeschlagen werden.

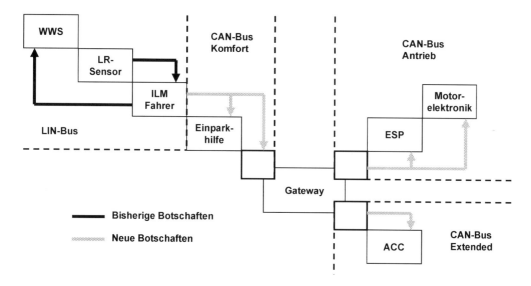

Bild 8-9 N²-Diagramm zur Realisierung von Zusatzfunktionen auf Basis der Regen-/Lichtinformation. Grundlage für die Vernetzung ist die Topologie des Audi A6 [ATZ04].

Je stärker die Partitionierung in einzelne Bussysteme erfolgt, um so größer wird der Aufwand bei der Weiterleitung solcher verteilter Informationen. Da deren Anteil weiter wachsen wird, kommt der Entwicklung einer skalierbaren Netzwerkarchitektur eine immer größere Bedeutung zu.

8.2 Adaptive Geschwindigkeitsregelung

8.2.1 Grundlagen

Die Unterstützung des Fahrers bei kritischen aber auch monotonen Fahraufgaben führte schon frühzeitig zur Entwicklung von Fahrerassistenzsystemen. Ein Beispiel hierfür ist der Tempomat. Dieser gewährleistet die Regelung einer vom Fahrer vorgegebenen Geschwindigkeit durch den Eingriff in die Antriebsstrangsteuerung (Motor und Getriebe) sowie die Betriebsbremse. Ein Funktionsbild ist in Bild 8-10 dargestellt. Bei einfacheren Systemen ohne Automatikgetriebe erfolgt lediglich eine Ansteuerung des Motors mit funktionalen Einschränkungen bezüglich des Regelbereiches und der Verzögerungsdynamik.

Eine weite Verbreitung fand dieses System allerdings vorwiegend in Ländern mit geringer Verkehrsdichte, zum Beispiel den Flächenländern Nordamerikas. Für hohes Verkehrsaufkommen auf Autobahnen und Landstraßen, wie es in Europa typischerweise auftritt, ist dieses System wegen der häufigen Deaktivierung unkomfortabel und daher weniger gefragt. Die besonders beim Stopp-and-Go-Verkehr in Ballungsräumen gewünschte Unterstützung in der Fahrzeuglängsführung kann damit keinesfalls realisiert werden.

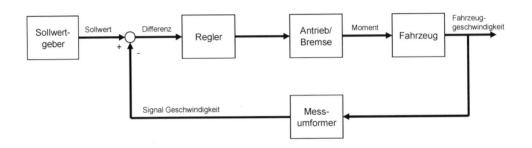

Bild 8-10 Aufbau und Funktionsweise eines konventionellen Tempomat

Um diesen Nachteil auszugleichen und auch für den letztgenannten Punkt eine qualitativ hochwertige Unterstützung anzubieten, wurden Systeme entwickelt, die über einen oder mehrere Umfeldsensoren den Abstand und die Geschwindigkeit zu vorausfahrenden Fahrzeugen detektieren und diese Größen situationsspezifisch anpassen. Verschiedene Verfahren sind hierzu bekannt, in Europa haben sich bislang radarbasierte Systeme etabliert. Diese werden im Folgenden ausführlich vorgestellt, bevor als eine Alternative ein optisches Verfahren besprochen wird. Der Regler selbst ist im Prinzip unabhängig von der Detektionseinheit und für beide Fälle im Grundaufbau identisch, daher erfolgt zunächst dessen Vorstellung. Ein verbreitetes System ist dabei unter der Abkürzung ACC (**A**daptive **C**ruise **C**ontrol) bekannt.

8.2.2 ACC-Regelungskonzept

Der Regler arbeitet als unabhängiges System und nutzt die bereits im Fahrzeug vorhandene Aktorik zur Beeinflussung der Fahrzeuglängsbewegung. Das Prinzip wird anhand von Bild 8-11 erläutert.

Durch den Fahrer werden zwei Größen festgelegt, die Wunschgeschwindigkeit v_W und der Abstand d_R. Letztere Größe ist abhängig von der Fahrgeschwindigkeit v_I, daher wird sie über die Vorgabe einer Zeitlücke berechnet. Ein Minimalwert garantiert hierbei die Einhaltung straßenverkehrsrechtlicher Vorschriften. Die Anzahl der möglichen Zeitlücken unterscheidet sich zwischen den einzelnen Fahrzeugherstellern und liegt üblicherweise bei 3 oder 4.

Ist ein Objekt im relevanten Abstand vorhanden, muss der ermittelte Abstand d_R mit dem tatsächlich vorhandenen Abstand d_X verglichen werden. Eine auftretende Differenz bildet die Eingangsgröße zur Berechnung der Sollgeschwindigkeit v_R. In Abhängigkeit der Differenz zur vorhandenen Relativgeschwindigkeit v_X wird eine Sollbeschleunigung a_R berechnet.

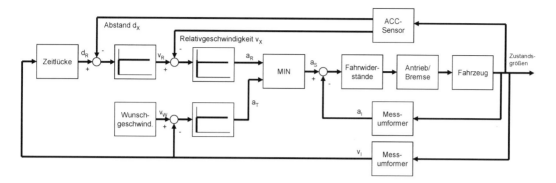

Bild 8-11 Prinzipieller Aufbau einer Regelung für ein ACC-System. Als einfachste Möglichkeit wurden mehrere P-Regler durch Proportionalelemente symbolisiert. Die tatsächlichen Realisierungen in Form digitaler Regler sind wesentlich komplexer aufgebaut.

Im nächsten Block erfolgt ein Vergleich mit der Beschleunigung a_T. Diese wäre bei fehlendem Zielobjekt zur Erreichung der Wunschgeschwindigkeit notwendig (Tempomatfunktion). Von beiden Beschleunigungen wird nur der minimale Wert weitergegeben und als Vergleichswert für die vorhandene Beschleunigung a_I verwendet. In Abhängigkeit der Differenz erfolgt eine Ansteuerung von Bremse ($a_R < 0$) oder Antriebsstrang ($a_R > 0$).

Für die Ansteuerung der Bremse ist eine Realisierung des Regelkreises in Bild 8-12 dargestellt. Die Faktoren K1..K3 für die einzelnen Regleranteile sind in der Symbolik von OPVs als Verstärkerelemente gezeichnet.

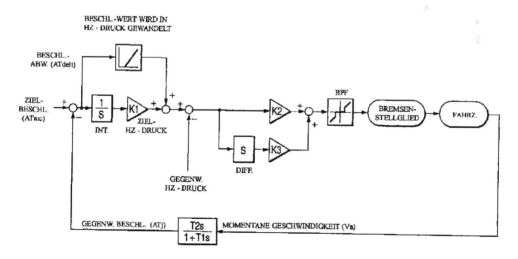

Bild 8-12 Beispiel für den untergelagerten Regelkreis der Beschleunigung mit Ansteuerung der Bremse (nach [Pat22]). Die bei der Beschleunigungsberechnung auftretenden dynamischen Einflüsse werden in Form eines PDT$_I$-Gliedes berücksichtigt.

In diesem Beispiel kommt eine Kaskadenregelung zum Einsatz. Der innere Kreis regelt den Druck mit Hilfe eines PD-Reglers. Im äußeren Kreis wird die Beschleunigungsdifferenz als Eingangsgröße für einen I-Regler genutzt. Dieser verfügt zur schnellen Reaktion auf große Regeldifferenzen über einen direkten Zweig mit einem Tote-Zone-Element.

Die tatsächliche Realisierung erfolgt in digitaler Form als Algorithmus in einem Steuergerät. Die Ansteuerung der Aktorik geschieht dabei über Botschaften auf dem CAN-Bus. Hierzu muss sichergestellt sein, dass das ESP-Steuergerät den entsprechenden Softwarestand zur Verarbeitung dieses Eingangssignals aufweist. Im Fahrzeugbereich hat sich die so genannte ECD-Schnittstelle etabliert (**E**lectronically **C**ontrolled **D**eceleration), damit ist ein solcher Eingriff möglich. Ein interner Koordinator entscheidet dann über die Auswahl der jeweils prioritären Anforderung.

Wie aus den bisherigen Punkten deutlich wurde, ist für ein ACC-System ist eine Vielzahl von Kommunikationsbeziehungen notwendig. Grundfunktionen wie der automatische Antrieb setzen den Zugriff auf die Motor- und Getriebesteuerung voraus. Für eine automatisierte Verzögerung sind zusätzlich elektronische Bremskraftverstärker oder ein Stopp-and-Go fähiges ESP notwendig.

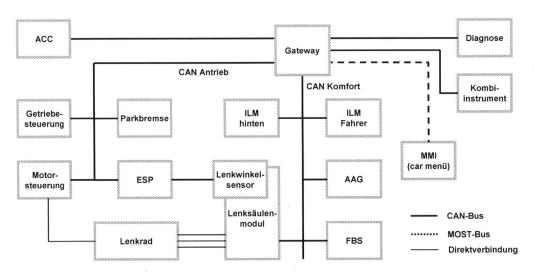

Bild 8-13 Vernetzung des ACC-Systems am Beispiel des Audi A4 (Baujahr 2008). Mit allen angegebenen Steuergeräten tauscht der ACC-Regler Informationen aus.

Ein Beispiel für eine Vernetzung ist in Bild 8-13 dargestellt. Hierbei verfügt der ACC-Sensor über einen eigenen CAN-Bus, der ihn mit dem zentralen Gateway verbindet. Alle relevanten Informationen müssen über dieses Steuergerät ausgetauscht werden. Eine solche Architektur hat den Vorteil, dass für Fahrzeuge ohne ACC der restliche Busaufbau gleich bleibt. Da ein ACC-System eine Sonderausstattung darstellt, ist dies ein Vorteil bei der Eingrenzung der Variantenvielfalt.

8.2.3 Steuerung des Systems

Das ACC-System weist mehrere Betriebszustände auf, zwischen denen durch unterschiedliche Eingabemöglichkeiten gewechselt werden kann. Zentrales Bedienelement ist üblicherweise ein Multifunktionsschalter am Lenkrad. Weiterhin wird die Betätigung von Fahr- und Bremspedal berücksichtigt. Die unterschiedlichen Zustände werden dem Fahrer im Kombiinstrument angezeigt. Auf einzelne Ausführungen der Bedieneinheiten wird an dieser Stelle nicht eingegangen, diese können für verschiedene Fahrzeuge aus [ATZ01] und [ATZ02] entnommen werden. Im Vordergrund stehen an dieser Stelle die für alle Fahrzeuge prinzipiell notwendigen Zustände und deren Übergänge.

Eine Beschreibung kann sehr anschaulich unter Verwendung von Zustandsautomaten, wie in 4.3.3 eingeführt, erfolgen. Die grundlegende Betriebsstrategie ist aus Bild 8-14 abzuleiten. Ein wichtiger Unterschied besteht zwischen den Zuständen „Aus" und „Bereit". In beiden Fällen regelt das System nicht aktiv, im letzteren Fall kann allerdings durch Betätigung der Taste **RESUME** die Aktivierung mit dem letzteingestellten Geschwindigkeitswert sofort erfolgen.

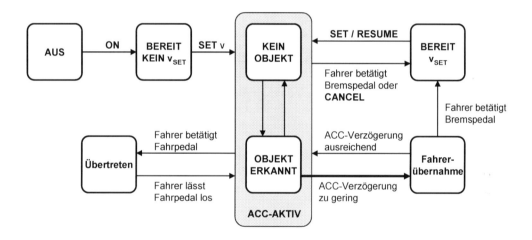

Bild 8-14 Zustandsautomat zur Steuerung des ACC-Systems. Die **fett** gedruckten Bezeichnungen kennzeichnen die Bedientasten.

Ein- und ausgeschaltet wird das System durch den Hauptschalter. Zur Aktivierung ist dann die Eingabe einer Wunschgeschwindigkeit (v_{SET}) notwendig. Danach beginnt die Regelung, die tatsächlich eingestellte Geschwindigkeit ist dabei abhängig von der Anwesenheit eines relevanten Objektes im Detektionsbereich. Eine vorübergehende Deaktivierung zur Erhöhung der Beschleunigung ist durch Betätigung des Fahrpedals möglich. Nach Beendigung dieses Vorgangs wird die Regelung automatisch mit den eingestellten Werten ohne Fahrerinteraktion weitergeführt. Anders verhält es sich bei Bremspedalbetätigung. Hierdurch wird das System in den Bereitschaftszustand versetzt. Wird das Bremspedal gelöst, erfolgt die erneute Regelung erst nach Bestätigung der Tasten **RESUME** oder **SET** durch den Fahrer.

8.2.4 Radarsensor

Ein Radarsensor sendet eine elektromagnetische Welle mit einer Trägerfrequenz von $f_c = 76{,}5$ GHz aus. Gemessen wird der an den relevanten Objekten reflektierte Anteil dieser Welle. Der Abstand ergibt sich aus der halben Laufzeit der Welle Δt (diese Laufzeit beinhaltet die Hin- und Rückbewegung der Welle) und der Ausbreitungsgeschwindigkeit im Medium (Luft) c_L.

$$d_I = \frac{1}{2} c_L \cdot \Delta t \tag{8.1}$$

Die Frequenz der reflektierten Welle f_D ändert sich, wenn das Objekt eine andere Geschwindigkeit als das eigene Fahrzeug besitzt. Ursache hierfür ist der Dopplereffekt. Diese Eigenschaft kann direkt zur Bestimmung der Relativgeschwindigkeit v_{rel} genutzt werden. Der Zusammenhang ergibt sich mit der folgenden Gleichung zu:

$$f_D = -2 \cdot f_c \cdot \frac{v_{rel}}{c_L} \tag{8.2}$$

Zur direkten Bestimmung der Relativgeschwindigkeit v_{rel} ist daher eine Analyse des Frequenzspektrums notwendig. Da weiterhin die Laufzeitmessung zur Bestimmung von Δt sehr aufwändig ist, wird auch hier alternativ die Modulation der Anregungsfrequenz genutzt. Statt mit einer festen Trägerfrequenz zu arbeiten, wird diese in unterschiedlichen Rampen (siehe Bild 8-15) verändert. Im nachfolgend dargestellten Beispiel wird von 2 Objekten (A und B) ausgegangen, die sich vor dem eigenen Fahrzeug befinden. Objekt B fährt mit derselben Geschwindigkeit wie das eigene Fahrzeug, Objekt A hat eine davon abweichende Geschwindigkeit.

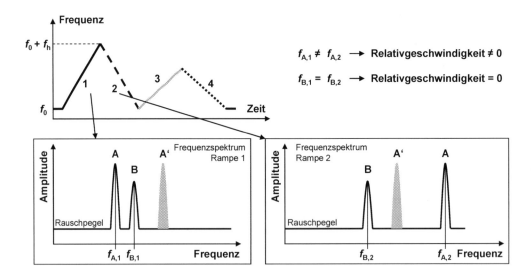

Bild 8-15 Modulation der Anregungsfrequenz und charakteristische Maxima (Peaks) im Frequenzspektrum für Rampe 1 und Rampe 2. Ähnliche Spektren werden auch für die beiden anderen Rampen erhalten. Mit A' ist die Position der Maxima von Objekt A gekennzeichnet, die ohne Relativgeschwindigkeit auftreten würden.

Im Frequenzspektrum wird nun nach den charakteristischen Maxima gesucht. Die Frequenz, bei der diese Maxima auftreten, ist sowohl vom Abstand als auch von der Relativgeschwindigkeit abhängig und ebenso vom Anstieg der Rampe. Eine positive Rampe (1) erzeugt bei einer vorhandenen Relativgeschwindigkeit (im Bild für Objekt A) die entgegengesetzte Frequenzverschiebung zur negativen Rampe (2). Tritt keine Relativgeschwindigkeit auf, liegen die Maxima des Objektes für beide Rampen bei derselben Frequenz (im Bild für Objekt B). Damit folgen Abstand und Relativgeschwindigkeit der folgenden Relation (für Objekt A):

$$d_I \sim \left(f_{A,1} + f_{A,2} \right)$$
$$v_{rel} \sim \left(f_{A,1} - f_{A,2} \right)$$

$$(8.3)$$

Ein Maximum der Frequenz $f_{A,1}$ ergibt damit eine Gerade in einem d_I-v_{rel}-Diagramm (Bild 8-16). Es existieren für eine Frequenzrampe damit unendlich viele Möglichkeiten der Zuordnung entlang dieser Geraden. Um die tatsächlichen Werte herauszufinden, ist mindestens eine zweite Rampe mit einer anderen Charakteristik notwendig. Diese führt ebenfalls zu einer Geradengleichung, allerdings bedingt durch die geänderte Richtung oder den geänderten Anstieg mit abweichenden Geradenparametern. Nur am Schnittpunkt beider Geraden sind beide Gleichungen erfüllt, dort finden sich die gesuchten Werte des Objektes.

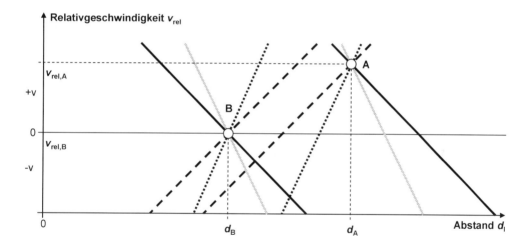

Bild 8-16 Ermittlung der Objektdaten aus den Geradengleichungen der einzelnen Frequenzmaxima. Die Linienart gibt die Zuordnung zur Anregungsrampe laut Bild 8-15 wieder.

Prinzipiell wären zwei unterschiedliche Rampen für eine Bestimmung ausreichend. Zur Absicherung werden jedoch zwei weitere Rampen mit geändertem Anstieg verwendet. Damit können Fehlinterpretationen durch weitere, nicht relevante Schnittpunkte, verringert werden.

Während die beiden betrachteten Messgrößen sehr genau bestimmbar sind, ist die Ermittlung der lateralen Position der Objekte bezogen auf die Fahrzeuglängsachse (Versatz y) schwieriger. Das Radar sendet einen Kegel aus, innerhalb dessen für eine Entfernung x keine genaue Aussage über den tatsächlich vorhandenen Versatz y getroffen werden kann. Eine Verbesserung ist bei Beibehaltung des Öffnungswinkels durch die Nutzung mehrerer kleiner und sich überlappender Radarkegel möglich. In den aktuellen Sensoren werden drei bis vier solcher Kegel verwendet (siehe auch Bild 8-17).

8.2.5 Kursberechnung

Zur Erkennung relevanter Zielobjekte ist die Kenntnis des Fahrzeugkurses von entscheidender Bedeutung. Als charakteristische Größe dient dabei die Krümmung der Fahrbahn κ (Kehrwert des Kurvenradius R). In erster Linie ist die Unterscheidung zwischen der Fahrt auf einer Geraden ($\kappa = 0$) und in einer Kurve ($\kappa \neq 0$) notwendig. Hieraus resultiert auch die Auswahl der für die Regelung relevanten Zielobjekte. Bild 8-17 veranschaulicht das Problem einer Fehlzuordnung bei fehlender Berücksichtigung des Fahrbahnverlaufs. Im dargestellten Fall ist Fahrzeug 1 vor einer Kurve, während sich das bisherige Zielobjekt 2 schon in der Kurve befindet. Direkt voraus in Fahrzeuglängsrichtung ist das Fahrzeug 3. Würde jetzt die eigene Kurvenfahrt nicht berücksichtigt, käme es mit der Übernahme von Fahrzeug 3 als Zielobjekt zu einer Fehlinterpretation.

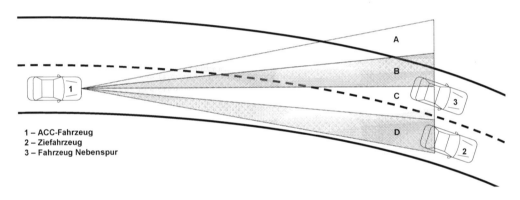

1 – ACC-Fahrzeug
2 – Ziefahrzeug
3 – Fahrzeug Nebenspur

Bild 8-17 Auswahl des Zielobjektes bei Kurvenfahrt (A..D – Radarkegel)

Eingezeichnet sind weiterhin die unterschiedlichen Detektionsbereiche der Einzelkegel des Radarsensors. Aus der Zuordnung ist der Versatz y ermittelbar. Fahrzeug 2 erzeugt dabei nur im Kegel D einen Reflex während Fahrzeug 3 in den Kegeln B und C erkannt wird. Über die Verfolgung der Objekte über einen längeren Zeitraum (Tracking) und die Nutzung von Bewegungsmodellen kann die Qualität der Daten verbessert werden. Bei den derzeit eingesetzten Systemen beträgt der Gesamtöffnungswinkel ca. 16 °. Dies ist ausreichend für den Einsatz des Systems auf Autobahnen und gut ausgebauten Landstraßen.

Tabelle 8.1 Gegenüberstellung der Verfahren zur Krümmungsberechnung

	Aus Lenkrad-winkel	Aus Gierrate	Aus Quer-beschleunigung	Aus Rad-geschwindigkeit
$\kappa = \dfrac{1}{R} =$	$\dfrac{\dot{\Psi}}{v_x}$	$\dfrac{\delta}{i_{sg} \cdot d_{ax}}$	$\dfrac{a_y}{v_x^2}$	$\dfrac{v_{li} - v_{li}}{v_x \cdot d_{ay}}$

Aus der Fahrzeugeigensensorik ist durch verschiedene unabhängige Zusammenhänge eine Schätzung der Fahrbahnkrümmung κ möglich. Die Vor- und Nachteile bezogen auf die unterschiedlichen Fahrsituationen (Geschwindigkeitsbereich, Seitenwind u. a.) werden in [RB04] ausführlich vorgestellt. Daher erfolgt situationsadaptiv eine unterschiedliche Gewichtung der einzelnen Anteile (Tabelle 8.1). Bei dem ermittelten Wert handelt es sich aber um eine Annahme, eine direkte Bestimmung ist nur mittels Videokamera oder sehr genauer Navigation in Verbindung mit einer digitalen Karte möglich.

Weiterhin kann durch die Beobachtung der Bewegungsprofile der vorausfahrenden Fahrzeuge (Trajektorien) der Verlauf der Fahrspur abgeschätzt werden. Dieses Verfahren eignet sich aber nur, wenn mehrere Objekte vorhanden sind und die Daten sich gegenseitig plausibilisieren lassen. Bei einem Einzelfahrzeug besteht immer die Möglichkeit, dass dieses einen Spurwechsel- oder Überholvorgang ausführt. In diesem Fall sollte es natürlich nicht mehr als Zielobjekt verwendet werden, der daraus berechnete Kurs wäre für das eigene Fahrzeug nicht relevant. Diese Unsicherheit und das Problem des unbekannten Rückstreuzentrums für den Radarreflex führen bisher dazu, dass einmal erkannte Zielobjekte nach einem Spurwechsel erst sehr spät deaktiviert werden.

Eine deutliche Verbesserung der Kursberechnung ist durch den Einsatz eines Videosystems möglich. Damit kann die tatsächlich vorhandene Fahrspur genau bestimmt und die Zuordnung der vorausfahrenden Fahrzeuge zu den einzelnen Fahrspuren wesentlich besser erfolgen. Verfügt das Videosystem auch noch über eine eigenständige Objekterkennung, dann ist die Kontur des Fahrzeuges gut ableitbar. Spurwechselvorgänge können damit wesentlich früher und sicherer detektiert werden, die Regelung wird hierdurch dynamischer und komfortabler.

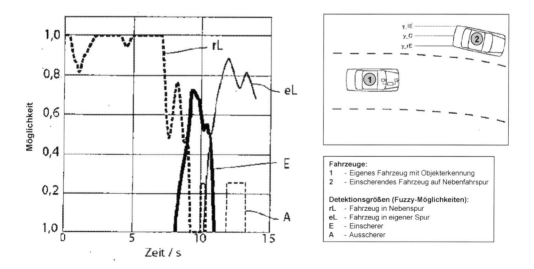

Bild 8-18 Vorteil einer kameragestützten Spur- und Objekterkennung (nach [Pat26]). Da sich das Fahrzeug nach dem Einscheren weiter am Fahrbahnrand bewegt (Trajektorie nicht dargestellt), wird auch eine geringe Möglichkeit für „Ausscheren" berechnet.

Ein Beispiel für ein solches System ist in [Pat26] publiziert. Um ein- oder ausscherende Fahrzeuge frühzeitig erkennen zu können, werden unterschiedliche Größen wie Position und Geschwindigkeit mittels Fuzzy-Logik kombiniert. Im Bild 8-18 ist das Prinzip dargestellt.

Im Ergebnis erhält der Regler eine Funktion, die ein Maß für das Ein- oder Ausscheren liefert. Damit ist frühzeitig eine Reaktion, z. B ein Zielobjektwechsel, möglich. Das System wird dadurch wesentlich komfortabler und kann auch bei sehr knappen Einscherern noch reagieren.

8.2.6 Systemerweiterung Stopp-and-Go

Das bisher besprochene System ist lediglich für den Einsatz auf Autobahnen oder gut ausgebauten Landstraßen vorgesehen. Die Aktivierungsgeschwindigkeit liegt daher auch bei $v = 30$ km/h. Wünschenswert ist aber eine Unterstützung bis in den Stillstand und insbesondere ein automatisiertes Anfahren. Entsprechende Systeme sind bereits verfügbar, wie beispielsweise unter dem Namen ACCPlus von Bosch.

Das erweiterte System bremst bis in den Stillstand. Fährt das vorausfahrende Fahrzeug wieder an, wird der Fahrer informiert und kann durch Drücken des ACC-Bedienelementes die Regelung mit den vorab eingestellten Werten erneut starten. Das Fahrzeug beschleunigt daraufhin selbst bis zur Wunschgeschwindigkeit oder bis zum Erreichen des Zielabstandes zum vorausfahrenden Fahrzeug.

Für die Bremsung bis in den Stillstand ist dabei zwischen angehaltenen und stehenden Zielobjekten zu unterscheiden.

Stehendes Objekt: Steht bereits oder hat eine sehr geringe Geschwindigkeit, wenn es **erstmals** vom ACC-Sensor erfasst wird.

Angehaltenes Objekt: Besitzt bei der **Erstdetektion** eine ausreichend hohe Geschwindigkeit und wird als Objekt dauerhaft vom ACC-Sensor bis zum Stillstand verfolgt.

Die Funktionalität des ACCPlus kann nur für angehaltene Objekte realisiert werden. Für weitergehende Unterstützung ist zusätzliche Sensorik, z. B. Videokamera oder Nahbereichsradar, notwendig.

8.2.7 Systemerweiterung Notbremsassistent

Einen deutlichen Sicherheitsgewinn durch Reduzierung der Totzeit bei Bremsungen bietet eine auf den Daten des Radarsensors basierende Notbremse (Bremsassistent Plus, BA+). Erkennt das System eine gefährliche Situation, kann nach Warnung des Fahrers (akustisch, optisch) zunächst eine Vorbefüllung der Bremsanlage erfolgen.

Zeigt der Fahrer die erwartete Reaktion indem er den Fuß vom Fahrpedal nimmt oder den Pedalwinkel zumindest reduziert, dann kann sofort ein automatischer Bremseingriff mit geringem Druck erfolgen. Mit Betätigung des Bremspedals durch den Fahrer wird dann unverzüglich der maximale Druck aufgebaut. Der Vergleich dieses Systems mit den Verläufen für den Bremsmomentenaufbau ohne und mit konventionellem Bremsassistent erfolgt in Bild 8-19.

Eine weitergehende vollautomatische Bremsung ohne direkte Fahrerbestätigung ist nur auf Basis der Radardaten nicht möglich. Bedingt durch das Sensorprinzip können Reflexionen auch an kleinen Metallteilen als relevante stehende Ziele interpretiert werden (Gullydeckel, Leitplanke, Blechdose).

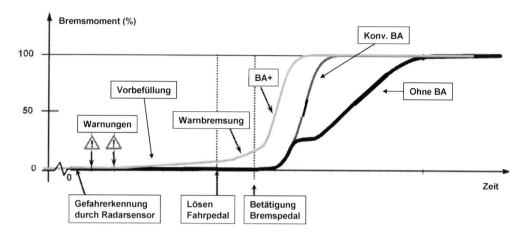

Bild 8-19 Zeitgewinn durch einen Notbremsassistenten (nach [Lük07])

Hier muss mittels eines zweiten unabhängigen Sensors eine Plausibilisierung erfolgen. Sehr gut geeignet sind hierzu Kamerasysteme mit eigenständiger Objekterkennung. Im entsprechenden Abschnitt des Kamerabildes kann das Umfeld des Radarreflexes gezielt nach den typischen Konturen relevanter Objekte abgesucht werden. Wird es hierdurch als ungefährlich eingestuft, beispielsweise durch die geringe Abmessung wie bei einer Blechdose, dann erfolgt keine Aktivierung der automatischen Bremsfunktion. Im anderen Fall wird entsprechend einer mehrstufigen Warn- und Eingriffsstrategie die autonome Bremsung durchgeführt.

8.2.8 Systemerweiterung Adaptives Fahrpedal

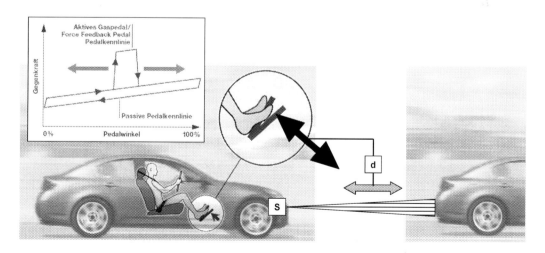

Bild 8-20 Funktionsweise eines adaptiven Gaspedals für ein ACC-System (Fotos: Continental AG)

Um den Fahrer schon frühzeitig auf eine sich entwickelnde gefährlichen Situation durch zu geringen Abstand oder sehr hohe Relativgeschwindigkeiten aufmerksam zu machen, wurde von der Fa. Continental AG ein adaptives Fahrpedal entwickelt. Das Prinzip ist aus Bild 8-20 ersichtlich.

Unterschreitet der Abstand d ein situationsbedingtes Minimum, dann wird durch das Fahrpedal eine Gegenkraft aufgebracht, die den Fahrer zur Reduzierung der Geschwindigkeit veranlassen soll. Diese Art der haptischen Rückmeldung ist sehr effektiv und führt nicht, wie bei einer Warnbremsung, zu einem starken Eingriff in die Längsführung. Der Fahrer kann die Pedalreaktion sehr gut mit der Situation in Verbindung bringen und wird entsprechend reagieren. Sollte der Fahrer den geringen Abstand beibehalten wollen, z. B. um einen Überholvorgang einzuleiten, ist die Funktion durch Aufbringen einer erhöhten Pedalkraft überstimmbar.

8.2.9 Optische Detektion

Eine Alternative zu den radarbasierten Systemen stellt das Lidar (**L**ight **D**etection **a**nd **R**anging) dar. Hier wird die Laufzeit eines am relevanten Objekt gestreuten Infrarot-Laserstrahls gemessen. Aus der Laufzeit sind direkt der Abstand zum Objekt nach Gleichung (8.1) und abgeleitet die Relativgeschwindigkeit sowie die Beschleunigung ermittelbar. Durch eine umfangreiche Aufbereitung der Daten wird dabei eine Signalqualität auf Radarniveau erreicht. In Bild 8-21 sind die Strahlenkonfiguration des IDIS-Lidar der Fa. Hella KGaA und typische Signalverläufe dargestellt.

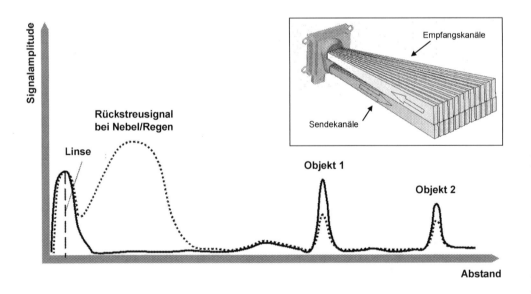

Bild 8-21 Strahlkonfiguration (kleines Bild) und Verlauf der Rückstreuamplituden für zwei Zielobjekte (Bilder: Hella KGaA)

Insgesamt 12 Strahlen (eine alternative Konfiguration mit 16 Strahlen ist ebenfalls möglich) überdecken einen horizontalen Detektionsbereich von ca. 12 °. Die Reichweite des Systems beträgt mehr als 150 m. Wird ein Strahl nicht komplett von einem Objekt überdeckt, so können mehrere Ziele anhand der unterschiedlichen Laufzeiten ermittelt werden. Ein Beispiel für diese Mehrzielfähigkeit ist in Bild 8-21 zu sehen. Die Konstellation könnte beispielsweise einen Motorradfahrer (Objekt 1) darstellen, der einem LKW (Objekt 2) folgt.

Bei Regen oder Nebel sinkt die Detektionsreichweite in Folge der Signaldämpfung. Dies ist im Bild als gestrichelte Linie eingezeichnet. Diese Witterungsbedingungen sind durch das System aber detektierbar, so dass eine Fahrerwarnung oder eine Übernahmeaufforderung im ACC-Betrieb ausgelöst werden können.

Der große Vorteil gegenüber anderen Verfahren ist die sehr gute Konturerkennung. Während ein Radarsensor Punktinformationen liefert, kann mit einem Lidar ein Fahrzeug eindeutig von anderen Objekten unterschieden werden. Die typische Überdeckung eines Fahrzeughecks ist in Bild 8-22 in Abhängigkeit der Objektentfernung aufgetragen.

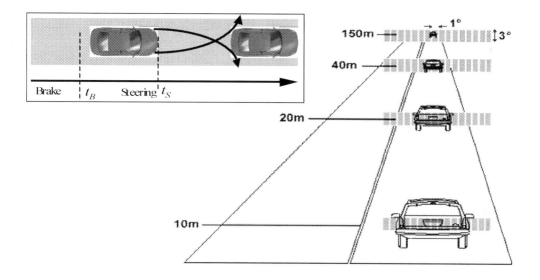

Bild 8-22 Berechnung einer Ausweichtrajektorie (kleines Bild) und Konturerkennung eines Lidar
(Bilder: Hella KGaA)

In einem Abstand von ca. 10 m liegen 12 Strahlen auf dem Fahrzeugheck (im Bild ist eine Konfiguration mit 16 Strahlen dargestellt). Damit ist es zu jedem Zeitpunkt möglich, Ausweichmöglichkeiten zu ermitteln, auf denen der Fahrer eine Kollision noch vermeiden kann. Die Kenntnis dieser Möglichkeit ist sehr wichtig, denn ein Ausweichen ist auch dann noch möglich, wenn eine Vollbremsung den Zusammenstoß nicht mehr vermeiden kann. Dies symbolisieren die beiden Zeiten t_B (spätester Bremszeitpunkt) und t_S (spätester Ausweichzeitpunkt). Durch Aufbringung eines Lenkimpulses kann der Fahrer dann zu einer gezielten Reaktion aufgefordert werden. Entsprechende Eingriffe werden bereits für die Unterstützung der ESP-Regelung eingesetzt.

Auch für die Einleitung einer automatischen Notbremse ist die Konturerkennung deutlich besser geeignet, denn das detektierte Objekt kann eindeutig als Hindernis klassifiziert werden. Eine solche Einordnung ist mit einem Radarsensor allein nicht möglich.

8.3 Start/Stopp-Funktion für Verbrennungsmotoren

Zur weiteren Reduzierung des Kraftstoffverbrauchs insbesondere im Stadtverkehr wurde von verschiedenen Fahrzeugherstellern ein System zur automatischen Aus- und Einschaltung des Verbrennungsmotors entwickelt. Damit entfällt beispielsweise bei einem Ampelstopp der Kraftstoffverbrauch im Leerlauf. Bereits ab 5 s Standzeit wird mehr Energie gespart, als durch den erneuten Startzyklus verbraucht wird. Da im Mittel ein Ampelstopp 45 s dauert, können bis zu 3,5 % Kraftstoff eingespart werden [Neu07]. Die Grundfunktion des Systems soll am Beispiel von BMW-Fahrzeugen mit Schaltgetriebe erläutert werden (ASSF – Auto Start Stopp Funktion), ein entsprechender Systemplan ist in Bild 8-23 dargestellt.

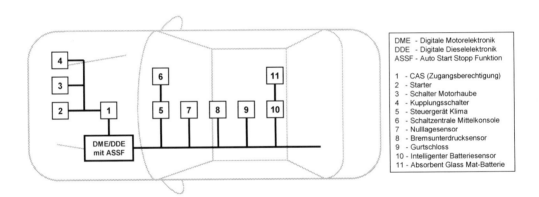

Bild 8-23 Komponenten der ASSF von BMW (nach [Neu07])

Kommt das Fahrzeug zum Stillstand (z. B. an einer Ampel), dann schaltet der Fahrer in den Leerlauf und löst die Kupplung. Damit sind die Bedingungen zur Deaktivierung erfüllt und der Motor wird ausgeschaltet. Betätigt der Fahrer erneut die Kupplung, dann wird dies als Wunsch für die Weiterfahrt interpretiert und der Motor automatisch gestartet. Bis der Fahrer den Gang eingelegt hat, ist der Verbrennungsmotor wieder in der Leerlaufdrehzahl und der Anfahrvorgang kann ohne Beeinträchtigung ablaufen.

Um die Systemzustände eindeutig zu ermitteln, sind zahlreiche Informationen notwendig. Dies erklärt die sehr starke Vernetzung der Funktion. Neben der beschriebenen Grundfunktion können weitere Bedingungen für eine Einschalt- oder Ausschaltverhinderung sprechen.

Ein automatisches **Abschalten** wird verhindert, wenn der Batterieladezustand oder der Bremsdruck zu gering sind. In beiden Fällen könnte nach dem Abschalten eine kritische Situation entstehen. Sind leistungsstarke Verbraucher wie die Klimaanlage zugeschaltet, erfolgt ebenfalls kein Motorstopp. Sollte der Motor bereits ausgeschaltet sein und dann einer der Zustände eintreten, wir dies als Einschaltaufforderung genutzt. Ein automatisches **Einschalten** wird hingegen verhindert, wenn der Fahrer nicht anwesend ist oder die Motorhaube offen steht. Weitere Bedingungen finden sich in [Neu07].

Eine detaillierte Beschreibung eines Abschaltvorgangs findet sich in [Pat12]. Die beteiligten Komponenten ergeben sich aus Bild 8-24. Der Verlauf der Signale für zwei unterschiedliche Zustände befindet sich im Anhang.

Durch die Auswertung der verschiedenen Signale wird bei einem Stillstand ($v = 0$, $M > 0$) ein Steuerungssignal (S) an den Motor weitergegeben, das zu einem automatischen Abschalten führt. Schaltet der Fahrer die Zündung (I) aus, bleibt der Motor auch nach Loslassen des Bremspedals ausgeschaltet. Ein automatischer Start erfolgt hingegen, wenn ohne Abschalten der Zündung das Bremspedal gelöst wird. Sollte der Fahrer nicht weiterfahren wollen, wird er durch den Motorstart an das Ausschalten der Zündung erinnert.

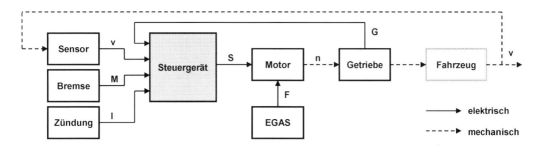

Bild 8-24 Blockschaltbild einer Ausführung für eine ASSF (nach [Pat12]). Die typischen Verläufe der an den Signalleitungen angegebenen Größen sind im Anhang für zwei Situationen zusammengestellt.

Da eine Vielzahl von unterschiedlichen Zuständen berücksichtigt werden muss, existieren viele Patentschriften zur Ausgestaltung der Auto Start-Stopp-Funktion. Zwei Beispiele sollen die Komplexität verdeutlichen.

In [Pat24] wird abweichend von der BMW-Strategie vorgeschlagen, einen automatischen Start auch dann zu erlauben, wenn kein Fahrer detektiert wurde (Bild 8-25, links). Dies könnte beispielsweise bei einem Ausfall der Fahrererkennung (z. B. über die Sitzbelegungserkennung) notwendig werden. Die Alternativbedingung ist eine positive Fahrzeuggeschwindigkeit (Vorwärtsbewegung) oberhalb eines Schwellwertes, die z. B. nach dem Loslassen der Bremse an einem Hang auftreten kann. Ist der Fahrer tatsächlich nicht anwesend, dann tritt durch den Motorstart keine zusätzliche Gefährdung auf. Wurde er aber lediglich fälschlicherweise nicht erkannt, dann steht durch den automatischen Motorstart eine verstärkte Bremsleistung zur Verfügung.

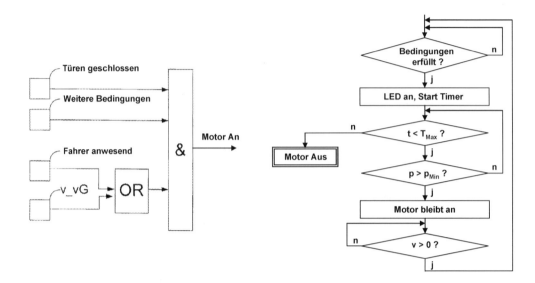

Bild 8-25 Bedingungen für einen automatischen Motorstart (links, nach [Pat24]) und Methode zur Fahrersignalisierung der bevorstehenden automatischen Abschaltung (rechts, nach [Pat25])

In der Patentanmeldung [Pat25] wird ein System vorgeschlagen, das erst nach **ausbleibender** Intervention des Fahrers den Motor abschaltet (Bild 8-25, rechts). Dazu wird bei Vorliegen aller Abschaltbedingungen zunächst eine für den Fahrer sichtbare Anzeige (z. B. in Form einer LED) angesteuert. Betätigt er innerhalb eines vorgegebenen Intervalls kurz das Bremspedal (Bremsdruck p), dann erfolgt keine Abschaltung und der Motor bleibt an. Damit kann der Fahrer, beispielsweise bei Kenntnis eines nur kurzen Halteintervalls, die Funktion gezielt übersteuern.

Diese wenigen Beispiele sollten demonstrieren, wie umfangreich eine auf den ersten Blick einfache Funktion werden kann, wenn alle möglichen Systemzustände berücksichtigt werden müssen. Die Verwendung der zusätzlichen Intelligenz zieht natürlich auch die entsprechenden Überprüfungen zur funktionalen Absicherung nach sich.

8.4 Elektronische Parkbremse

Zur weiteren Erhöhung von Komfort und Sicherheit in Fahrzeugen wird seit mehreren Jahren eine elektrisch angesteuerte Feststellbremse eingesetzt. Diese ermöglicht durch eine einfache Tasterbetätigung die Verriegelung der vorhandenen Parkbremseinrichtung. Dabei haben sich bei der Ansteuerung der Aktorik zwei unterschiedliche Konzepte durchgesetzt. Diese sind in Bild 8-26 gegenübergestellt.

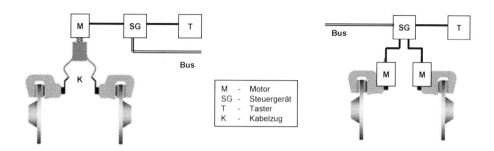

Bild 8-26 Technologieschemata zur Realisierung einer EPB (nach [Zai07]). Im linken Bild ist ein Kabelziehersystem dargestellt, im rechten Bild die Variante mit Direktaktuator.

Bei einem Kabelziehersystem wie im BMW 7er (Baujahr 2006) erfolgt die Feststellung wie bisher durch das Ziehen eines Kabels. Statt der mechanischen Betätigung durch den Fahrer wird das Betätigungsmoment durch einen Elektromotor aufgebracht. Bei einem Direktaktuatorsystem wie im VW-Passat (Baujahr 2006) sind die Antriebsmotoren mit Getriebe direkt in den Bremssattel integriert.

Beide Varianten bieten gegenüber einer konventionellen Parkbremse mehrere Vorteile:

- erweiterte Funktionalität, teilautomatisierte Auslösung,
- größere Freiheiten bei der Innenraumgestaltung durch Wegfall des Hebelwerks,
- Vorteile in der Produktion.

So einfach das System auf den ersten Blick erscheinen mag, so komplex stellt sich schon die Realisierung der Grundfunktionalität dar. Durch die Steuerungslogik muss das typische Verhalten des Fahrers abgebildet werden. Dies ist sehr schwierig, denn das System kennt schließlich nicht alle Informationen, die in der jeweiligen Situation dem Fahrer zur Verfügung stehen.

Eine Variante zur Realisierung der Parkbremsfunktion ist in Bild 8-27 dargestellt. Es sind vier Aktionen für den Algorithmus möglich, diese sind im Bild mit Z gekennzeichnet.

Die einfachste Aktion ist das Feststellen der Bremse. Wird beim Auslesen der Bedieneinrichtung im Block 11 der Feststellwunsch erkannt (z. B. nach Betätigung der entsprechenden Richtung an einem Taster), erfolgt, möglicherweise nach Aufwecken des Steuergerätes, die Ansteuerung der Bremse.

Schwieriger ist die Entscheidungsfindung beim Lösen der Bremse. Nach dem beschriebenen Algorithmus geschieht dies nur, wenn die Zündung eingeschaltet ist (B2), ein Bremslichtsignal gemessen wurde (B3) und das Bremspedal betätigt ist. Andernfalls bleibt die Bremse festgestellt (Z2) oder das System ist inaktiv (Z4). Damit wird ein ungewolltes Lösen z. B. durch spielende Kinder oder versehentliche Betätigung unterbunden. Lediglich für den Fall, dass kein Bremslichtsignal festgestellt wurde, erfolgt nach Fahrerwarnung ein Lösen der Parkbremse. Dieser Zustand wird als Fehler entweder in der Motorsteuerung oder dem ESP interpretiert [Pat11].

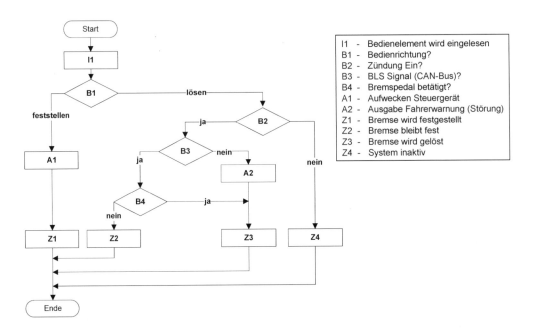

Bild 8-27 Grundfunktionalität einer EPB (nach [Pat11])

Aus den betrachteten Signalen geht hervor, dass für die Realisierung der Funktion eine Kommunikation mit mehreren Steuergeräten im Fahrzeug stattfinden muss. Bei allen eingesetzten Fahrzeugen wird für die EPB-Funktion ein eigenes Steuergerät verwendet. Die Systemvernetzung für den Audi A8 (Baujahr 2006) ist in Bild 8-28 dargestellt. Für dieses Fahrzeug ist das Steuergerät direkt an den CAN-Bus Antrieb angeschlossen. Die Einordnung in die Architektur ist dabei dem OEM vorbehalten. Als eine Alternative ist die Kopplung über eine direkte CAN-Leitung (sog. „Private-CAN") mit dem ESP-Steuergerät möglich. Dieses übernimmt in diesem Fall auch die Gateway-Funktion zur Weiterleitung der benötigten Informationen. Das Systemschaltbild für diese Art der Realisierung im VW-Passat ist im Anhang aufgeführt.

Die sehr umfangreiche Vernetzung resultiert aus den mit einem elektronischen System möglichen Zusatzfunktionen. Hier ist sicher an erster Stelle die Anfahrunterstützung aus dem geparkten Zustand zu nennen. Im Falle der Betätigung des Fahrpedals bei festgestellter Bremse wird durch den Neigungssensor das für ein Anfahren notwendige Motormoment berechnet. Wird dies überschritten, erfolgt automatisch ein Lösen der Bremse. Im Fall eines Schaltgetriebes ist dabei zusätzlich noch ein Sensor zur Ermittlung der Kupplungsposition notwendig (siehe Anhang, VW-Passat). Die Funktion kann auch für die normalen Halte- und Anfahrphasen ohne Betätigung des Parkbremstasters aktiviert werden. Im VW-Passat kann diese erweiterte Funktionalität durch Betätigung des Tasters „Auto-Hold" aktiviert werden. Damit erfolgt ein automatisches Feststellen/Lösen bei erkanntem Stillstand/Anfahren.

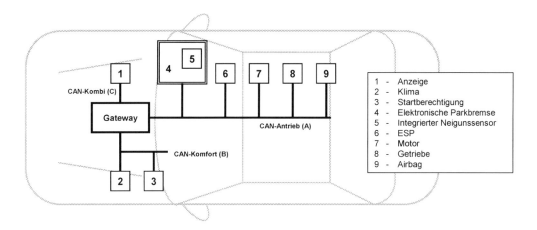

Bild 8-28 Vernetzung der Steuergeräte für die Funktionalität „Elektronische Parkbremse" in einem Audi A8 (nach [Lei04])

Eine zweite Funktionserweiterung ist die dynamische Notbremsfunktion. Wird während der Fahrt der EPB-Taster betätigt, interpretiert dies das System als Notfall und leitet einen entsprechende Bremsung ein. Ist das ESP-System aktiv, wird dessen Druckaufbau ebenfalls mitgenutzt. Damit sind Verzögerungen bis zu 6 m/s² realisierbar. Aber auch bei alleinigem Bremsen über die EPB ist eine wesentlich höhere Verzögerung als bei einer konventionellen Handbremse möglich, da der Fahrer lediglich den Taster dauerhaft gedrückt halten muss aber keine Kraft aufzubringen hat.

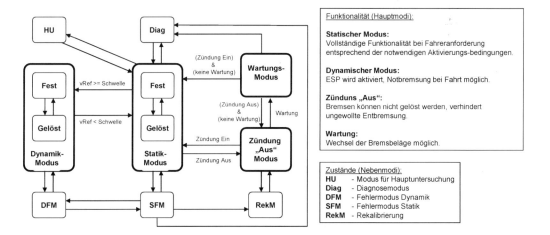

Bild 8-29 Zustandsdiagramm für die Funktionalität „Elektronische Parkbremse" (nach [Lei04]). Die Übergangsbedingungen sind nur für die 4 Hauptzustände eingetragen. In einzelnen Modi sind weitere untergeordnete Zustände möglich.

Die Steuerung des Systems wird damit sehr umfangreich. Durch einen Zustandsautomaten lassen sich die verschiedenen Modi und die Bedingungen für die Übergänge anschaulich darstellen. Für den Audi A8 wurde dies in Bild 8-29 auszugsweise dargestellt. Die komplette Übersicht ist in [Lei04] zu finden.

Für das System werden 4 Grundzustände eingeführt. Im Modus „Zündung Aus" ist ein Lösen der Bremse nicht möglich. Eine Änderung dieses Zustandes ist nur durch Einschalten der Zündung oder die Absendung eines Wartungsbefehls (z. B. über einen Diagnosetester) möglich. Im statischen Modus kann ein Lösen/Feststellen entsprechend der Betätigung des Taster und der Einhaltung der Zusatzbedingungen erfolgen. Bewegt sich das Fahrzeug, ist also $v_{Ref} >$ Schwellwert, dann ist der dynamische Modus mit der entsprechenden Funktionalität aktiviert. Bei Stillstand erfolgt wieder der Übergang in den statischen Modus.

Tabelle 8.2   Reduzierte Kommunikationsmatrix für eine Elektronische Parkbremse (nach [Lei04]). Die Bezeichnung des verwendeten CAN-Bus orientiert sich an Bild 8-28. Die vollständige Matrix befindet sich im Anhang.

Sender	Signal	Empfänger								Bemerkung
		1	2	3	4	5	6	7	8	
4	EPB-Status	C			A	A	A			Gateway A → C
	Verzögerungsanforderung				A	A				Kein Gateway
	ESP-Botschaft plausibel				A	A				
	Kupplungsschalter				A		A			
	Sleep Acknowledge			B	A					Gateway A → B
	Lampenansteuerung	C			A					Gateway A → C
	Akustische Signale	C			A					
2	Außentemperatur			B	A					Gateway B → A
9	Fahrergurtschloss				A				A	Kein Gateway
7	Drehzahl				A		A			Kein Gateway
	Fahrpedalwert				A		A			
	Fahrerwunschmoment				A		A			

Über diese 4 Grundzustände hinaus müssen weitere Modi für die korrekte Arbeitsweise des Systems betrachtet werden. Neben den auftretenden Fehlern ist besonders eine Möglichkeit zur Rekalibrierung nach Belagverschleiß vorzusehen. Darüber hinaus muss sichergestellt werden, dass die Funktion auch im Rahmen einer Hauptuntersuchung auch überprüft werden kann. Die Bedingungen für die Zustandsübergänge wurden für eine verbesserte Lesbarkeit weggelassen, diese sind in [Lei04] vollständig aufgeführt.

Das Beispiel des Audi A8 bietet wegen der veröffentlichten Signale eine sehr gute Möglichkeit, die Kommunikationsmatrix für eine EPB aufzustellen. Da allerdings keine Angaben zur Paketierung erfolgten, ist die tatsächliche Anzahl an Botschaften nicht bekannt. In Tabelle 8.2 sind einige der übertragenen Signale aufgeführt, die vollständige Tabelle befindet sich im Anhang. Zusätzlich zur üblicherweise aufgestellten Kommunikationsmatrix sind die Bussysteme der Empfängersteuergeräte entsprechend Bild 8-28 aufgeführt. Dies erleichtert die Zuordnung einer Gateway-Anbindung. Tauchen in der Zeile unterschiedliche Buchstaben auf, ist ein Gateway notwendig, andernfalls nicht.

Einen vollständigen Überblick über den Datenaustausch erlaubt die Darstellung in Form eines erweiterten N²-Diagramms in Bild 8-30. Hier sind alle Steuergeräte inklusive des zentralen Gateways aufgeführt. Die Botschaften von der EPB sind schwarz dargestellt, die für die EPB in grau. Damit ist sehr schnell erkennbar, dass vom Steuergerät Airbag (9) zwar eine Botschaft gesendet wird (Information über das Fahrergurtschloss), aber für dessen Funktion keine Daten der EPB benötigt werden. Dasselbe gilt für das Klimasteuergerät (2), dieses liefert lediglich die Außentemperatur an die EPB.

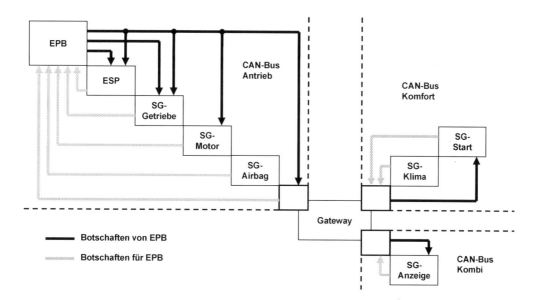

Bild 8-30 N²-Diagramm für die Vernetzung einer Elektronischen Parkbremse. Bei der Anzahl der gesendeten Botschaften wird von einer Zusammenfassung verschiedener Signale ausgegangen.

Bei der Aufstellung des Diagramms wurden angenommen, dass alle Informationen für die EPB über das Gateway in einer Botschaft zusammengefasst sind. Nur für diese Bedingung ist das Diagramm gültig, bei einer anderen Zuordnung müssten entsprechende Anpassungen stattfinden. Ob es tatsächlich so realisiert wurde, geht aus den Veröffentlichungen nicht hervor und spielt für ein Lehrbuch nur eine untergeordnete Rolle. In erster Linie sollte das Beispiel die übersichtliche Darstellung bei Verwendung dieses Diagrammtyps für die eigene Nutzung illustrieren.

Um auch bei Ausfällen von Teilsystemen eine hohe Funktionalität zu gewährleisten, sind verschiedene Degradationsstufen für die EPB eingeführt worden. Aus der Tabelle 8.3 ist ablesbar, welche Fehler zu Einschränkungen führen.

Tabelle 8.3 Abschaltstrategie des Sicherheitskonzeptes für die EPB im BMW 7er (nach [Brö04])

Fehler	Verfügbarkeit			Rückfallebene (Backup)
	Feststell-bremse	Dynamische Not-bremse	Automatic Hold	
CAN-Signal	+	+	−	
DSC-Hydraulik	+	−	−	Betriebs- und Hilfs-bremse
Stellmechanik	−	+	−	Parkposition Auto-matikgetriebe
Steuergerät EPB	−	−	−	Parkposition Auto-matikgetriebe

8.5 Regenerative Bremssysteme

Die in Kapitel 7 betrachteten Bremssysteme stellten die komplette Bremsfunktionalität sicher. Die Vernetzung mit anderen Systemen war notwendig, um diese Aufgabe zuverlässig zu erfüllen oder eigene Informationen anderen Steuergeräten zur Verfügung zu stellen.

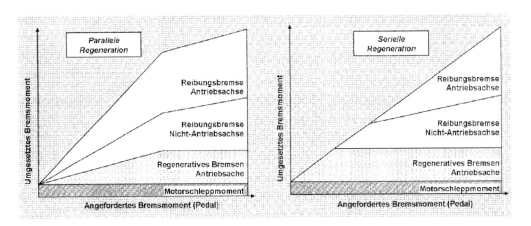

Bild 8-31 Betriebsstrategien für Regeneratives Bremsen [Bau07]

Eine deutliche Änderung in der Betriebsstrategie ist hingegen bei hybriden oder rein elektrischen Antriebskonzepten notwendig. Um die Emissionen des Verbrennungsmotors zu verringern, ist ein möglichst großer Anteil rein elektrischen Betriebes wünschenswert. Hierzu ist die Rückgewinnung von Bremsenergie, insbesondere im innerstädtischen Stopp-and-Go-Verkehr, notwendig. Dies setzt voraus, dass die Bremse nicht in jedem Fall aktiv wird, sondern die notwendige Verzögerung zur effektiven Rückgewinnung der Bremsenergie genutzt wird (Rekuperation). Auch im Falle eines rein elektrischen Antriebes ist diese Rückgewinnung zur Erzielung einer möglichst hohen Reichweite essentiell.

Für den Betrieb eines regenerativen Bremssystems sind zwei Strategien möglich, eine parallele oder eine serielle Energierückgewinnung. Im Parallelbetrieb werden sowohl die Reibungsbremse als auch der Generator sofort bei Anforderung eines Bremsmomentes eingesetzt (Bild 8-31, links). Im seriellen Fall hingegen wird zunächst das maximale Bremsmoment des Generators genutzt, ehe sich die Reibungsbremse zuschaltet (Bild 8-31, rechts). Wie aus den Verläufen ersichtlich wird, ist bei letzterer Betriebsweise mehr Energie gewinnbar. Allerdings setzt der serielle Betrieb eine deutlich umfangreichere Systemvernetzung voraus. Die notwendigen Komponenten sind für ein Entwicklungsfahrzeug in Bild 8-32 (links) dargestellt.

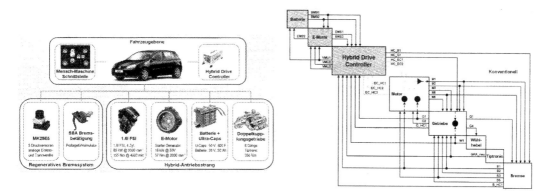

Bild 8-32 Komponenten des Systems (links) und Vernetzungsstruktur als N²-Diagramm (rechts) [Bau07]. Elektromotor und Batterie sind über einen eigenen CAN-Bus mit dem Controller verbunden.

Die Gesamtsteuerung des Systems wird durch den „Hybrid Drive Controller" übernommen. Dafür ist eine weitreichende Vernetzung mit den bisherigen Elementen des Antriebstrangs notwendig. Ebenso ist dieser Controller verantwortlich für das Management der Batterie, die zusätzlich über Doppelschichtkondensatoren gestützt wird. Damit ergeben sich die folgenden Betriebsarten für den Elektromotor:

- Drehzahlregelung für Start-Stopp Funktion,

- Momentenregelung für eine Unterstützung des Verbrennungsmotors (Boost),

- Spannungsregelung für eine Stützung des Bordnetzes.

Für die Realisierung der Funktion ist ein Bremssystem erforderlich, das eine gezielte Momenteneinstellung erlaubt. Der Verzögerungswunsch des Fahrers wird erst über die Hybridsteuerung an den Generator weitergeleitet. Übersteigt die Anforderung dessen Leistungsfähigkeit, wird das Differenzmoment durch die Reibungsbremse bereitgestellt. Der gegenüber [Heis07] erweiterte Signalflussplan ist in Bild 8-33 dargestellt.

Für eine solche Aufteilung ist eine Bremse notwendig, die ähnlich einer EHB die Bereitstellung des Bremsmomentes von der Bremspedalstellung abkoppelt. Im vorliegenden Versuchsfahrzeug wird dies durch eine Betätigungseinheit (SBA) mit Pedalgefühlsimulator realisiert. Damit erhält der Fahrer eine Pedalrückwirkung, die seinem bisherigen Empfinden entspricht, auch wenn die Verzögerung über den Generator realisiert wird.

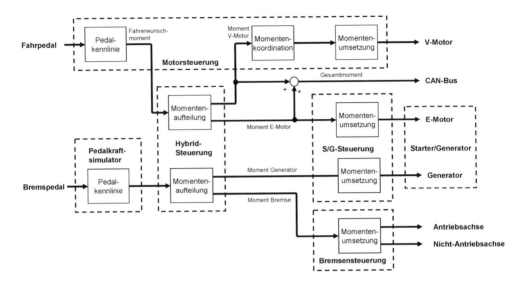

Bild 8-33 Aufteilung der Anforderungen des Fahrers auf die verschiedenen Komponenten (teilweise nach [Bau07])

Mit dem vorgestellten Systemkonzept ist eine kontinuierliche Weiterentwicklung des Hybrid-antriebes möglich. Je leistungsfähiger die elektrischen Speichereinheiten werden, umso stärker wird der elektrische Antrieb dominieren und entsprechend kleiner kann dann der Verbren-nungsmotor ausfallen. Ein vollständiger Verzicht auf einen Verbrennungsmotor wird aber wegen der Gewohnheiten der Kunden bezüglich der Reichweite und dem Komfort bei der Betankung in absehbarer Zeit nicht realisierbar sein.

Ein Konzept zur deutlichen Verringerung der Abgasbelastung wäre aber die rein elektrische Fahrweise von Hybridfahrzeugen im Stadtverkehr. Bereits heute sind bis zu 50 km Reichweite möglich, das reicht selbst für viele Fahrten in Großstädten. Während der Parkzeit müsste dann aber eine elektrische Ladung des Systems möglich sein. Die Steuerung der Abschaltung des Verbrennungsmotors kann prinzipiell über ein GPS-System erfolgen, bei weiterer Verbreitung von Car2x-Kommunikation sind aber auch individuelle Lösungen denkbar. Die Einführung eines solchen Eingriffs setzt natürlich ein Belohnungssystem voraus. Im Fall einer Großstadt wäre sicher eine freie Parkmöglichkeit mit kostengünstiger Ladevorrichtung ein probates Mittel.

Anhang

Tabelle der Laplace-Transformation

Nr.	$f(s)$	$f(t)$ (für $t < 0$ ist $f(t) = 0$)
1	1	$\delta(t) = \begin{cases} \infty & \text{für } t = 0 \\ 0 & \text{für } t \neq 0 \end{cases}$
2	$\dfrac{1}{s}$	1
3	$\dfrac{1}{s^n}$	$\dfrac{t^{n-1}}{(n-1)!}$
4	$\dfrac{1}{s+\alpha}$	$e^{-\alpha t}$
5	$\dfrac{1}{s(s+\alpha)}$	$\dfrac{1}{a}\left(1 - e^{-\alpha t}\right)$
6	$\dfrac{s}{s^2+\omega^2}$	$\cos \omega t$
7	$\dfrac{\omega}{s^2+\omega^2}$	$\sin \omega t$
8	$\dfrac{1}{(s+\alpha)(s+\beta)}$	$\dfrac{e^{-\beta t} - e^{-\alpha t}}{\alpha - \beta}$
9	$\dfrac{1}{(s+\alpha)^n}$ für $n > 0$	$\dfrac{t^{n-1}}{(n-1)!} \cdot e^{-\alpha t}$
10	$\dfrac{1}{s(s+\alpha)^n}$	$\dfrac{1}{a^n}\left[1 - \left(\sum\limits_{v=0}^{n-1} \dfrac{(\alpha t)^v}{v!}\right) \cdot e^{-\alpha t}\right]$
11	$\dfrac{1}{s^2 + s \cdot 2\alpha + \beta^2}$	$\dfrac{1}{2w}\cdot\left(e^{s_1 t} - e^{s_2 t}\right) \qquad D = \dfrac{\alpha}{\beta} > 1$ $\dfrac{1}{\omega}\cdot e^{-\alpha t}\cdot \sin \omega t \qquad (D<1)$
12	$\dfrac{s}{s^2 + s \cdot 2\alpha + \beta^2}$	$\dfrac{1}{2w}\cdot\left(s_1 e^{s_1 t} - s_2 e^{s_2 t}\right) \qquad D = \dfrac{\alpha}{\beta} > 1$ $e^{-\alpha t}\cdot\left(\cos\omega t - \dfrac{\alpha}{\omega}\cdot\sin\omega t\right) \qquad (D<1)$
13	$\dfrac{1}{s(s^2 + s 2\alpha + \beta^2)}$	$\dfrac{1}{\beta^2}\cdot\left(1 + \dfrac{s_2}{2w}\cdot e^{s_1 t} - \dfrac{s_1}{2w}\cdot e^{s_2 t}\right) \qquad D = \dfrac{\alpha}{\beta} > 1$ $\dfrac{1}{\beta^2}\cdot\left[1 - \left(\cos\omega t + \dfrac{\alpha}{\omega}\cdot\sin\omega t\right)\cdot e^{-\alpha t}\right] \quad (D<1)$

In den Beziehungen 10, 11 und 12 ist: $w = \sqrt{\alpha^2 - \beta^2}$; $\omega = \sqrt{\beta^2 - \alpha^2}$; $s_{1,2} = -\alpha \pm w = -\alpha \pm j\omega$

(Auszug aus [60])

Beispiele zur Laplace-Transformation

Gegenüberstellung der Vorgehensweise zur Lösung der Differentialgleichung mittels Laplace-Transformation für zwei Systeme unterschiedlicher Ordnung.

System 1. Ordnung	System 2. Ordnung
Aufstellen der Übertragungsfunktion	
$G(s) = \dfrac{x(s)}{F(s)} = \dfrac{K}{T_1 \cdot s + 1}$	$G(s) = \dfrac{x(s)}{F(s)} = \dfrac{K}{T_2^2 \cdot s^2 + T_1 \cdot s + 1}$
Umstellung und Auswahl der Anregungsfunktion $F(s)$	
$x(s) = G(s) \cdot F(s) = \dfrac{K}{T_1 \cdot s + 1} \cdot \dfrac{F_0}{s}$	$x(s) = G(s) \cdot F(s) = \dfrac{K}{T_2^2 \cdot s^2 + T_1 \cdot s + 1} \cdot \dfrac{F_0}{s}$
Umformung auf tabellierte Form	
$Tabellenform: \quad \dfrac{1}{s(s+\alpha)}$	$Tabellenform: \quad \dfrac{1}{s\left(s^2 + s \cdot 2 \cdot \alpha + \beta^2\right)}$
$x(s) = \dfrac{K \cdot F_0}{T_1} \cdot \dfrac{1}{s\left(s + \dfrac{1}{T_1}\right)}$	$x(s) = \dfrac{F_0 \cdot K}{T_2^2} \cdot \dfrac{1}{s \cdot \left(s^2 + s \cdot \dfrac{T_1}{T_2^2} + \dfrac{1}{T_2^2}\right)}$
$\mapsto \qquad \alpha = \dfrac{1}{T_1}$	$\mapsto \qquad \alpha = \dfrac{1}{2} \cdot \dfrac{T_1}{T_2^2}, \qquad \beta^2 = \dfrac{1}{T_2^2}$
Rücktransformation durch Einsetzen der tabellierten Lösung	
$x(t) = K \cdot F_0 \cdot \alpha \cdot \dfrac{1}{\alpha} \cdot \left(1 - e^{-\alpha \cdot t}\right)$	$x(t) = F_0 \cdot K \cdot \beta^2 \cdot \dfrac{1}{\beta^2} \cdot \left[1 - \left(\cos(\omega \cdot t) + \dfrac{\alpha}{\omega} \cdot \sin(\omega \cdot t) \cdot e^{-\alpha \cdot t}\right)\right]$
$x(t) = K \cdot F_0 \cdot \left(1 - e^{-\frac{1}{T_1} \cdot t}\right)$	$gültig\ für: \qquad \dfrac{\alpha}{\beta} = D < 1 \qquad (D - Dämpfung),$
	$mit: \qquad \omega = \sqrt{\alpha^2 - \beta^2}$

Umformung eines Blockschaltbildes

Ausgangspunkt ist die Systembeschreibung nach Bild 2-5, jeder Block wird transformiert und danach so zusammengefasst, dass sich die Beschreibung nach Bild 2-20 (links) ergibt.

Ausgangsblockschaltbild:

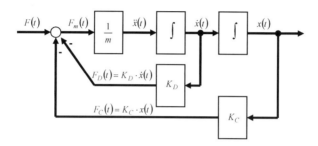

Laplace-Transformation:

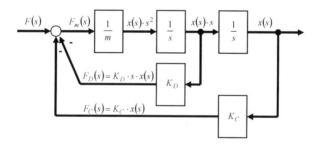

Zusammenfassung:

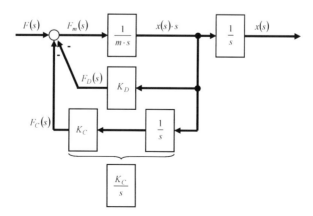

Tabelle der wichtigsten Regelkreisglieder

Regel-kreis-glied	Differentialgleichung	Übertragungsfunktion $G(s) = \dfrac{x_a(s)}{x_e(s)}$	Sprungantwort	Pol-Null-Stellen-Verteilung
P	$x_a(t) = K_P\, x_e(t)$	$G_S(s) = K_P$	$K_P x_{e0}$	$j\omega$, s - Ebene, σ
P-T$_1$	$T_1 \dot{x}_a(t) + x_a(t) = K_P\, x_e(t)$	$\dfrac{K_P}{1 + sT_1}$	T_1, $K_P x_{e0}$, $0.63\, x_a(\infty)$	$j\omega$, s_1, σ, $\dfrac{1}{T_1}$
P-T$_2$	$T_1 T_2 \ddot{x}_a(t) + (T_1 + T_2)\dot{x}_a(t)$ $+ x_a(t) = K_P\, x_e(t)$ aperiodischer Verlauf bei $D \geq 1$ mit $D = \dfrac{\alpha}{\beta}$	$\dfrac{K_P}{(1 + sT_1)(1 + sT_2)}$ $\approx \dfrac{K_P}{1 + sT_g}\, e^{-sT_u}$	T_g, $K_P x_{e0}$, T_u	$j\omega$, s_2, s_1, σ
	$\dfrac{1}{\beta^2}\ddot{x}_a(t) + \dfrac{2D}{\beta}\dot{x}_a(t) + x_a(t)$ $= K_P\, x_e(t)$ gedämpft schwingend bei $0 < D < 1$	$\dfrac{K_P}{s^2 T_2^2 + sT_1 + 1}$ $= \dfrac{K_P \beta^2}{s^2 + s \cdot 2\alpha + \beta^2}$	x_m, $K_P x_{e0}$	$j\omega$, s_1, σ, s_2
I	$x_a(t) = K_I \displaystyle\int x_e(t)\, dt$	$\dfrac{K_I}{s}$	$K_I x_{e0}$, x_{e0}, $1/K_I$, 1	$j\omega$, s_1, σ
I-T$_1$	$T_1 \dot{x}_a(t) + x_a(t) = K_I \displaystyle\int x_e(t)\, dt$	$\dfrac{K_I}{s\,(1 + sT_1)}$	$K_I x_{e0}$, T_1, 1	$j\omega$, s_1, s_2, σ, $\dfrac{1}{T_1}$

(Auszug aus [60])

Tabelle der wichtigsten Regelkreisglieder (Fortsetzung)

Regel-kreis-glied	Differentialgleichung	Übertragungsfunktion	Sprungantwort	Pol-Null-Stellen-Verteilung
D	$x_a(t) = K_D\,\dot{x}_e(t)$	$s \cdot K_D$		
D-T$_1$	$T_1\dot{x}_a(t) + x_a(t) = K_D\,\dot{x}_e(t)$	$\dfrac{s \cdot K_D}{1 + sT_1}$		
PI	$x_a(t) =$ $= K_P\left[x_e(t) + \dfrac{1}{T_n}\int x_e(t)\,dt\right]$	$K_P\left(1 + \dfrac{1}{sT_n}\right)$ bzw. $K_P\dfrac{1 + sT_n}{sT_n}$		
PI-T$_1$	$T_1\dot{x}_a(t) + x_a(t) =$ $= K_P\left[x_e(t) + \dfrac{1}{T_n}\int x_e(t)\,dt\right]$	$\dfrac{K_P(1 + sT_n)}{sT_n(1 + sT_1)}$		
PD	$x_a(t) = K_P\left[x_e(t) + T_v\,\dot{x}_e(t)\right]$	$K_P(1 + sT_v)$		
PD-T$_1$ mit $T_v > T_1$	$T_1\dot{x}_a(t) + x_a(t) =$ $= K_P\left[x_e(t) + T_v\,\dot{x}_e(t)\right]$	$K_P\dfrac{1 + sT_v}{1 + sT_1}$		

Tabelle der wichtigsten Regelkreisglieder (Fortsetzung)

Glied	Differentialgleichung	Übertragungsfunktion	Sprungantwort	Pol-Nullstellen
PP-T$_1$ mit $T_v < T_1$	$T_1 \dot{x}_a(t) + x_a(t) =$ $= K_p\left[x_e(t) + T_v \dot{x}_e(t)\right]$	$K_p \dfrac{1+sT_v}{1+sT_1}$	x_a, T_1, $K_p x_{e0}$, $K_p \frac{T_v}{T_1} x_{e0}$, t	$\frac{1}{T_v}$, s_1, s_{N1}, $\frac{1}{T_1}$, $j\omega$, σ
PID	$x_a(t) = K_p x_e(t) +$ $+ K_p \dfrac{1}{T_n}\int x_e(t)\,dt$ $+ K_p T_v \dot{x}_e(t)$	Additive Form: $K_p\left(1 + \dfrac{1}{sT_n} + sT_v\right)$ Multiplikative Form: $K_p' \dfrac{(1+sT_n')(1+sT_v')}{sT_n'}$	x_a, $K_p x_{e0}$, $K_p x_{e0}$, T_n, t	$\frac{1}{T_v'}$, $\frac{1}{T_n'}$, $j\omega$, σ
PID-T$_1$	$T_1 \dot{x}_a(t) + x_a(t) =$ $= K_p x_e(t)$ $+ K_p \dfrac{1}{T_n}\int x_e(t)\,dt$ $+ K_p T_v \dot{x}_e(t)$ mit $K_p = K_p'\left(1 + \dfrac{T_v'}{T_n'}\right)$ $T_n = T_n' + T_v'$ $T_v = \dfrac{T_n' T_v'}{T_n' + T_v'}$	Additive Form: $K_p \dfrac{s^2 T_n T_v + sT_n + 1}{sT_n(1+sT_1)}$ Multiplikative Form: $K_p' \dfrac{(1+sT_n')(1+sT_v')}{sT_n'(1+sT_1)}$	x_a, $K_p\frac{T_v}{T_1}x_{e0}$, $K_p x_{e0}$, $K_p x_{e0}$, T_1, T_n, t	$\frac{1}{T_1}$, $\frac{1}{T_v'}$, $\frac{1}{T_n'}$, $j\omega$, σ
T$_t$	$x_a(t) = x_e(t - T_t)$	$G(s) = e^{-sT_t}$	x_a, x_{e0}, T_t, t	s_1, s_2, s_{N1}, s_n, s_{Nn}, $j\omega$, σ

Tabelle zur Entwicklung eines Signalflussplans

Proportionalelemente

	Mechanisch	Elektrisch	Rotatorisch
Bauelement	Dämpfer	Widerstand	Torsionsdämpfer
Dimension	$[K_d] = \dfrac{N \cdot s}{m}$	$[R] = \dfrac{U}{I}$	$[K_R] = N \cdot m \cdot s$
Symbol			
Mathematische Beschreibung	$v(t) = \dfrac{1}{K_d} \cdot F(t)$	$I(t) = \dfrac{1}{R} \cdot U(t)$	$\omega(t) = \dfrac{1}{K_R} \cdot M(t)$
Übertragungs-funktion $G(s)$	$F \rightarrow \boxed{G(s) = \dfrac{v}{F} = \dfrac{1}{K_D}} \rightarrow v$ $v \rightarrow \boxed{G(s) = \dfrac{F}{v} = K_D} \rightarrow F$	$U \rightarrow \boxed{G(s) = \dfrac{I}{U} = \dfrac{1}{R}} \rightarrow I$ $I \rightarrow \boxed{G(s) = \dfrac{U}{I} = R} \rightarrow U$	$M \rightarrow \boxed{G(s) = \dfrac{\omega}{M} = \dfrac{1}{K_R}} \rightarrow \omega$ $\omega \rightarrow \boxed{G(s) = \dfrac{M}{\omega} = K_R} \rightarrow M$

Speicherelemente (1)

	Mechanisch	Elektrisch	Rotatorisch
Bauelement	Feder	Kondensator	Torsionsfeder
Dimension	$[K_C] = \dfrac{N}{m}$	$[C] = F$	$[K_T] = N \cdot m$
Symbol			
Mathematische Beschreibung	$v(t) = \dfrac{1}{K_C} \cdot \dfrac{d}{dt} F(t)$	$I(t) = C \cdot \dfrac{d}{dt} U(t)$	$\omega(t) = \dfrac{1}{K_T} \cdot \dfrac{d}{dt} M(t)$
Übertragungs-funktion $G(s)$	$F \rightarrow \boxed{G(s) = \dfrac{v}{F} = \dfrac{s}{K_C}} \rightarrow v$ $v \rightarrow \boxed{G(s) = \dfrac{F}{v} = \dfrac{K_C}{s}} \rightarrow F$	$U \rightarrow \boxed{G(s) = \dfrac{I}{U} = C \cdot s} \rightarrow I$ $I \rightarrow \boxed{G(s) = \dfrac{U}{I} = \dfrac{1}{C \cdot s}} \rightarrow U$	$M \rightarrow \boxed{G(s) = \dfrac{\omega}{M} = \dfrac{s}{K_T}} \rightarrow \omega$ $\omega \rightarrow \boxed{G(s) = \dfrac{M}{\omega} = \dfrac{K_T}{s}} \rightarrow M$

Tabelle zur Entwicklung eines Signalflussplans (Fortsetzung)

Speicherelemente (2)

	Mechanisch	Elektrisch	Rotatorisch
Bauelement	Masse	Spule	Trägheit
Dimension	$[m] = kg$	$[L] = H$	$[J] = kg \cdot m^2$
Symbol			
Mathematische Beschreibung	$v(t) = \dfrac{1}{m} \cdot \int F(t) \cdot dt$	$I(t) = \dfrac{1}{L} \cdot \int U(t) \cdot dt$	$\omega(t) = \dfrac{1}{J} \cdot \int M(t) \cdot dt$
Übertragungs-funktion $G(s)$	$F \rightarrow \boxed{G(s) = \dfrac{v}{F} = \dfrac{1}{m \cdot s}} \rightarrow v$ $v \rightarrow \boxed{G(s) = \dfrac{F}{v} = m \cdot s} \rightarrow F$	$U \rightarrow \boxed{G(s) = \dfrac{I}{U} = \dfrac{1}{L \cdot s}} \rightarrow I$ $I \rightarrow \boxed{G(s) = \dfrac{U}{I} = L \cdot s} \rightarrow U$	$M \rightarrow \boxed{G(s) = \dfrac{\omega}{M} = \dfrac{1}{J \cdot s}} \rightarrow \omega$ $\omega \rightarrow \boxed{G(s) = \dfrac{M}{\omega} = J \cdot s} \rightarrow M$

Verbindungselement

	Elektrisch/Mechanisch	Mechanisch/Elektrisch
Bauelement	Motor (Moment)	Motor (Induktion)
Dimension	$[c \cdot \phi] = V \cdot s$	
Symbol		
Mathematische Beschreibung	$M(t) = c \cdot \phi \cdot i(t)$	$u_0(t) = c \cdot \phi \cdot \omega(t)$
Übertragungs-funktion $G(s)$	$i \rightarrow \boxed{G(s) = \dfrac{M}{i} = c \cdot \phi} \rightarrow M$	$\omega \rightarrow \boxed{G(s) = \dfrac{u_0}{\omega} = c \cdot \phi} \rightarrow u_0$

Gierverstärkungsverläufe für verschiedene Fahrzeuge

Mercedes-Benz A-Klasse

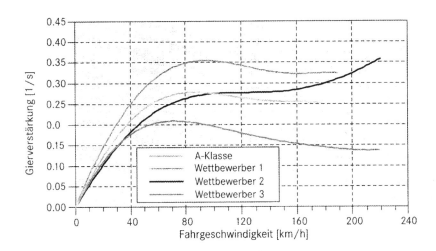

Mercedes-Benz S-Klasse

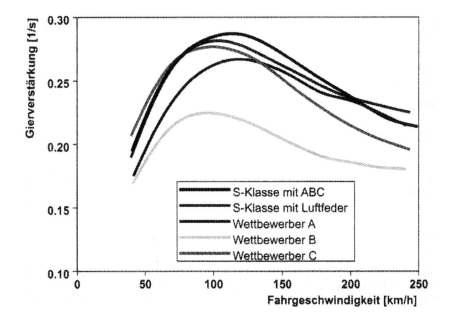

Beispiele zur ESP-Regelung

Ausweichmanöver

Kurvenfahrt

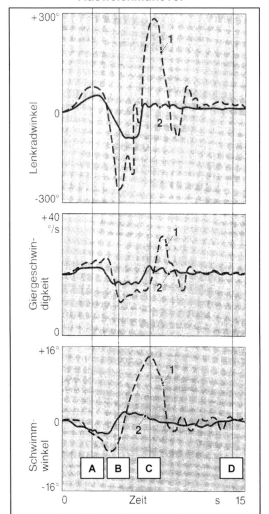

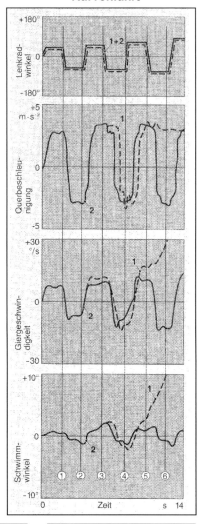

Erläuterung Ausweichmanöver	Fahrzeuge	Erläuterung Kurvenfahrt
A - Beginn Ausweichmanöver **B** - ESP-Eingriff VL **C** - ESP-Eingriff VR **D** - Ende Ausweichmanöver	**Fz. 1** - ohne ESP (gestrichelt) **Fz. 2** - mit ESP (durchgezogen)	**1** - ESP-Eingriff VR **2** - ESP-Eingriff VL **3** - ESP-Eingriff VR **4** - ESP-Eingriff VL **5** - Fz. 1 instabil **6** - Fz. 1 auf Gegenfahrbahn

Paritätsgleichungen und Fehlersymptome

Modelle zur Sensorfehlererkennung mit Paritätsgleichungen [56]

	Gierrate $\dot\psi$	Querbeschleunigung a_y	Lenkradwinkel δ_H
Modell 1	$\hat{\dot\psi}_1 = \dfrac{v_{VR} - v_{VL}}{b_V}$	$\hat{\dot a}_{y1} = \dfrac{v_{VR} - v_{VL}}{b_V} \cdot v$	$\hat{\delta}_{H1} = \dfrac{l \cdot i_s}{v} \cdot \left(1 + \dfrac{v^2}{v_{ch}^2}\right) \cdot \dfrac{v_{VR} - v_{VL}}{b_V}$
Modell 2	$\hat{\dot\psi}_2 = \dfrac{v_{HR} - v_{HL}}{b_H}$	$\hat{a}_{y2} = \dfrac{v_{HR} - v_{HL}}{b_H} \cdot v$	$\hat{\delta}_{H2} = \dfrac{l \cdot i_s}{v} \cdot \left(1 + \dfrac{v^2}{v_{ch}^2}\right) \cdot \dfrac{v_{HR} - v_{HL}}{b_H}$
Modell 3	$\hat{\dot\psi}_3 = \dfrac{a_y}{v}$	$\hat{a}_{y3} = \dot\psi \cdot v$	$\hat{\delta}_{H3} = \dfrac{l \cdot i_s}{v^2} \cdot \left(1 + \dfrac{v^2}{v_{ch}^2}\right) \cdot \hat{a}_y$
Modell 4	$\hat{\dot\psi}_4 = \dfrac{v}{l \cdot i_s} \cdot \delta_H$	$\hat{a}_{y4} = \dfrac{v^2}{l \cdot i_s} \cdot \delta_H$	$\hat{\delta}_{H4} = \dfrac{l \cdot i_s}{v} \cdot \dot\psi$

Fehler-Symptom-Zusammenhänge [56]

Zeichenerklärung:
+ positive Auslenkung des Merkmals
− negative Auslenkung des Merkmals
d don't care = veränderliche Auslenkung

Fehler		Gierraten-residuen r_1-r_4				Querbeschl.-residuen r_5-r_9					Lenkradwinkel-residuen r_{10}-r_{12}			r_{13}	r_{14}
F1	Querbeschleunigung $a_y + \Delta a_y$		+			−	−	−	−				+	d	d
F2	Querbeschleunigung $a_y - \Delta a_y$		−				+	+	+	+			−	d	d
F3	Gierrate $\dot\psi + \Delta\dot\psi$	−	−	−	−			+					+	d	d
F4	Gierrate $\dot\psi - \Delta\dot\psi$	+	+	+	+			−					−	d	d
F5	Lenkradwinkel $\delta_H + \Delta\delta_H$		+						+	−	−	−	−	d	d
F6	Lenkradwinkel $\delta_H - \Delta\delta_H$		−						−	+	+	+	+	d	d
F7	ABS Signal $v_{VL} + \Delta v_{VL}$	−				−					−			−	d
F8	ABS Signal $v_{VL} - \Delta v_{VL}$	+				+					+			−	d
F9	ABS Signal $v_{VR} + \Delta v_{VR}$	+				+					+			+	d
F10	ABS Signal $v_{VR} - \Delta v_{VR}$	−				−					−			+	d
F11	ABS Signal $v_{HL} + \Delta v_{HL}$		−				−					−		d	−
F12	ABS Signal $v_{HL} - \Delta v_{HL}$		+				+					+		d	−
F13	ABS Signal $v_{HR} + \Delta v_{HR}$		+				+					+		d	+
F14	ABS Signal $v_{HR} - \Delta v_{HR}$		−				−					−		d	+
F15	normale Fahrsituation														

Vernetzungsstruktur des Audi A6

Baujahr ab 2004, nach [50]:

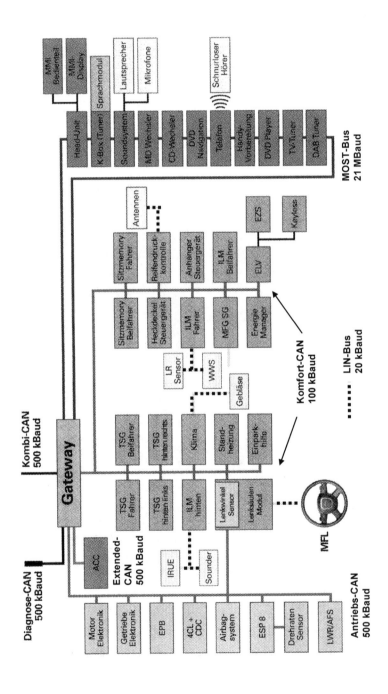

Vernetzungsstruktur der Mercedes-Benz A-Klasse

Baujahr ab 2004, nach [47]:

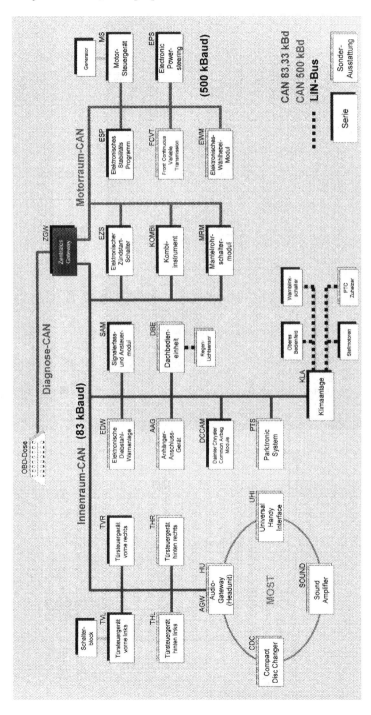

Signalverläufe für eine automatische Start/Stopp-Funktion

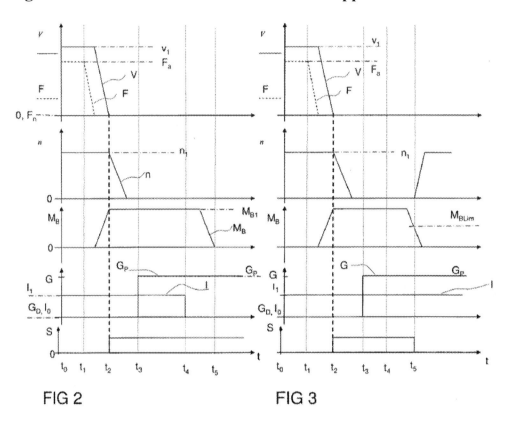

FIG 2   **FIG 3**

G	Position der Getriebebetätigungseinrichtung		
G$_D$	Fahrposition der Getriebebetätigungseinrichtung		
G$_P$	Parkposition der Getriebebetätigungseinrichtung		
I	Zustand der Zündautorisierungseinrichtung	**S**	Motorstoppsignal
I$_1$	Zustand "Zündung an" der Zündautorisierungseinrichtung	**t**	Zeit
		t$_0$ bis t$_5$	Zeitpunkte
I$_0$	Zustand "Zündung aus" der Zündautorisierungseinrichtung	**F**	Position der Fahrbetätigungseinrichtung
		F$_a$	aktive Position der Fahrbetätigungseinrichtung
M$_B$	Bremsmoment	**F$_n$**	neutrale Position der Fahrbetätigungseinrichtung
M$_{BLim}$	vorgegebenes Bremsmoment		
n	Motordrehzahl	**V**	Geschwindigkeit

(nach [57])

Vernetzung der EPB im VW Passat

Baujahr ab 2005, nach [51]:

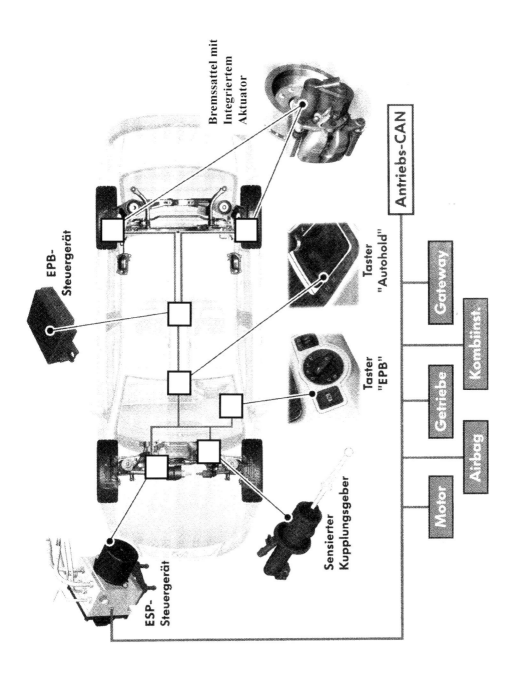

Informationsaustausch bei einer Elektronischen Parkbremse

Sender	Signal	Teilnehmer								Bemerkung
		1	2	3	4	5	6	7	8	
4	EPB-Status	C			A	A	A			Gateway A → C
	Verzögerungsanforderung				A	A				Kein Gateway
	ESP-Botschaft plausibel				A	A				
	Kupplungsschalter				A		A			
	Sleep Acknowledge			B	A					Gateway A → B
	Lampenansteuerung	C			A					Gateway A → C
	Akustische Signale	C			A					
1	Status Fehlerlampe				A					Gateway C → A
	Km-Stand				A					
	Datum, Uhrzeit				A					
	Auszeit Zündung				A					
2	Außentemperatur		B		A					Gateway B → A
3	Lenkradverriegelung			B	A					Gateway B → A
	Zündung Ein			B	A					
	S-Kontakt			B	A					
6	Radgeschwindigkeiten				A	A				Kein Gateway
	EPB-Botschaft plausibel				A	A				
	ABS-Bremsung				A	A				
	ESP-Eingriff				A	A				
	Bremsdruck				A	A				
7	Drehzahl				A		A			Kein Gateway
	Fahrpedalwert				A		A			
	Fahrerwunschmoment				A		A			
	Leergasinfo				A		A			
	Verlustmoment				A		A			
	Modus Kupplungsschalter				A		A			
8	Getriebestatus				A			A		Kein Gateway
	Wählhebelposition				A			A		
	Status Wandlerkupplung				A			A		
	Zielgang/aktueller Gang				A			A		
9	Fahrergurtschloss				A				A	Kein Gateway

Literaturverzeichnis

[ATZ01] Die neue S-Klasse von Mercedes-Benz. ATZ/MTZ extra, Oktober 2005.

[ATZ02] Der neue Audi A4. ATZ/MTZ extra, September 2007.

[ATZ03] Die neue A-Klasse von Mercedes-Benz. ATZ/MTZ extra, Oktober 2004.

[ATZ04] Der neue Audi A6. ATZ/MTZ extra, März 2004.

[ATZ05] Der neue Passat. ATZ/MTZ extra, April 2005.

[ATZ06] Der neue Smart Forfour. ATZ/MTZ extra Juni 2004.

[ATZ07] Der neue BMW 3er. ATZ/MTZ extra Mai 2005.

[Bau07] Bauer, R.; Raste, T.; Rieth, P.: *Systemvernetzung von Hybridantrieben*. ATZ elektronik 04, Dezember 2007.

[Bor08] Borgeest, K.: *Elektronik in der Fahrzeugtechnik*. 1. Auflage, Vieweg+Teubner-Verlag, Wiesbaden 2008.

[Brö04] G. Brösike, O. Mayer, R. Erl, H. Seeger: *Die automatische Parkbremse*. Sonderausgabe ATZ / MTZ, 2004.

[DIN01] Norm DIN 19226.

[DIN02] Norm DIN 40900.

[DIN03] Norm DIN 66001.

[DIN04] Norm DIN 66261.

[Eng02] Engels, H.: *CAN-Bus*. 2. Auflage, Franzis Verlag, Poing 2002.

[Eng07] Engert, D.: *Aufbau einer Entwicklungsumgebung für Fahrzeugumfeldsensorik*. Diplomarbeit HTW Dresden (FH), 2007.

[Gass04] Gassmann, H.: *Regelungstechnik*. 2. Auflage, Verlag Harri Deutsch, Frankfurt/M. 2004.

[Gev06] Gevatter, H.; Grünhaupt, U. (Hrsg.): *Handbuch der Mess- und Automatisierungstechnik im Automobil*. 2. Auflage, Springer-Verlag, Berlin-Heidelberg 2006.

[Grie00] Grießbach R., Berwanger J., Peller M.: *Byteflight. Neues Hochleistungs-Datenbussystem für sicherheitsrelevante Anwendungen*. ATZ special edition „Automotive Electronics", S. 60–67, 2000.

[Har03] Hartmann, H.; Gombert, B.: *eBrake® – die mechatronische Keilbremse*. AutoTec, 2003.

[Heim07] Heimann, B.; Gerth, W.; Popp, K.: *Mechatronik*. 2. Auflage, Fachbuchverlag, Leipzig 2007.

[Heis07] Heißing, B.; Ersoy, M. (Hrsg.) : *Fahrwerkhandbuch*. 1. Auflage, Vieweg+Teubner-Verlag, Wiesbaden 2007.

[Ho06] Ho, L.M.; Roberts, R.P.; Hartmann, H.; Gombert, B.: *Die Elektronische Keilbremse – EWB*. XXVI. Internationales µ-Symposium, 2006.

[Ise01] Isermann, R.: *Mechatronische Systeme*. 2. Auflage, Springer-Verlag, Berlin-Heidelberg 2008.

[Ise02] Isermann, R. (Hrsg.): *Fahrdynamikregelung*. 1. Auflage, Vieweg-Verlag, Wiesbaden 2006.

[ISO01] Norm ISO 7498-1: *Information technology – Open Systems Interconnection – Basic Reference Model: The Basic Model*, 1994.

[ISO02] Norm ISO 11898-1: *Road vehicles – Controller Area network (CAN) – Part 1: Data link layer and physical signalling*, 1999.

[ISO03] Norm ISO 11898-2: *Road vehicles – Controller Area network (CAN) – Part 2: Highspeed medium access unit*, 1999.

[ISO04] Norm ISO 11898-3: *Road vehicles – Controller Area network (CAN) – Part 3: Low-speed medium access unit*, 1999.

[ISO05] Norm ISO 11898-4: *Road vehicles – Controller Area network (CAN) – Part 4: Time-triggered communication*, 2000.

[Jas93] Jaschek, H.; Schwinn, W.: *Übungsaufgaben zum Grundkurs der Regelungstechnik*. 7. Auflage, Oldenburg Verlag, München 1993.

[Küv06] Küveler, G.; Schwoch, D.: *Informatik für Ingenieure und Naturwissenschaftler*. 5. Auflage, Vieweg-Verlag, Wiesbaden 2006.

[Lei04] Leiter, R.: *Probleme der Fahrzeugvernetzung am Beispiel der elektrischen Feststellbremse*. fahrwerk.tech, März 2003.

[Link01] http://www.vector-informatik.de, Stand: 10.01.2009.

[Link02] http://www.conrad.de, Stand: 10.01.2009.

[Link03] http://www-ihs.theoinf.tu-ilmenau.de/~sane/projekte/karnaugh/, Stand: 10.01.2009.

[Link04] http://www.depatisnet.de, Stand: 10.01.2009.

[Link05] http://www.tu-ilmenau.de/unirz/fileadmin/template/paton/lehre/lb2-2a.pdf, Stand: 10.01.2009.

[Link06] http://www.htw-dresden.de/mb/mechatronik.htm, Stand: 10.01.2009.

[Link07] www.strategyanalytics.com, Stand: 10.01.2009.

[Lük07] Lüke, S.; Straus, M.; Komar, M.: *Notbremsassistent auf der Basis einer Radar-Kamera Fusion*, Moderne Elektronik im Kraftfahrzeug II, expert-Verlag, Renningen 2007.

[Lunz07] Lunze, J.: *Regelungstechnik 1*. 6. Auflage, Springer-Verlag, Berlin-Heidelberg 2007.

[Lut00] Lutz, H.; Wendt, W.: *Taschenbuch der Regelungstechnik*. 3. Auflage. Verlag Harri Deutsch, Thun und Frankfurt/M. 2000.

[Mar07] Marnix Lannoije, M.; Schuller, J.; Sagefka, M.; Meys, M.; Dick, W.; Schwarz, R.: *Entwurf und Realisierung des Funktions- und Sicherheitskonzepts der Audi Dynamiklenkung*. Moderne Elektronik im Kraftfahrzeug II, expert-Verlag, Renningen 2007.

[Mey06] Meyer, M.: *Signalverarbeitung*. 4. Auflage, Vieweg-Verlag, Wiesbaden 2006.

[Mou07] Limam, M.; Eymann, T.; Bäker, B.: *Automotive E/E Network Architectures: Evolution, Trends and Future Challenges*. Moderne Elektronik im Kraftfahrzeug II, expert-Verlag, Renningen 2007.

[Neu07] Neugebauer, S.; Liebl, J.;Wolff S.: *Die Einführung der Auto Start Stopp Funktion (ASSF) inVolumenmodellen der BMW Group – ein intelligenter Beitrag zur effizienten Dynamik*. Moderne Elektronik im Kraftfahrzeug II, expert-Verlag, Renningen 2007.

[Pat01]   Offenlegungsschrift: DE 101 55 228 A1

[Pat02]   Offenlegungsschrift: DE 10 2005 016009 A1

[Pat03]   Offenlegungsschrift: DE 103 03 148 A1

[Pat04]   Patentschrift: DE 4325940 C1

[Pat05]   Offenlegungsschrift: DE 10060498 A1

[Pat06]   Offenlegungsschrift: DE 10 2006 053 809 A1

[Pat07]   Offenlegungsschrift: DE 199 23 689 A1

[Pat08]   Offenlegungsschrift: DE 19807369

[Pat09]   Patentschrift: DE 10151950 B4

[Pat10]   Patentschrift: DE 102005046278 B4

[Pat11]   Patentschrift: DE 10153038 B4

[Pat12]   Offenlegungsschrift: DE 10 2007 010 491

[Pat13]   Offenlegungsschrift: DE 10 2005 055 003

[Pat14]   Offenlegungsschrift: DE 10 2006 018 075

[Pat15]   Offenlegungsschrift: DE 197 19 287 A1

[Pat16]   Offenlegungsschrift: DE 373 10 75 A1

[Pat17]   Offenlegungsschrift: DE 19610863 A1

[Pat18]   Offenlegungsschrift: DE 10 2005 045 623 A1

[Pat19]   Offenlegungsschrift: DE 198 46392

[Pat20]   Offenlegungsschrift: DE 10 2004 045 201

[Pat21]   Patentschrift: DE 40 18 903 C2

[Pat22]   Offenlegungsschrift: DE 100 14 328 A1

[Pat23]   Offenlegungsschrift: DE 10 2004 028 613 A1

[Pat24]   Offenlegungsschrift: DE 10 2007 009 856 A1

[Pat25]   Patentschrift: EP 1 469 195 B1

[Pat26]   Offenlegungsschrift: DE 10 2004 047084 A1

[Pet07]   Petzold, M.: *Entwicklung einer Methode zur bildgestützten Analyse von Netzwerkinformationen in Fahrzeugen.* Diplomarbeit HTW Dresden (FH), 2007.

[Phi01]   Phillips, Datenblatt des Schaltkreises 74HC32.

[Pic00]   Pickardt, R.: *Grundlagen und Anwendungen der Steuerungstechnik.* 1. Auflage. Vieweg-Verlag, Braunschweig/Wiesbaden 2000.

[Pol98]   Poledna S., Kroiss G.: *The Time-Triggered Communication Protocol TTP/C.* Real-Time Magazine, vol. 4, S. 98–102, 1998.

[RB02]   Robert Bosch GmbH (Hrsg.): *Automobilelektrik, Automobilelektronik.* 5. Auflage. Vieweg+Teubner-Verlag, Wiesbaden 2007.

[RB04]   Robert Bosch GmbH (Hrsg.): *Sicherheits- und Komfortsysteme.* 3. Auflage, Vieweg-Verlag, Wiesbaden 2004.

[Rei06]   Reif, K.: *Automobilelektronik.* 2. Auflage, Vieweg+Teubner-Verlag, Wiesbaden 2007.

[Reu08]   Reuter, M.; Zacher, S.: *Regelungstechnik für Ingenieure.* 12. Auflage, Vieweg+Teubner Verlag, Wiesbaden 2008.

[Rob03]   Roberts, R.P.; Schautt, M.; Hartmann, H.; Gombert, B.: *Modelling and Validation of theMechatronic Wedge Brake*. SAE Paper 2003-01-3331.

[Sche00] Schedl, A.; Lohrmann, P.: *Anforderungen an ein zukünftiges Bussystem* ... VDI-Tagung Elektronik im Kraftfahrzeug, Baden-Baden, 2000.

[Sche07] Schedl, A.: *Goals and Architecture of FlexRay at BMW*. Vector FlexRay Symposium, Stuttgart, 2007.

[Schn08] Schneider, W.: Praktische Regelungstechnik. 3. Auflage, Vieweg+Teubner-Verlag, Wiesbaden 2008.

[Sta07]   Stabrey, S.; Georgi, A.; Blank, L.; Marchthaler, R.: *Secondary Collision Mitigation*. AutoReg, Baden-Baden 2008.

[Sto00]   Stoll, U.: *SBC – Die elektrohydraulische Bremse von Mercedes Benz*. Internationales μ-Symposium, 2000.

[Tin94]   Tindell, K.; Burns, A,: *Guaranteeing Message Latencies on Control Area Network*. Interinternational CAN Conference, CiA, 1994.

[Trö05]   Tröster, F.: *Steuerungs- und Regelungstechnik für Ingenieure*. 2. Auflage, Oldenburg Verlag, München 2005.

[Wall06] Wallentowitz, H.; Reif, K.: *Handbuch Kraftfahrzeugelektronik*. 1. Auflage, Vieweg-Verlag, Wiesbaden 2006.

[Zai07]   Zais, Andre: *Untersuchung der technologischen* ... Diplomarbeit HTW Dresden (FH), 2007.

Sachwortverzeichnis

KFZ-Elektronik

Borgeest, Kai
Elektronik in der Fahrzeugtechnik
Hardware, Software, Systeme und Projektmanagement
2008. X, 346 S. mit 155 Abb. u. 25 Tab.
(ATZ-MTZ Fachbuch) Geb. EUR 36,90
ISBN 978-3-8348-0207-1

Meroth, Ansgar / Tolg, Boris
Infotainmentsysteme im Kraftfahrzeug
Grundlagen, Komponenten, Systeme und Anwendungen
2008. XVI, 364 S. mit 219 Abb. u. 15 Tab. Geb. EUR 39,90
ISBN 978-3-8348-0285-9

Zimmermann, Werner / Schmidgall, Ralf
Bussysteme in der Fahrzeugtechnik
Protokolle und Standards
3., akt. u. erw. Aufl. 2008. XIV, 405 S. mit 224 Abb. u. 96 Tab.
(ATZ-MTZ Fachbuch) Geb. EUR 39,90
ISBN 978-3-8348-0447-1

VIEWEG+ TEUBNER

Abraham-Lincoln-Straße 46
65189 Wiesbaden
Fax 0611.7878-400
www.viewegteubner.de

Stand Januar 2009.
Änderungen vorbehalten.
Erhältlich im Buchhandel oder im Verlag.